中 外 物 理 学 精 品 书 系

本 书 出 版 得 到 " 国 家 出 版 基 金 " 资 助

U0300796

国家出版基金项目
NATIONAL PUBLICATION FOUNDATION

中 外 物 理 学 精 品 书 系

前 沿 系 列 · 3 6

水基础科学理论与实验

孟 胜 王恩哥 著

北京大学出版社
PEKING UNIVERSITY PRESS

图书在版编目(CIP)数据

水基础科学理论与实验/孟胜,王恩哥著. —北京:北京大学出版社,2014.12
(中外物理学精品书系)
ISBN 978-7-301-25145-4

Ⅰ.①水… Ⅱ.①孟… ②王… Ⅲ.①水—实验 Ⅳ.①P33-33

中国版本图书馆 CIP 数据核字(2014)第 274320 号

书　　　名:**水基础科学理论与实验**
著作责任者:孟　胜　王恩哥　著
责任编辑:刘　啸
标准书号:ISBN 978-7-301-25145-4/O·1037
出版发行:北京大学出版社
地　　　址:北京市海淀区成府路 205 号　100871
网　　　址:http://www.pup.cn
新浪微博:@北京大学出版社
电子信箱:zpup@pup.cn
电　　　话:邮购部 62752015　发行部 62750672　编辑部 62752038　出版部 62754962
印　刷　者:北京中科印刷有限公司
经　销　者:新华书店
　　　　　　730 毫米×980 毫米　16 开本　19 印张　362 千字
　　　　　　2014 年 12 月第 1 版　2014 年 12 月第 1 次印刷
定　　　价:85.00 元

"中外物理学精品书系"
编 委 会

主　任：王恩哥

副主任：夏建白

编　委：（按姓氏笔画排序，标＊号者为执行编委）

秘　书：陈小红

序　言

　　物理学是研究物质、能量以及它们之间相互作用的科学。她不仅是化学、生命、材料、信息、能源和环境等相关学科的基础,同时还是许多新兴学科和交叉学科的前沿。在科技发展日新月异和国际竞争日趋激烈的今天,物理学不仅囿于基础科学和技术应用研究的范畴,而且在社会发展与人类进步的历史进程中发挥着越来越关键的作用。

　　我们欣喜地看到,改革开放三十多年来,随着中国政治、经济、教育、文化等领域各项事业的持续稳定发展,我国物理学取得了跨越式的进步,做出了很多为世界瞩目的研究成果。今日的中国物理正在经历一个历史上少有的黄金时代。

　　在我国物理学科快速发展的背景下,近年来物理学相关书籍也呈现百花齐放的良好态势,在知识传承、学术交流、人才培养等方面发挥着无可替代的作用。从另一方面看,尽管国内各出版社相继推出了一些质量很高的物理教材和图书,但系统总结物理学各门类知识和发展,深入浅出地介绍其与现代科学技术之间的渊源,并针对不同层次的读者提供有价值的教材和研究参考,仍是我国科学传播与出版界面临的一个极富挑战性的课题。

　　为有力推动我国物理学研究、加快相关学科的建设与发展,特别是展现近年来中国物理学者的研究水平和成果,北京大学出版社在国家出版基金的支持下推出了“中外物理学精品书系”,试图对以上难题进行大胆的尝试和探索。该书系编委会集结了数十位来自内地和香港顶尖高校及科研院所的知名专家学者。他们都是目前该领域十分活跃的专家,确保了整套丛书的权威性和前瞻性。

　　这套书系内容丰富,涵盖面广,可读性强,其中既有对我国传统物理学发展的梳理和总结,也有对正在蓬勃发展的物理学前沿的全面展示;既引进和介绍了世界物理学研究的发展动态,也面向国际主流领域传播中国物理的优秀专著。可以说,“中外物理学精品书系”力图完整呈现近现代世界和中国物理科学发展的全貌,是一部目前国内为数不多的兼具学术价值和阅读乐趣的经典物理丛书。

"中外物理学精品书系"另一个突出特点是,在把西方物理的精华要义"请进来"的同时,也将我国近现代物理的优秀成果"送出去"。物理学科在世界范围内的重要性不言而喻,引进和翻译世界物理的经典著作和前沿动态,可以满足当前国内物理教学和科研工作的迫切需求。另一方面,改革开放几十年来,我国的物理学研究取得了长足发展,一大批具有较高学术价值的著作相继问世。这套丛书首次将一些中国物理学者的优秀论著以英文版的形式直接推向国际相关研究的主流领域,使世界对中国物理学的过去和现状有更多的深入了解,不仅充分展示出中国物理学研究和积累的"硬实力",也向世界主动传播我国科技文化领域不断创新的"软实力",对全面提升中国科学、教育和文化领域的国际形象起到重要的促进作用。

值得一提的是,"中外物理学精品书系"还对中国近现代物理学科的经典著作进行了全面收录。20 世纪以来,中国物理界诞生了很多经典作品,但当时大都分散出版,如今很多代表性的作品已经淹没在浩瀚的图书海洋中,读者们对这些论著也都是"只闻其声,未见其真"。该书系的编者们在这方面下了很大工夫,对中国物理学科不同时期、不同分支的经典著作进行了系统的整理和收录。这项工作具有非常重要的学术意义和社会价值,不仅可以很好地保护和传承我国物理学的经典文献,充分发挥其应有的传世育人的作用,更能使广大物理学人和青年学子切身体会我国物理学研究的发展脉络和优良传统,真正领悟到老一辈科学家严谨求实、追求卓越、博大精深的治学之美。

温家宝总理在 2006 年中国科学技术大会上指出,"加强基础研究是提升国家创新能力、积累智力资本的重要途径,是我国跻身世界科技强国的必要条件"。中国的发展在于创新,而基础研究正是一切创新的根本和源泉。我相信,这套"中外物理学精品书系"的出版,不仅可以使所有热爱和研究物理学的人们从中获取思维的启迪、智力的挑战和阅读的乐趣,也将进一步推动其他相关基础科学更好更快地发展,为我国今后的科技创新和社会进步做出应有的贡献。

"中外物理学精品书系"编委会　主任

中国科学院院士,北京大学教授

王恩哥

2010 年 5 月于燕园

内 容 提 要

　　水是自然界最丰富、最基本、最重要的物质,也是人类研究得最多却又最不了解的物质.相对于宏观层次上与社会问题密切相关的水资源、水污染、水利用等环境科学与工程研究,关于水的分子层次上的基础科学研究才刚刚兴起,目前还不为人所熟悉.本书致力于介绍近年来在水基础科学研究领域的一些重要进展,特别着重于从分子层次上讨论水及水与固体表面相互作用的理论和实验研究.本书从物理学和化学基本知识出发,以水基础科学研究中常用的理论计算方法和先进实验技术为起点,主要阐述了水分子、水团簇、水层(包括表面上的水层和水的表面层)的原子结构、电子结构和基本物理性质,水在金属、氧化物、盐等典型固体表面的吸附和作用规律,以及水在受限条件下扩散、浸润、分解及相变等现象的微观过程和物理机制.这些内容为了解水基础科学中的本质问题和最新进展提供了必要的基础知识.

发展我国水基础科学研究(代序)*

　　水是自然界最丰富、最基本、最重要的物质,然而水也是人类研究得最多却又最不了解的物质.清洁水资源是人类在 21 世纪所面对的最大挑战之一,特别是对于广大的发展中国家,而在我国表现得尤为突出.另外一方面,水分子由氢和氧组成,吸收足够的能量可以分解成氢气和氧气,而氢气燃烧又生成水,因此可以作为一种可再生清洁能源的载体和工作介质.如果能够容易地实现这个过程,无疑会使能源工业的可持续发展成为可能.不管是在关乎基础民生的水净化方面,还是在作为高科技发展的可再生能源获取和利用方面,水科学基础研究都起着关键作用.目前制约这些方案投入大规模应用的瓶颈问题是缺乏价格低廉、高效率的材料和器件,亟须从基础科学的层面,特别是水与材料界面相互作用机理的研究上寻求突破.

　　诺贝尔奖获得者 Richard E. Smalley 曾在 2005 年列出人类未来 50 年的十大挑战,其中"水"名列第二,仅在"能源"问题之后.如果考虑到自然界光合作用中的能源产生是通过分解水、水/半导体是人工模拟生产 H_2 能源的重要体系,水的研究同样是解决能源问题的重要方向之一.另外,食品和环境(分列第三、四项)也都离不开水污染的整治.因此可以毫不夸张地说,对水的研究(水分解机制和污染处理)是解决这份名单中最重要的前四项问题的核心,是建立和谐社会、奔向人类美好明天的关键.

　　人类社会的进步极大地依赖所使用的能源形式,以及对这些能源的开发利用.近年来人类生产生活所产生的能源消耗及对能源的需求呈指数上升趋势.在传统的能源工业中,使用化石能源(石油、天然气和煤炭)的比例高达 85% 左右,这一方面带来日益严重的环境问题,如二氧化碳排放引起的地球温室效应以及二氧化硫排放引起的酸雨等,另一方面化石能源的大量开采受其有限储量的制约,目前已经呈现出枯竭的态势.根据已探明储量和预期需求估计,地球上的煤炭资源还可以维

　　* 基于 2011 年王恩哥、孟胜等完成的中国科学院学部咨询报告《水物理化学问题及其在环境保护与新能源中的应用》.

持 75 年的供给,石油资源能维持约 50 年,而天然气资源仅可以维持 25 年.能源危机,以及与之密切相关的环境问题,是当前人类面临的最严峻的挑战.寻找新的、可再生的清洁能源,同时不断改善生存条件是基础科学迫切需要解决的最大命题.自然界通过光合作用分解水和 CO_2,为地球上的生物提供了食物和能量.前面已经提到,水可以作为一种可再生清洁能源的载体和工作介质.这一方面使能源工业的可持续发展成为可能,另一方面使环境得到了保护.研究表明,利用太阳能并借助合适的催化剂和器件结构,可以高效率地电解水产生氢气,这为能源工业提供了取之不尽、用之不竭的新资源,同时也是最清洁、最环保、最安全的能源消费途径,因此有希望成为解决能源危机的应对策略.

地球的清洁水资源面临枯竭的危险.由于全球人口的快速增长,地球环境和水资源面临着巨大压力.水污染是影响环境安全的重要因素之一,它和军事、经济安全一起是国家安全安定的重要组成部分.饮用水安全已经成为影响人类生存与健康的重大问题.世界卫生组织的调查表明,人类疾病 80% 与水污染有关.而据 *Nature* 杂志 2008 年报道,目前全球 26 亿人口的饮用水缺乏足够的净化处理,12 亿人口缺乏安全的清洁水源,每年 240 多万人死于水污染,平均每天就有 3900 个儿童死于饮用水引起的传染疾病.预计 2030 年,全球将有近半数人口用水高度紧张.基于这些事实,2010 年 7 月 28 日,联合国把清洁水资源和生活用水卫生的获取列为基本人权.

这些问题在发展中国家最为突出.每年因生活污水和工业污染的直接排放而造成的水域污染日益严重.随着工业废水、城乡生活污水、农药、化肥用量的不断增加,许多饮用水源受到污染,水中污染物含量严重超标.由于水质恶化,直接饮用地表水和浅层地下水的城乡居民饮水质量和卫生状况难以保障.

作为正在崛起的发展中大国,我国的水污染问题已经严重影响了工农业的发展、生态环境的协调和人民生活质量及身体健康.在我国,仅农村地区就有约 3.6 亿人口的饮用水不安全,约有 1.9 亿人饮用水出现氟砷含量超标、铁锰含量超标、苦咸水等问题,导致疾病流行,有的地方还因此暴发伤寒、副伤寒以及霍乱等重大传染病,个别地区癌症发病率居高不下.据调查,我国流经城市的河道 90% 受到污染,75% 的湖泊富营养化.在 46 个重点城市中,仅有 28.3% 的城市饮用水源地水质良好,26.1% 的城市水质较好,高达 45.6% 的城市水质较差.导致的直接后果是,我国城市约 1 亿人口的饮用水不能完全符合生活饮用水卫生标准.近年来水污染事故频发,较严重的有 2009 年 2 月 20 日江苏盐城自来水污染,2008 年 3 月 31 日贵阳桶装水致甲肝事件,2007 年 5 月 29 无锡太湖污染水致蓝藻大暴发,2004 年 3 月沱江特大污染事故等等.

伴随着我国加入 WTO 及贸易的全球化,由高毒性、难降解有机污染物等新型污染物造成的相关产品进出口贸易壁垒和障碍也越来越明显.我国环境保护经历了常规大气污染物（如 SO_2、粉尘等）,水体常规污染物（如 COD、BOD 等）治理和重金属污染控制等过程,目前正在向水中新型高毒性、难降解有机污染物控制消减的方向发展.这类新型污染物包括持久性有机污染物、环境内分泌干扰物、个人护理品及抗生素等药物残留、（多）卤代物等,与传统污染物共同存在于水中,这时所形成的复合污染物对常规水处理技术提出了新的极大的挑战.这些污染物引起的环境危害远远超过酸性气体、重金属和一般性有机污染物,不仅具有致癌、致畸、致突变性,而且具有环境激素效应,直接威胁野生动物甚至人类的生存和繁衍.消除这些水污染物需要从水基础科学问题出发,研究水和污染物与各种新型催化材料的表、界面微观作用机理,进而开发基于不同原理的多种单元处理方法,创建和发展新型的水污染治理技术.这些研究有助于解决我国日益严重的水污染问题,实现水资源的安全循环和利用.

目前水清洁和供给形成了一个巨大的产业,其花费约为 2500 千亿美元/年,预计到 2020 年花费为 6600 亿美元/年.轻便高效的水清洁技术在工业、家庭中大量应用已迫不及待.

2011 年 5 月 19 日,八国集团和印度、巴西、墨西哥等 13 国的国家科学院发表联合声明,指出水和与水有关的健康问题,比如水生病菌（霍乱、腹泻等）,水相关的疾病传播（疟疾等）,工业、农业以及地下水处理导致的日益增多的水中有机污染物等,极大地影响了人类的经济活动和社会发展（使工作寿命减少 4%）,以及教育（每年因水生疾病失去 5 亿个在校学习日）和公共卫生事业.声明强烈呼吁各国政府加强建设水卫生处理基本体系,提升教育水平,资助研究低价、有效的水处理技术和相关疾病的预防方法.2011 年 1 月 29 日,中共中央、国务院的"一号文件"发布,即《关于加快水利改革发展的决定》,这是新中国第一次系统全面部署水利改革,彰显当前决策层对水问题的关注.我国已于 2006 年发布《国家中长期科学和技术发展规划纲要（2006—2020 年）》,提出在 15 年内应对挑战,超前部署重大专项、前沿技术和基础研究等内容,以期使我国在 2020 年前建设成为一个创新型国家.刚刚制定的"十二五规划"亦强调关注民生、实现跨越式发展.

目前为大家所知的水资源利用和管理问题涉及社会、经济、政治、科技等方面的宏观领域,但尚未深入到水科学的基础问题.水科学基础研究的简单定义为:利用物理学和化学的基础知识,发展新的理论方法和先进的实验设备,在原子、分子层次上研究水结构及其与其他物质材料表面的相互作用过程和规律,揭示其微观机理并提出解决关键工业技术的方案,以期引发水资源合理利用和有效管理的产业革命.因此,积极布局、加速发展我国水科学的基础研究,对促进我国民生建设,保障国家安全,实现国家中长期科学和技术发展规划纲要目标,提高我国经济、尖端科学、重大工程等方面的发展水平,具有十分重要的战略意义.目前我国水科学基础研究已有一定的积累,并聚集了一批高水平研究学者,但是大量的研究仍限于对宏观现象的观察描述,或者限于发表低水平论文,仍缺乏系统的学科规划和稳定支持,以及解决实际问题的科学目标指引,特别是在水和物质表、界面接触的微观物理化学机理的研究方面.

水基础科学关乎国计民生,面临巨大挑战.我国水基础科学发展的现状和所面临的挑战概括如下:

1. 水科学基础研究有重大意义,但在国家战略层面缺失足够关注,研究尚处于自发状态,学科体系不完整,缺少对水基础科研活动的系统组织、引导和支持,对水基础科学的战略地位、深度和广度缺乏认识.

当人们礼赞我国经济奇迹的时候,水资源短缺等问题的"软约束"作用日益显现.我国人均水资源仅是世界平均水平的 28%.目前我国年均缺水 500 亿立方米,600 余座城市中约 2/3 存在不同形式的缺水,地下水超采面积达 19 万平方千米.在我国经济建设不断发展的同时,做好环境保护工作防止水体污染,发展先进、可行的饮用水源治理技术,提高饮用水质量,对保护人民健康和发展经济具有重要意义.

要想解决水资源安全利用(环境和能源)的技术瓶颈问题,迫切需要开展对水科学的基础研究,特别是研究水和表面、界面相互作用的基本形式和规律.比如,能否找到安全无毒而且高效耐久的水净化材料应对处理水质危机? 能否设计低廉高效催化剂利用光和水制氢或氢化合物? 目前制约这一方案投入大规模应用的瓶颈问题是材料问题、成本问题.具体来说,要找出合适低价的水清洁材料,要进一步提高半导体材料的光能转换效率,降低水清洁和能源转化器件的成本.这需要研究包括材料表面和水的相互作用,表面水的微观结构,新材料的浸润性、化学活性、稳定性,表面水光电分解机理,光电转换材料对太阳光的吸收效率,催化剂的稳定性和效率,水中基团与材料表面的相互作用,以及它们在表面的吸附与脱附的过程等.这一系列问题涉及表面、化学、材料等众多学科,需要从基础研究的层面寻求突破.

水问题的研究(如水分解与水清洁等)是一个非常复杂的项目,水科学基础与应用基础研究约占整个水问题的 10% 左右,但其影响会辐射整个水问题的方方面面.我们需要清楚了解国内外研究现状和发展趋势,对水问题的全面研究与利用构思一个整体框架,并建立一个初步的水科学基础研究与水在新能源与环境保护开发利用之间的关系的路线图.

目前在我国,人们对水基础科学的战略地位缺乏认识,对水基础科学所涉及层面的深度、广度理解不足.水是环境的最主要成分,清洁用水是生活和生产的基本保障,水也可能是未来解决能源问题的主要途径.由于清洁水资源有限、水污染等恶性事故突发,有人说:(清洁)水更主要是发展中国家的问题.然而,事实上,相比于西方发达国家,我国对水基础科学问题的关注和投入有限,这与水问题在我国社会蓬勃发展中起到战略作用的地位不符,与我国在世界上所处的地位不符.我们必须清醒地认识到这一点.

2. 缺少从国家战略层面对水科学基础理论和实验技术发展的统一规划,甚至存在片面地以水资源研究发展规划替代水基础科学发展规划的现象.

我国目前对水科学基础理论研究和实验技术发展尚无统一的规划和引导,对于水基础科学这种处于战略地位的科学研究仍是放任自流的状态.这种状况对于一般性的基础科学问题和科学发展,暂时可能并无大害,但是对于水这种关系到国计民生且处于紧迫状态的基础科学问题的解决会带来不利的影响和相当的破坏.

事实上,通过调查我们发现,相比于美、欧、日、韩等西方发达国家和一些重要邻国,我国科研人员对于水基础科学问题的关心明显不足,研究力量十分薄弱.调查表明,2001—2010 年,国际上有关水科学基础研究的论文数量整体呈现增长趋势,年平均论文数增长率为 4.3%.2001—2010 年,水科学基础研究论文发表数量排名靠前的国家分别为美国、德国、日本、英国、中国.其中美国在水科学基础领域研究成果数量约占总量的 38.9%,相当于第 2 名德国的 3.7 倍.中国的论文数量排在第 6 位,只占总量的 7%.美国国家科学基金会(NSF)一直持续资助有关水的基础研究,每年资助约 50 名研究人员探索水的基本性质.2004 年,*Science* 杂志将水结构与水的化学性质方面的研究成果评选为十大突破性研究进展,其中除了有一项为瑞典斯德哥尔摩大学的研究成果外,其余的都是在美国完成.

一个例子是,1980 年代初发明的扫描隧道显微镜技术(STM)正被大量的利用到表面特别是金属表面水层的分子层次上的微观结构,而近两年来关于界面水结构的突破(分别完成于日本、美国和英国)几乎都是应用这种技术的研究成果.但反观于我国,虽然购买了大量商用扫描隧道显微镜,甚至自己搭建了具有国际领先的分辨本领和特殊功能的扫描隧道显微镜设备,但这些设备常常用于探索更加传统的表面物理、基础化学研究,鲜有用于探索水这个似乎司空见惯,不引人注目,简单却重要、实用的体系.

另一方面,由于实验探测技术的破坏性,固液气界面表面探测技术的缺乏,水分子体系的特殊"脆弱性"(连接水的氢键强度为一般化学键强度的 1/10 到 1/5)和复杂性(超过 15 种体相和不计其数的"纳米相"),所有这些都要求在理论上,特别是利用现代强大的计算模拟技术和量子力学知识从分子尺度上研究、模拟水的行为,与相关实验研究一起为人类解决光分解水制造氢气、水污染处理等重大科学问题.目前在水的理论和模拟研究存在几个问题:(1)缺乏简单有效的水的模型;(2)缺乏大尺度模拟的第一性原理方法;(3)缺乏对水中 H 的量子行为的精确描述;(4)缺乏对水激发态性质和动力学过程的描述.这些基础方面的重要研究问题在我国尚无国家层面的规划,更没有切实开展起来.

更令人担忧的是,目前有用"水资源"研究发展规划简单代替水基础研究发展规划的倾向,这会造成很大的迷惑和更大的危害.水资源的研究和发展是属于宏观尺度的水科学研究,偏向于工程调节和工程应用,常常不涉及水分子的结构和性质本身,不涉及水与物质作用的机理和机制,或者说水资源研究是利用人类已有的关于水本身的科学知识来从宏观上观察水的分布、变化和调配,为人们的生产生活提供服务.但是水资源研究所需要的水科学基本知识从哪里来? 当然是从水科学基础研究中来.水科学基础研究不同于水资源开发研究,而前者是为后者提供重要、必要的科学基础的一门科学.

水资源研究的发展常常需要在水基础科学层面产生突破.比如水资源的利用和保持需要水的净化处理,现有的方法常常不足以应付当前大规模工业生产、水资源枯竭等带来的挑战,而要发展新的水净化手段和方法就必须开展水基础科学研究,从分子尺度上理解水同外界物质、周围环境相互作用的机制和变化规律,设计发展新的材料进行水的分解和净化处理等.另一方面,只有在水的基础科学研究上有了突破,才有可能革新现有水资源水工程处理技术,发明新的污染水处理方法,应对水资源枯竭和水污染所带来的挑战.应该承认,关于水的工程性研究通常并不能带来这些根本上的突破和技术革命.

据我们所知,目前我国各高校和科研院所已经建立了一些与水问题相关的研究中心,比如北京大学水资源中心、郑州大学水科学研究中心、杭州水处理技术研究开发中心等.这些研究中心的主要力量仍然放在水资源的开发、利用和保护上.目前我国从事水基础科学研究的专门研究机构或平台亟待加强.我们呼吁国家和相关部门重视水基础科学问题的研究,统一规划、引导,加强专业研究力量,制定水科学基础研究的发展战略.

3. 在水科学基础研究方面,缺少开发研制新材料进行水污染处理、水分解的长期目标.

在我国已经开展的水科学基础研究活动中,大部分研究处于自发状态,缺乏明确的方向和应用目标.一般来说,基础科学发展的目标要么在于理解大自然的奥秘,要么在于为潜在的新应用、新技术的发展打下基础.我们认为,在我国发展水科学基础研究的目的更在于后者,特别是在理解水和物质相互作用的基础上开发水处理新材料方面,争取对关系到重要民生问题的水污染治理、清洁水处理、防冰等方面有重要贡献.

材料是人类社会进步的基石.一种关键新材料的发明和广泛使用是人类步入社会发展新阶段的标志,比如石器时代、青铜时代、铁器时代和电子时代.由于水对日常生活、生产和环境保护的重要作用和广泛影响,水处理材料也是人类发展的重要标志之一,对人类社会发展会产生关键性影响.比如有人提出,用和水长期接触能产生毒素的铜管作饮用水水管,从而使人慢性中毒、体质逐渐下降,可能是古罗马帝国衰落灭亡的重要原因.当前时代,清洁水资源日益枯竭,大工业生产和电子器件的大量使用造成愈演愈烈的环境污染,化石能源导致可能的气候变化,这些问题在包括我国在内的广大发展中国家中表现得更为严峻,这都对研制新的水处理材料以治理环境污染、开发新能源提出了更高要求和更为迫切的挑战.

目前我国对于开展水基础科学研究、研制水处理新材料等重要科学方向没有统一的规划、制定长期的目标,现有的零星研究缺乏明确的目标导引.开展水基础科学研究的最终目的在于为我国社会和科学的发展服务,解决我国发展过程中所面临的环境和能源挑战.开发研制面向这些重大应用的水处理新材料并制定长期的目标规划和每一步的发展任务是目前的当务之急.

4. 缺乏在分子甚至原子层次上深入研究水-材料界面反应物理机制的实验仪器和手段.

水基础科学研究一个最重要的方面是研究水分子和其他物质的相互作用,而水与外界的作用是通过界面实现的,这就需要研究一些界面上水的性质和水本身的界面性质(统称为"界面水"的性质).深入理解这些相互作用需要从微观上,特别是原子分子层次上,探索界面水的微观结构和电荷分布、转移等规律.这是一门内容复杂、涉及多学科领域的前沿科学.近年来由于密度泛函理论方法的成功和广泛的应用,理论上处理界面水微观结构和相互作用相对取得了一定进展,然而更准确地处理氢键和范德瓦尔斯力等弱作用,建立描述(固体、液体)界面真实水层(液态、几到几十纳米厚)结构的模型,以及全量子化处理等问题仍待解决.在实验上,界面水的研究难度较大,十分缺乏原子分子层次上探测表征界面水结构和性质的简单方法,而且由于水和表面、水分子间的相互作用较一般化学键为弱,界面结构很容易在实验探测中被破坏.因此,需要大力发展对界面敏感、非破坏性的实验方法和手段,比如和频振动光谱等非线性光学方法,以及新型扫描探针技术.

5. 国家层面缺少对研究和产业的统筹规划.

由于当前我国对水基础科学的战略地位认识不足,对基础研究活动缺乏规划,对开发水处理新材料缺少目标导引和关键技术,在国家层面上对从水的基础科学研究到应用性研究发展,再到宏观水资源治理等一系列的研究活动和相关产业发展没有统一的规划和管理,各环节之间脱节现象严重,因而不能形成通畅、有效的交流和相互促进,影响了整个水科学的健康发展.具体表现为:

(1)在产业应用上,片面追求低层次的宏观应用,缺乏从基础研究的角度突破现有思想、体系和方法.虽然我们有大量的水资源企业和水污染治理的材料、产品、方法,然而究其来源,常常是建立在落后的方法和观念之上,凭旧有知识和宏观经验进行操作,对材料的微观结构和作用机制不甚了了.个别企业倾向于从国外引进所谓的"先进"设备和技术,而缺乏自主研发、自主改造的决心和力量.这些低层次的宏观应用无法满足当前环境和能源的挑战,宏观性的工程开发利用永远无法带来水处理新方法的突破,亦无法从目前日新月异的技术发展中受益.为了改变这种不利的局面,我们必须有所布局,从水基础科学入手,研究水、水中杂质和各种自然、人工材料相互作用的机理机制,研究界面的结构和动态,从而获得水处理(水污染治理、水分解)的新材料、新方法的突破,使现有的实用的工程应用技术不断向前实质性地发展.

(2) 现有的某些水基础科学研究还有追求发表低水平论文的倾向,还没有和实际应用形成良性循环.由于缺乏相应的规划和引导,目前零散的水基础研究处于自发状态,不少研究者只是低水平重复一些实验结果和理论模型,为了发表一些较低水平的论文,而非为了解决某个或某些科学和应用中的实际问题.科学家们常常被孤立在生产生活中的实际应用问题之外,使这类研究缺乏必要的根基和活力,造成人力、物力上的浪费.而在事实上,不是现实生产应用中没有问题,而是有大量没有解决、难以解决的问题和难题.这些问题没有合适的通道从实际生产活动中传送到第一线从事基础研究的科学家手中.这种基础研究和实际问题缺乏联系、难以沟通的现象在我国表现得更为严重.这一方面是由于我国传统水处理企业缺乏基础研究的传统和力量,另一方面主要是由于我们还没有建立起从水科学基础研究到工业实际应用的完整体系,从而不能形成从基础研究到实际应用的良性循环.

6. 学科交叉型人才严重短缺,对未来从事水科学基础研究的人才培养和储备不够.

水科学是涉及物理学、化学、材料学、生物学和工程学等众多学科的一门综合性学科.由于科学技术的进步和水环境污染的复杂性,从事水科学研究的科研人员需要具备多方面的基础知识才能很好地进行水科学相关的研究工作,这对从事水科学研究人才的培养提出了较高的要求.

目前国内外从事水科学研究的人员多半是以给水排水、环境工程或其他相关工程学科为背景.这类学科的人才培养多以解决水污染控制工程中的实际问题为导向,偏重于实践知识的学习和工程应用,而在水科学研究所需的学科基础知识方面有较大的欠缺,缺乏认识、分析和解决水科学基础问题的知识背景,尤其是在物理和化学等基础学科方面的知识相对匮乏.因此,依靠现有模式和学科培养的人才,难以开展高水平的水科学方面的研究工作.

哈佛大学前化学系主任 Werner Stumm 教授早在 20 世纪 70 年代就认识到了此问题并身体力行,依靠其在胶体化学和配位化学上的深厚造诣,开展了多年的水化学方面的基础研究,初步建立了水化学的理论体系,并将其领导的 Swiss Federal Institute of Aquatic Science and Technology(EAWAG)建设成为国际上领先的水基础科学研究机构.其撰写的 *Aqueous Chemistry* 一书已成为水科学领域的经典著作,为世界水科学的研究和发展做出了卓越贡献.因此考虑到我国水科学研究的人才需求和学科设置的现状,我们要学习 Stumm 教授和 EAWAG 的先进经验,大力加强水基础交叉科学教育体系,培养未来从事水科学研究的高层次人才.

根据以上所述,我们急需制定我国水科学基础研究的国家发展战略.为了加速发展我国水基础科学研究,建议大力发展水基础科学研究的理论和实验方法,建立起以探索水的物理化学基本性质和在环境、能源中的应用为核心的国家级水基础科学研究平台,培养交叉人才,积极规划、组织我国水基础科学的发展.具体建议如下:

1. 规划我国水基础科学的整体发展战略和目标,根据国家总体发展情况和需求制定中、长期发展计划.

水污染、水短缺等水资源问题触目惊心,其解决需要社会、经济、政治、科技方方面面的协同工作.因为水问题和由它带来的环境问题和能源问题具有全局性,并不限于一地一时,而且突出表现在像我国这样的发展中国家和人口大国,我们建议应该充分认识到水科学基础研究对于解决全局性水资源环境问题的重大作用和水基础科学的战略地位,尽快设立国家重大研究专项,从国家层面建立起以水科学基础研究和在环境、能源中的应用基础研究为核心的国家级研究平台.

该平台应以组织、协调全国水科学基础研究力量,统一策划、组织和领导我国水基础科学的发展问题为中心任务,着重于促进社会各界,特别是环境资源部门、产业界和科学界对水科学基础研究的重视,建立从基础研究、材料开发研制、到工业生产应用、及全国的水资源和水环境治理改善等一系列环节的交流沟通和互相刺激促进的渠道,加强满足未来水科学基础研究需要的具有一定知识深度和广度的学科交叉人才的培养,规划我国水基础科学的整体发展战略和目标,根据国家总体发展情况和需求制定中、长期发展计划.

2. 遴选水基础科学研究中的若干关键问题(如,分子层次上水-界面的相互作用和结构、水中污染物的消除、界面纳米水膜研究等),明确主攻方向,争取重大突破.

比如对于以下关键问题应当加强研究:

(1)水在材料表面、界面上的微观结构和动态行为.水的光分解和净化都是通过表面、界面来实现和控制的.理解水的一个重要方面就是理解水和以固体表面为代表的外界物质之间的相互作用规律和关系.固体表面也是研究水和其他复杂体系,比如水和蛋白质作用的模型体系.我们需要研究水分子和水团簇在固体表面的吸附构型、受限系统中水分子之间及其与固体表面的相互作用、数十层厚度的界面（液态）水层的分子结构和分子取向及其水层特殊光电性质、界面处离子的分布和对水结构的影响、固态物质在水中的溶解、水的凝固与熔化等问题，探讨能够给出水在材料表面、界面上各种物理、化学过程的清晰图像. 这是研究水的结构和水与外界物质相互作用的基础.

（2）水中污染物的光消除. 各类传统污染物及新型高毒性、难降解污染物组成复合污染物进入到天然水体后，在光、氧气、固体颗粒、微生物等的存在下，部分会发生自然降解. 不论是化学氧化、光氧化还是生物氧化都会因为复合污染物与水体中的颗粒物、天然有机物的微界面过程而得到催化强化. 微界面往往会加速电子转移过程，生成更多的氧化自由基，导致不同的界面化学作用及反应. 自然界中铁锰氧化物颗粒和沉积物对有机物的氧化还原降解起着很大作用. 光照是控制铁物种存在形式的重要因素之一，光引发的电子转移可直接导致三价铁（$Fe(III)$）还原为二价铁（$Fe(II)$），而环境中的氧化性物种如 $Cr(VI)$，O_2/H_2O_2，$O_2\cdot^-$，$OH\cdot$ 等又可将 $Fe(II)$ 转化为 $Fe(III)$. 各种状态的铁物种通过该循环过程，促进环境中其他元素的价态变化、有机污染物的降解以及活性氧物种的生成和消耗. 只有对复合污染物和天然或人工材料微界面相互作用过程的机理进行系统深入的研究，才有望有效转化天然水体中的复合污染物. 新型高毒性、难降解有机污染物与水中传统的污染物相比具有三个显著特征：浓度低，一般比水中天然溶解物或营养物质，即所谓背景物质浓度低 3～9 个数量级；毒性大，具有独特的脂溶性或生物富集性，可导致急性和持久性毒性；难降解，半衰期达到几十年甚至上百年，有的污染物如二恶英在自然界几乎没有对应分解的生物酶. 这三大特点决定了这类新型污染物的环境效应和安全消除成为当今国际上水处理最迫切需要解决的热点研究课题. 同时，这类新型污染物很难用传统的物化方法（如沉降、吸附、反渗透、湿式氧化等）去除，迫切需要提出或建立新型高效选择性消除的原理和方法. 国际上最受关注的、应用前景最大的消除这些新型污染物的方法之一是利用环境友好的氧化剂（O_2 或 H_2O_2）在催化剂（如 TiO_2、过渡金属等）存在及光照射下的高级氧化技术. 这类技术具有条件温和、氧化彻底、无二次污染、环境友好等特点. 如何有效活化 O_2 或 H_2O_2 实现对这类污染物的高效选择性消除是水科学领域的一个重要基础研究方向.

（3）界面纳米水膜研究. 大气环境下覆盖在固体表面的一层纳米尺度厚的水膜，由于固体表面与水分子之间、水分子与水分子之间的特殊作用而拥有了独特的物理、化学性质. 比如胡钧、Salmeron 等人发现了云母表面的层状水——"室温冰"结构. 最近的研究表明，在这种固体表面纳米水膜中进行的多肽自组装过程与宏观水-固体界面上的自组装方式不同，体现了纳米水膜的独特性. 在空气中，当扫描探针与固体表面接触时，将有水在两者之间凝结形成纳米"水桥". 这种纳米"水桥"可被用来传输黏附在探针上的化学和生物分子到表面. 由于探针在表面的位置精确可控, 可形成具有特定化学与生物功能的纳米图案. 这种纳米"水桥"还可以被用来通过电化学反应进行表面的纳米改性. 对于固体表面存在的界面水的表征和操纵将提供纳米水膜或水滴的基本信息, 是我们认识水的基本性质的非常重要的方法.

（4）光催化分解水的能量转化过程和新材料. 探索新的光解水催化剂材料并准确理解水分子分解的微观机制是水基础科学的关键问题之一. 我们需要比较光催化直接分解水与光催化电解水两种方法, 分别阐明两种过程中的光能—电能—化学能的转化机理, 并利用时间分辨光吸收谱、电子谱与精密的电学测量等, 结合理论分析与模拟, 研究光能—电能—化学能的转化机理, 探讨提高能量转换效率的途径. 我们还需要阐明催化剂材料电子能带结构对水分子分解过程的影响, 以及不同材料对水分解、氢气、氧气的生成与脱附等过程的影响, 找到高效、稳定的催化剂与电极材料.

3. 大力加强研制有重要意义的挑战性核心技术, 并发展研究水基本物理化学性质的新技术.

三十年来, 人们通过实验和理论研究, 对水（特别是在界面水分子尺度上的细节）这个最常见又最复杂的基本物质体系及其物理化学性质的了解愈来愈多. 但是由于水透明、柔软、作用弱等特殊性, 现有的实验手段常常存在着一些固有缺陷：（1）实验探测技术（离子束、电子束、电流等）对被探测的水结构有破坏性；（2）缺乏只对界面敏感的探测技术；（3）实验手段具有有限的空间分辨率和时间分辨率等. 特别是前文提到过的, 由于水分子体系的特殊"脆弱性"和复杂性, 利用现有的实验技术探讨水和表面作用的基础问题仍遇到很大的挑战. 这种现实造成了如知名德国科学家 D. Menzel 所说的那样：任何关于水的发现和见解都具有极大的争论性和模糊性.

研究水科学基础问题, 大力发展有重要挑战意义的核心技术和新技术刻不容缓. 我们认为, 应该进一步发展现有的界面水和频振动光谱、高分辨表面能谱测量技术, 以及先进的, 满足大规模计算的精确第一性原理方法, 并着重开发新一代复杂环境（室温、非真空等）下的扫描探针技术和超快光激发探测技术, 用以研究界面水结构和分解动态等物理化学细节.

近年来和频振动光谱技术（sum-frequency vibrational spectroscopy, SFVS）已经被广泛用于研究各种水的界面结构. SFVS 是二十多年前由美国加州大学 Berkeley 分校沈元壤研究组发展的一种具有高度表面分辨能力的非线性激光光谱技术. 迄今为止, 这是唯一可以提供真实水表面、界面振动谱的实验技术. 通过 SFVS 振动光谱, 人们可以在分子层面上获得表面、界面的结构信息. 尤为重要的是, 它可以被应用到复杂的原位环境下, 包括各式气体、液体、固体与水形成的界面,而且对温度、压强等没有苛刻的要求.与其他互补的技术和理论计算相结合,SFVS 可以用来研究许多重要的水相互作用的基础问题.同步辐射是一种性能优异的光源,先进的同步辐射技术(如角分辨光电子能谱 ARPES)是研究各种材料和体系以及新奇量子现象的首选实验手段.X 射线吸收谱学、X 射线发射谱、X 射线成像等技术是从原子和电子层次上研究水的微观结构(包括表面、界面和体相)的主要技术,是研究常态和极端条件下水的氢键结构及其动力学的有力工具,在受限体系、界面成像、纳米材料和纳米生物复合体系等水科学的微观基础研究领域开始发挥不可替代的重要作用.同时,发展软 X 射线纳米探针 CT 方法、水窗技术等相关技术平台,都将为水科学的研究提供最具创新性的方法.扫描探针显微镜(SPM)在水科学基础研究中有其不可替代的应用,是科学研究者观察和改造微观世界的"眼睛"和"手".但是传统 SPM 技术在水界面领域的研究上难以实现纳米或亚纳米级的可靠分辨率,其解析能力和应用范围受到了极大限制.针对水界面研究中的重大科学需求,需要研制高分辨率、非接触调频式原子力显微镜系统,和具有高稳定性、高分辨率、能够实现稳定的非弹性隧道谱功能的低温扫描隧道显微镜.飞秒激光光谱技术具有高时间分辨的特点,是研究光与物质相互作用及其诱导的各种物理化学过程的有力工具,而 SPM 具有高空间分辨的特点,可以在单原子尺度研究样品的表面电子态.将这两种先进技术结合在一起,可以深入研究单个水分子及 $H^+/OH^-/H$ 和 O 原子/H_2 和 O_2 分子等的吸附位形、光吸收、光催化化学反应以及光诱导的表面脱附、电子态跃迁等过程的机理.

在理论方面,可以试探将普适的经验势引入密度泛函理论,同时发展在第一性原理基础上的更精确讨论范德瓦尔斯相互作用和氢键相互作用的方法,以及发展全量子的蒙特卡罗模拟计算方法.这些新方法可以更加精准地处理水分子之间的氢键作用以及水与固体表面的相互作用,同时还将应用于处理轻元素(尤其是 H)的量子振动效应,从而详细研究氢在水和固体材料作用中的量子特性和规律.另外,我们需要大力发展第一性原理的方法来研究界面水的电子结构和能态,特别是表面激发态的电子结构和动力学的研究.迄今为止,表面激发态的理论研究是非常困难的.这方面的研究非常必要和迫切,对于理解表面的光化学动力学的机理来说至关重要.

应该指出,研究固液气界面上水的微观结构和性质的实验探测技术仍十分缺乏.除了要大力发展上面提到的技术使其应用于界面水的研究外,我们仍十分需要大力发展新的技术手段,如常温常压 SPM 和光耦合 SPM,以及更精确、更有效的理论模型,才可能对理解实际的界面水体系的微观尺度上的结构和性质有所贡献.

4. 大力推进水基础研究和清洁水、清洁能源工业应用项目的结合,加强和其他相关学科的协作(如气候、地理、能源、纳米技术等),联合各个水基础和应用科学的研究团体,逐步建立从基础研究到实际应用的统一体系,推动我国水科学技术方面的创新和可持续发展.

当今,局限于水资源的宏观管理和宏观调节的传统水污染治理、清洁水处理的工程应用方法已不能满足新世纪生产生活的需要.目前的方法往往注重大系统上的使用和调配,但是需要相应地配以大量的资金、工程和设施,成本太高,而使用化学法等较简易的方法,则是特别耗时耗力、效果不明显.因此,我们需要大力推进水基础研究和清洁水、清洁能源工业应用项目的结合,并且加强水问题研究上多学科的协作,比如和气候、地理、能源、纳米技术等相关学科的合作.

当前水污染处理、水催化分解等重大应用问题面临着新的挑战与机遇,那就是基于水界面相互作用的纳米新技术.中国科学院白春礼提出:"应充分挖掘纳米科技解决环境污染问题的潜力".许多体系的光催化材料已经存在,但很多对可见光有高效吸收的半导体在光催化条件下容易被腐蚀,在太阳光照下高催化效率的稳定光催化材料极少.通过对纳米材料的能带结构设计和纳米材料表面电子传输的控制,发现和制出新一代高效稳定的可见光纳米催化材料势在必行.

水的问题涉及人类生活和社会生产的各个方面,在不同层次上有着不同的要求,考虑问题的角度也不一样.我们应该承认,随着认识程度的演化,现时存在着从基础研究到应用研究、从工业工程性生产到综合水资源治理等一系列方面的研究团队和生产团体,涉及物理、化学、生物、地理、卫生、环境、医疗等各个学科.我们建议统筹这些水问题的方方面面,联合从基础到应用和跨多个学科的研究团体,逐步建立从基础到实际应用,乃至工业生产的统一体系,促进基础研究、工业应用、水资源治理各环节之间的相互交流和良性循环,推动我国水科学技术方面的创新和可持续发展,为切实解决21世纪的水问题的挑战提供坚实的专业力量.

5. 大力培养水基础科学的多学科交叉型人才.

水科学研究是一项长期而十分艰巨的任务,一定要放到国家的层面上综合考虑和全面部署.培养水科学研究的未来人才计划需要马上制定和落实.这方面的任务主要是理论模型建立与模拟计算,表面物理分析,材料制备与表征,光学、电子学测量与技术,化学与环境科学等多个领域人才的培养,包括高水平人才的引进、各层次人才梯队的建设、承担大型研究任务队伍的凝练等,目的是培养出包括顶尖领军人才的多学科、多层次人才队伍,推动具有高度导向性的水科学的基础研究,促进我国水环境工程与新能源工业的发展.

考虑到我国水科学研究的人才需求和学科设置的现状,我们建议选择几所理工科实力雄厚的高校,设立试点,培养未来从事水科学研究的高层次人才.这些学校在物理、化学等学科领域具有很强的研究基础和科研实力.从进入这些大学的物理、化学、生物等基础学科专业的学生中选拔出有志于水科学研究的优秀学生,面向水科学的国际前沿,科学设置高标准的本—硕—博贯通的英才培养计划,加强对水科学前沿知识的教学和研究,强化在水科学方面的自主创新能力和科研能力的培养.

(1) 宽理化基础培养的理论教学.试点班学生的培养将面向水科学发展前沿,瞄准国际一流水平,强调前瞻性、先进性和实践性.理论教学环节将通过开设小班课程,在重点进行水科学核心课程教学的基础上,强化物理、化学和数学学科方面的核心课程,并聘请国内外水科学研究方面的大师和学者来讲授前沿性课程.实践教学环节在加强课程实验的基础上,将完成一系列开放性实验项目和大学生研究计划,重点加强对实践能力的培养和研究素质的训练,使学生在完成完整的水科学实验项目后,基本上具备独立从事水科学研究的基本素质.

(2) 高科研素质、创新人才发展的实践教学.试点班实行学生导师制度和实习制度,通过在中国科学院相关研究所从事水科学基础研究和著名水务企业的研究机构(如威立雅水务、苏伊士水务、泰晤士水务、陶氏集团等)从事水科学的实践研究,尽早接触科研、接触优秀的研发团队和人员,帮助学生尽早理解水科学的基础与应用研究对水污染控制新技术、新原理发展的意义与作用,强化对水科学基础与应用研究的认识,帮助学生尽早理解学以致用的重要意义,给予他们在学习阶段更强有力的学术成长动力,以培养水科学领域的创新型人才.

(3) 以本科教育为基础的本硕博水科学研究英才培养体系.通过本科试点班的教育,学生已具备了从事水科学研究的良好素质.在研究生培养阶段,重视学生基础科研能力的提升以及科研精英潜质的培养,引导并鼓励学生瞄准水科学重大科学问题前沿,自主选题,并独立开展水科学方面的科研工作.在高校各院系之间和中国科学院各所之间,尝试采用多导师制,使学生思维接受不同导师的指导,思想上受到不同学术思想与学科知识的碰撞.鼓励研究生到国际上优秀的从事水科学研究的实验室进行短期的访学,拓展其学术视野.在学期间,引导学生申请、组织并举办小型水科学研究的国际研讨会,不仅可以构建从事水科学研究的年轻学生之间的相关学术网络,而且可以锻炼学生的组织能力,以及承担水科学研究的项目领导能力.

总之,水科学基础研究是利用物理学和化学的基础知识,发展新的理论方法和先进的实验设备,在原子、分子层次上研究水及其与材料相互作用的过程和规律,揭示其微观机理并提出解决关键工业技术问题的方案,以期引发水资源合理利用和有效管理的产业革命.积极布局、加速发展我国水科学的基础研究,对促进我国民生建设,保障国家安全,实现国家中长期科学和技术发展规划纲要目标,提高我国经济、尖端科学、重大工程等方面的发展水平,具有十分重要的战略意义.

目　　录

第1章 分子尺度上理解水的结构和作用

§1.1 神奇的水世界

如果让你非得对"什么是自然界最重要的物质"做一个选择,恐怕大多数人的答案是:水!这有可能是人类有史以来一直不变的信念之一.我们不禁要问:水为何有这么大的魔力呢?

水是自然界最充沛的物质.我们的地球,就其表面来说,实际上是一个大"水球".江河湖海,周遭琐细,到处是水的踪影.因此,它也和最常见的各类自然现象息息相关.举例来说,水在土壤中,与岩石风化、冻土有关,水在生物中,各类生命过程,像离子传输、蛋白质折叠,都在水的环境下发生,水在生活中,与铁生锈、腐蚀作用有关,水在大气中,组成云朵,促成闪电、降雨,甚至水在外太空中,也是构成彗核和一些星体的主要部分.由于它的充足,水似乎成了随手可拾、取之不尽、用之不竭的资源.

水也是自然界最重要的物质之一.它是生命存在的介质;它调节着地球的环境.DNA 复制,蛋白质合成、折叠,细胞膜的形成和分合,神经信号的传输都离不开水分子的作用.地球的温度调节、酸碱平衡、环境污染的治理都离不开水的功劳.不仅如此,它还是催化作用、溶液、电化学、传感器、气象学等领域中的主要研究对象.事实上,催化作用就是由于 1823 年 Döbereiner 观察到氧气和氢气在铂表面上,常温下就可以生成水才被发现的[1].后来,Berzelius 把这种现象命名为"催化作用"[2].

因此,自古以来人们对水都充满着浓厚的兴趣和丰富的感情.古代人类文明的发祥,乃至当代伟大人物的出现,都离不开大水域的哺育和滋养.思想深刻的哲学家思考它的精神.水、木、金、火、土,被古代中国人认为是组成世界的五种最基本元素,称为"五行".古希腊哲学家泰勒斯则声称:水是世界的本原.老子在道德经里称赞水的精神:"上善若水.水善利万物而不争,处众人之所恶,故几于道."孔子观水,感叹"逝者如斯夫",又说"水有五德",故"君子遇水必观".艺术家则不遗余力地表现水的魅力.音乐家创作了"高山流水",画家达·芬奇素描水的姿态,文学家则有更多关于水的作品,如"落霞与孤鹜齐飞,秋水共长天一色""抽刀断水水更流""明月松间照,清泉石上流"等等.水的形象融入了人们的文化和生活,甚至三点水也成了最常用的汉字偏旁之一.

水如此常见,如此普通,难道我们对它的理解还不够,还有什么我们所不了解的吗?是的,虽然历史上对水的认识和利用的不断深化一直伴随着人类的成长,我们直到今天仍不能说理解了水的全部奥妙,甚至可以说我们目前的理解只是很少、很粗浅的一部分.

水实际上是非常奇特和复杂的物质.水拥有许多与其他物质不同的奇妙性质.下面试举简单的几个例子:

(1)水的熔点和沸点都非常高,远高于按同族元素外推的结果(见图1.1).

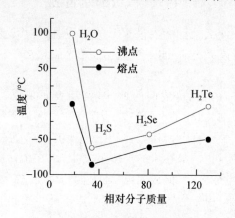

图 1.1 氢化物的沸点和熔点

水的沸点、熔点异常地高于其按相对分子质量外推的结果

(2)异于一般材料的热胀冷缩规律,水在4℃时密度最大(见图1.2)[3].

(3)在一定条件下,热水却比冷水更先结冰(即Mpemba效应).

(4)在一定的压强下,不是水凝固成冰,反而是冰熔化成水.

(5)水的黏滞性也很奇怪.在受限制的几个分子层的薄层中,非极性的油性分子液体黏滞性可以无穷地增大,而水的黏滞性却只比体态增加2~3倍[4].

(6)水的热容也是异乎寻常的大,并且在35℃时表现为极小值(见图1.2).这与恒温动物(包括人类)的体温值有无关系尚未可知.

水的奇异性质与它的结构有关.水分子的灵活性和连接水分子的氢键造成水的结构复杂多变.固体状态的水,也就是冰,它的晶体已发现有十一种之多[5](编号为Ice I和Ice XI,见图1.3).在100 K左右的温度下,还有高密度无定形冰和低密度无定形冰的区别.它们之间的转变是一级还是二级相变还在激烈的争论之中[6,7].最近,关于是否存在高密度超冷水和低密度超冷水之间的相变以及相变临界点也引起人们大量的争论.为什么温血动物体温都在40℃左右?这被认为与水在这一温度下的细致结构和动态特性有关.水100℃的沸点和冰点的温度差,也被

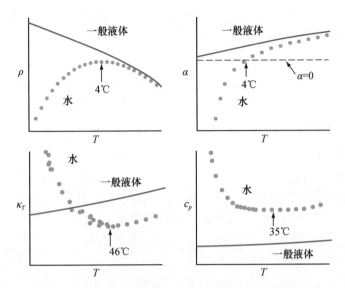

图 1.2 水(点线)和一般性液体(实线)的密度 ρ,热膨胀系数 α, 等温压缩系数 κ_T 和等压热容 c_p 随温度变化的关系比较[3]

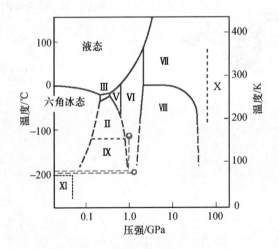

图 1.3 水(冰)的相图示意图[5].

认为与水中可能存在的两种不同强度的氢键结构和振动有关[8].

如何理解水的这些异常特性和复杂结构? 如何就此进一步探索其他离子(如 OH^-,H^+,K^+,Na^+)和分子(如 DNA,蛋白质,磷脂)在水中的状态和作用? 更重要地,除了宏观的水利工程,如何从微观上去控制和操纵水? 要找到答案,就必须用科学的方法去探索、研究水的秘密. 从某种意义上说,理解水的奥秘就是去理解整个世界的奥秘.

但在从事基础科学研究的科学家眼里,水究竟是个什么样子? 这得从水的微观结构(分子结构和电子结构)谈起.

§1.2　分子尺度的水

1.2.1　水分子

众所周知,水由氢(H)、氧(O)两种元素组成. 两个氢原子和一个氧原子形成 V 字形结构(图 1.4),就构成了水分子(H_2O). 实验测定,常温常压下气态自由水分子 OH 键长为 0.9572 Å(1 Å$=10^{-10}$ m),HOH 键角为 $104.52°$. 这与 CO_2 的线型结构(键角 OCO$=180°$)很是不同. 水的键长和键角都可以随着周围环境(成键状况、温度、压强)在较大的范围内变化,加上本身的 V 形结构,这些都使得水分子显得非常灵活. 水采取这种奇特的 V 形结构与它的电子结构有关. 不管怎样,从现在起我们就得记着,水分子的 V 字形结构是它的基本特征.

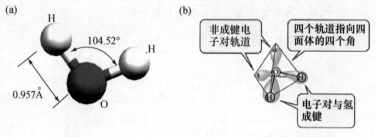

图 1.4　水分子的(a) 几何结构和(b) 电子分布

水分子的 V 字形结构是由于 sp 电子杂化造成的. 一个 O 原子最外层有 2 个 2s 电子和 4 个 2p 电子,一个 H 原子只有 1 个 1s 电子,为了组成 8 个电子的满壳层结构,一个 O 原子需要与 2 个 H 原子通过核外电子 sp 杂化而结合,形成 2 个 OH 键. 剩下的两对未成键的电子称为孤电子对(lone pair). 它们在水分子与外界(特别是金属或阳离子)作用时常起到决定性的作用. 所以一个水分子周围的电子分布是一个近似四面体结构(图 1.4),对应于 sp^3 电子杂化. 说它是一个近似四面体,是因为 OH 键轨道和孤对电子轨道的 Wannier 函数中心,即轨道局域化中心,分别为 0.52 Å 和 0.30 Å. 孤对电子轨道夹角为 $114°$,与 HOH 键角($104.52°$)一起都偏离了理想的四面体中的夹角 $109.5°$.

由于它的 V 字形结构,水分子是极性很大的分子. 由于成键,H 原子失去电子带正电,孤对电子区域则聚集了多余的电子(负电荷). 电极矩从 O 端沿 HOH 角平分线穿到 H 端. 单个水分子的电极矩为 1.855 D(1 D$=10^{-18}$ esu · cm). 作为比较,另外两个最常见的极性分子 CO 和 NO 的电极矩分别为 0.1 D 和 0.16 D. 水分子的较大极性使得它易于参与和其他极性分子或离子的作用,从而使得很多反应可以在水溶液中发生.

自由水分子的几何结构有着 C_{2v} 的对称性.由于一个水分子是由 3 个原子组成,所以有 9 个自由度:3 个平动自由度,3 个转动自由度,还有 3 个振动自由度.前两者直接与外界环境有关,后者是分子内部自由度,但是受到外界环境的影响会发生频移.对应于 3 个内部自由度(振动模式),分别是 OH 对称拉伸(symmetric stretch)、OH 不对称拉伸(asymmetric stretch)和 HOH 的剪切或弯曲运动(scissor or bending).它们对应的原子动态如图 1.5 所示.在自由的情形下,这 3 种振动模式的频率($\nu:0 \rightarrow 1$)分别是 $3657\ cm^{-1}$,$3756\ cm^{-1}$,$1595\ cm^{-1}$.

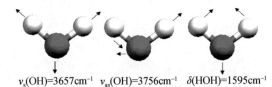

$\nu_s(OH)=3657cm^{-1}$　　$\nu_{as}(OH)=3756cm^{-1}$　　$\delta(HOH)=1595cm^{-1}$

图 1.5　水分子的三种振动模式

在能量空间,水分子的电子轨道可分为 $1a_1$(539.7 eV,芯电子态),$2a_1$(32.2 eV),$1b_2$(18.5 eV),$3a_1$(14.7 eV),$1b_1$(12.6 eV)五个能级.通常地,若与局域化的轨道做对应,$1b_2$ 被认为是成键能级,$1b_1$ 对应于未成键的孤对电子,而 $2a_1$,$3a_1$ 则是成键和非成键轨道的混合.在强成键的 $1b_2$ 轨道上拿去一个电子,会造成水分子 H_2O 分解成 H^+ 和 OH^-.$3a_1$ 轨道对保持水分子 V 字形的几何结构起着关键作用,在该轨道上去除一个电子会导致水分子的 V 形结构转化为类似于 CO_2 的线性结构.这些轨道在三维空间的分布如图 1.6 所示.

水分子的一些基本物理参数在表 1.1 中列出.

表 1.1　水分子的基本物理参数

物理参数	数值
OH 键长	0.9572 Å
HOH 键角	104.52°
范德瓦尔斯半径	1.45 Å
转动惯量	1.0220 $g^{-1}cm^{-2}$, 1.1.9187 $g^{-1}cm^{-2}$, 2.9376×10^{-40} $g^{-1}cm^{-2}$
二极矩	1.855 D
平均极化强度	1.444×10^{-24} cm^3
OH 键分解能	5.18 eV

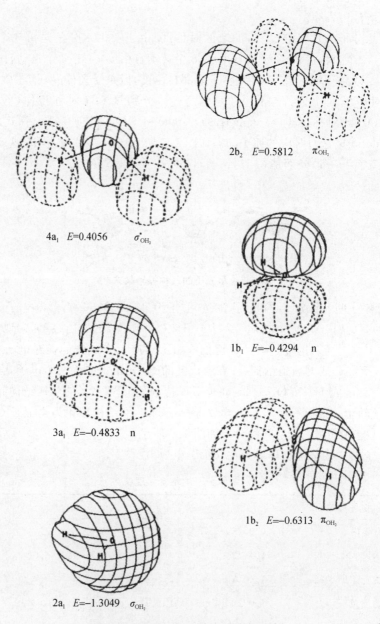

图 1.6 水分子非局域化的电子轨道[9]

能级单位是 Ry(1 Ry＝13.6057 eV)

1.2.2　氢键

水分子之间靠着氢键结合. 氢键是指负电性很强的原子(如氧或氮)和已与氧或氮等共价结合的氢原子之间相互吸引而产生的作用. 氢键多在 H 与 N, O, S 等原子之间产生. 它的强度比较弱(几十到二三百毫电子伏), 介于一般的化学键和更弱的范德瓦尔斯(van der Waals)结合之间. 氢键在自然界中广泛存在, 它不仅是最常见的分子间力之一, 还存在于分子内部. 最著名的例子是, DNA 的双螺旋结构就靠一组氢键来维持, 而蛋白质的三维结构常常也是由不同基团间的氢键决定. 通常认为, 氢键主要来源于因共价结合而带正电的 H 原子和强电负性的 O, N 等原子之间的静电库仑作用, 但还有一小部分来源于诱导极化作用和分子间的色散力. 奇妙的是, 虽然基于库仑吸引而且强度较弱, 氢键仍如同化学键一样具有饱和性和方向性.

我们通常所说的水分子之间的相互作用就是指氢键作用. 它是由水中 H 元素与另一个最近邻的水分子中 O 的孤对电子相互吸引而形成的. 自由状态下, 即气态的水二聚体分子(dimer, $(H_2O)_2$)结构中, O—H$\cdots$O 键长约为 2.976 Å, 键角接近于 180°(直线形), 强度约为 23 kJ/mol. 提供 H 的一方称为质子施主(proton donor), 接受 H 的一方称为质子受主(proton acceptor). 约有 0.02 个电子从质子受主转移到质子施主. 由于一个水分子只有两个孤电子对, 所以它最多同时接受两个 H 形成氢键, 加上它本身的两个 H 也可以和其他的分子成氢键, 一个 H_2O 分子最多能形成 4 个氢键, 组成局域的四面体结构. 无论是冰中还是液态的水中, 这种局部的四面体网络结构都是其一个基本特征(图 1.7).

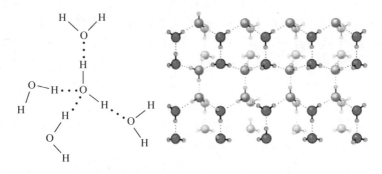

图 1.7　水或冰中氢键组成的四面体网络结构

水的多数奇特性质都是由水分子之间的氢键造成的. 由于氢键比一般的其他类型分子间作用力强得多, 水中水分子的结合力很强, 从而导致水的熔点、沸点极高, 热容极大. 这与按相对分子质量外推的结果大不一致, 因为水的相对分子质量很小, 只有 18, 若分子间按范德瓦尔斯作用结合, 则水在零下 75 ℃时就该汽化(图

1.1).水的高熔点、沸点和大热容正是地球环境能够产生生命、适宜生命发展的必要条件.可见水分子间的氢键起着多么大的作用!

4℃以下的水遇热收缩的怪异特性也是由氢键造成的.由于氢键的方向性和饱和性,若要保持水中最强的氢键作用,水分子必须排成一定的几何形状(四面体结构),每个水分子必须占有一定的体积.温度升高时,水分子动能增加使得一些氢键断裂,使水分子保持在体积较大的空间位形的约束减少了,从而水分子排得更为致密,整个体积缩小.反过来,强行缩小水分子所占空间,会使一部分氢键由于完美空间结构的破坏而断裂,从而发生从冰到水的相变,这就是压力导致水熔解的缘由.

水的一些奇特性质和它们的氢键解释以及实际的例子总结在表 1.2 中.这些例子对生命能够存在有着决定性的作用.

表 1.2　水的一些奇特性质和氢键解释以及实际例子

水的特性	氢键解释	实际例子
高热容	打破氢键需要较大能量	地球和生物组织的温度稳定性
高蒸发能	打破氢键需要较大能量	水分蒸发降低体表温度
固体密度小于液体	形成氢键网络占用空间	体表冰层保护江河湖泊不会整个结冰
表面张力	氢键保持邻近分子组成的结构	树叶、根茎中通过毛细作用运输水分

1.2.3　分子尺度上理解水

水分子加上连接它们的氢键,好比物质世界里砖块加上水泥,建成了水结构的"大厦".此二者是从分子尺度上理解水的基础和保证.数个乃至几十个水分子用氢键连接起来,就形成了水的团簇结构.三十多年来,水的小团簇结构得到了细致的研究.Dyke 和 Saykally 及合作者们用测量小团簇转动能级的办法测定了水的二聚体[10]、三聚体[11]、四聚体[12]、五聚体[13]、六聚体[14]的结构.从二个到五个,水分子排成环状,但是六个水分子会组成能量几乎简并的环状、笼状、棱柱状三种结构[15,16],显示了水分子从零维团簇结构到三维体态结构的过渡.

水分子经氢键连接形成各式体态的冰,都要遵从所谓的 BFP 规则(Bernal-Fowler-Pauling rules),它的主要内容如下所述[17,18]:

(1) 每个氧原子在约 0.96 Å 远处连接着两个氢原子,它们约成 105°角.

(2) 每个氧原子通过氢键连接到周围四个氧原子上,形成四面体结构.

(3) 非近邻的两个水分子间作用很弱,不足以稳定任何一种体结构.

(4) 每个 OO 连线轴上有且仅有一个氢原子.

从分子尺度上看体态水(冰)的结构,也发现了奇特的性质.李济晨和 Ross[8]认为,由于冰中形成氢键的两个水分子(通过一氢原子连接)中其他三个氢原子的

相对排列可按对称性分为两类,它们形成两种强度的氢键,在冰中的数目比率为
2∶1,分别对应于非弹性非相干中子散射(inelastic incoherent neutron scattering)
实验中 27 meV 和 36 meV 处的 OO 振动峰. K. Modig 等通过质子磁性屏蔽张量
测量,得到了 0~80℃ 之间水中氢键 O···H 平均间距和键角随温度线性变化的关
系[19]. 临界状态(温度 647 K,压强 22.1 MPa,密度 0.32 g/cm^3)的水中氢键和水分
子二极矩的特征[20],和水在高压(12~30 GPa)下部分分解成 H_3O^+ 和 OH^- 的机
制[20]也通过分子动力学模拟得到了细致的分子水平的理解.

　　Kropman 和 Bakker 提出了一种新方法,能够把溶液里离子周围几个分子层
的水分子和其他普通水分子区别开来,从而直接观测离子周围最近处水分子的动
态[22]. 他们用飞秒红外区非线性光谱来做探测. 先用强激光激发,再用另一束可调
激光迟延几个皮秒探测,测其透射率的变化,发现信号通过两种通道衰减,其中快
过程对应于溶液中体态的水,而慢过程正好对应于离子周围的水分子. 用这方法,
他们发现,Cl^-、Br^-、I^- 周围的水分子层是刚性的. 分子动力学模拟表明,水中传
输 H_3O^+ 和 OH^- 离子的机制也不同,两离子周围分别有 3 个和 4 个水分子和它们
形成氢键[23,24].

　　工业上期待用氢作为清洁的能源. 然而要达到这一目标,必须使用从水中分离
的氢气. 因为现今工业上从石油、天然气等氢化物中制造氢气的同时已经制造了大
量的 CO_2 等温室气体. 使用铂等贵金属作为催化剂从水中产生氢的成本过高,所以
人们把目光转向生物分子. 氢化酶(hydrogenase)作为催化剂可以轻易打破水分子
OH 键,然后再把分离的两质子和两电子结合形成氢分子(H_2)[25]. 成功利用这一
反应要求我们理解水分子和酶分子的作用细节. 计算表明,在 DNA 等生物大分子
内侧或一旁存在着水分子团,其结构和二极矩分布与体态、气态的水大有不同[26].

　　从分子尺度上理解水还包括理解水的电子结构. 第一性原理计算通常会给出
水中电子云的空间分布、轨道能级等,以助于我们对水做出微观描述. Parrinello 和
合作者们曾在这一方面做出大量的工作[23,24,26-29]. 他们画出了液态水中电子态密
度和最低未占据轨道(lowest unoccupied molecular orbit, LUMO)[27],在揭示
H_3O^+ 和 OH^- 离子在水中传输机制[23,24],和水分子与生物分子作用[26]时,都给出
了起关键作用的电子云分布的等值面. 同样的电子分布信息出现在研究水在高压
下分解的工作中[21].

　　分子尺度上理解水,常常还要考虑到量子运动的影响. 这是因为水分子中有质
量非常小的氢元素,它的量子效应十分明显. $(H_3O_2)^-$ 结构中量子效应使得两个氧
原子间的 H 双势阱结构变成单势阱结构[28]. 高压冰的相变过程[29]、H_3O^+ 和 OH^-
离子在水中的传输过程[23,24]中氢的量子效应也起着明显作用.

§1.3　水在表面上

粗略地说,水与外界的相互作用都是通过"表面"接触来实现的,水的重要作用也是通过"表面"来发挥的.比如前面所提及的水在电化学、催化、传感器、人工降雨等方面的应用都是在表面发生的.分子尺度上理解水,就不得不细致研究水与表面的相互作用.在分子尺度上看,这个"表面"可能是单晶平台、台阶,也可能是生物薄膜、大分子.我们把水与表面的相互作用看做是表面对水的限制,包括几何限制和物理化学限制.一般地,水在受限体系中会表现出与体态迥乎不同的性质,这在下面的例子中也能看出.

按表面类型分,水和表面的相互作用研究可分为水和金属表面、半导体表面、氧化物表面、盐等其他表面、有机表面、生物表面相互作用等研究领域.人们关心的问题和研究的兴趣主要集中于:(1)水的吸附结构和其电子、振动、反应性质;(2)水与碱金属、氧、CO 等的共同吸附;(3)温度、压强等条件对水的结构的影响,水在表面处有序、无序的转变;(4)水分子在表面处的分解;(5)水在表面处的浸润现象;(6)水在非高真空条件下的实际行为和在高新材料上的吸附行为;(7)水在微孔、薄层、生物体系中的受限行为等.

水在金属表面上的吸附情形被研究得最多[30—61],一方面由于这是该领域的研究起点(1823 年 Döbereiner 研究铂的"催化"作用[1]),另一方面在于金属表面是相对简单的表面.百多年来,通过各种实验和理论研究,人们逐渐总结出水在一般金属表面吸附的基本规律[62]:

(1)在所有覆盖度下,水以未分解的分子状态吸附在金属表面上;

(2)即使在很低的覆盖度下,水也会形成由氢键连接起来的小团簇结构;

(3)依赖于水的气压和生长温度,水会形成有序的二维双层结构(bilayer);

(4)水会形成类似于体态冰的多层结构,它与衬底的限制无关.

然而这只是水在金属表面吸附的一般规律的粗略概括,对于细节,近来仍有激烈的争论.Feibelman 提出,在 Ru(0001)表面一半水分子处于分解状态[63].Mitsui 等观察到在 Pd(111)表面上水的小团簇的扩散比单个水分子快几个量级[57].相比于该领域大量集中的实验研究,系统的理论工作仍十分缺乏,愈发显得迫切.

水在半导体上的吸附研究对半导体工业技术有着重要作用.水吸附在 Si 表面通常会造成 Si 表面氧化成稳定的 SiO_2 表面,即所谓的"湿氧化"(wet oxidation)[64],水分子也会相应地分解.但是室温下吸附在 Si(100)-(2×1)和 Si(111)-(7×7)表面的水究竟是否分解,文献中仍有争论[65—67],分子层次的结构模型仍然缺乏,在 Ge(100)-(2×1) 和 Ge(111) 表面,统一的结论是水以分解状态吸附[68,69].水在其他半导体如 GaAs,GaN,AlAs,InP 等表面上的吸附情形与此类似.水的吸附通常不改变半导体表面的重构结构.

水在氧化物表面的吸附也得到了细致的研究[70—79].由于表面氧原子的竞争作用,水分子在氧化物表面易于分解.经计算,水在 MgO(100) 完美表面上 $p(3×2)$ 的吸附结构中,由于集体效应,有 1/3 的水分子部分地分解(即 $H_2O \longrightarrow H^+ + OH^-$)[71].即使在低覆盖度下,水在 α-Al$_2O_3$(0001) 表面的分子吸附状态也是亚稳定的.Hass 等用第一性原理分子动力学方法模拟了水分子分解的动态过程[73].水在 RuO$_2$(110) 表面的吸附结构随着表面所加正负电压的改变从低密度的水层转变到类似于 Ice X 的结构[77].在云母表面,室温下水仍会形成二维的冰层结构,可应用于人工降雨[78].

水和盐类的作用[80—86]一般较弱,且晶格匹配困难,但对自然现象却起着重要作用,比如溶解、蚀刻、风化、气象等.低能电子衍射(LEED)实验发现了水在 NaCl (100) 表面 $c(4×2)$ 的有序相[81].用 X 射线衍射研究液态水与 KDP 晶体的界面,发现离界面最近的两层水排列有序且行为与冰类似,较远的两层有序度减小,更远的则是体态水的行为[86].

对水与石墨的相互作用研究得也较多.石墨常被用来作为疏水表面的代表或生物系统的简化模型.Chakarov 等观察到石墨表面上原本无定形的冰层在紫外光照射下晶化的过程[87].水在石墨上的模型模拟显示,水滴的接触角与单个水分子在石墨上的吸附能成正比[88],这为从水的分子尺度行为理解宏观现象建立了桥梁.

水在疏水的有机烃类液体以及 CCl$_4$ 表面处的红外吸收谱研究表明(图 1.8),水在疏水界面成弱的氢键及强的取向效应,这与人们通常认为的水在疏水界面处氢键很强的印象相反[89].石蜡浮在水面上,X 射线反射测量表明,界面处水的密度减小,约每 25～30 Å^2 的表面比体态少一个水分子,密度最低可为体态的 0.9 倍,密度缺陷的轮廓半宽为 8～10 Å.此即所谓的"退湿化"(dewetting)效应[90].

生物过程都在水中发生,生物膜和生物分子表面都有水的作用.X 射线衍射研究表明,在细胞膜融合和分裂的过渡态结构中,有一薄层水夹在两个磷脂双层(细胞膜的主要成分)之间.该水层对细胞膜的融合和分裂发挥着重要作用[91].K$^+$ 和 Na$^+$ 离子在 K$^+$ 离子通道蛋白 KscA 的开口处形成不同的水合结构,造成通道对离子传输的选择性.

一般地,Na$^+$ 要结合更多的水分子,阻碍了它的传输[92].水分子可以自由通过

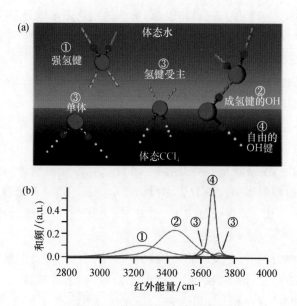

图 1.8　水在疏水的 CCl₄ 表面上

界面处不同类型的水分子对应于不同的 OH 振动红外吸收峰,从而揭示了在疏水表面水呈弱氢键和强取向效应[47]

细胞膜,而质子却不能,也是因为水合质子不能通过输水蛋白的细孔[93].结合在 DNA 小凹槽处的水的团簇与体态性质不同,并且影响着 DNA 的电子结构[26].

关于水与固体表面相互作用的实验方面的研究进展可以参见 1987 年、2002 年、2009 年等几篇综述文章[94−97].

水受表面限制,通常表现出与体态不同的性质[98,99].因表面影响,水分子通常有特定的取向并且有序地排列,这种秩序可以通过改变表面电势来改变[100,101].受限制的水常常表现得如同温度低了 30 K 的过冷水的行为[102].扩展的表面限制下,包括两表面夹层和孔状限制下,水的行为更为独特.两黏土层之间的 1～2 层的水可以在 228 K 时仍保持为液态(过冷水),这在体态下是达不到的.弛豫动力学研究表明,水在这种条件下存在着"强壮"的玻璃态,并且有着"脆弱"态到"强壮"态的转变[103].在碳纳米管内部随着直径的不同,水分子连接形成奇特的四角、五角、六角、七角的管状冰.更令人吃惊的是,在较细的管内存在有一个相变临界点,在该点之上,冰与液态水没有差别,它们之间的相变为连续相变.这是完全不同于体态水的性质[104].水在细碳纳米管内的传输[105,106]和质子沿水链在纳米管内的传输[107,108]也有细致的模拟研究.另外,水在表面处的浸润(即亲、疏水性)和分解现象也是水与表面作用的典型例子,近来备受研究人员的关注.

这里简要叙及从分子层次研究水和表面的相互作用的科学方法.实验观察和

理论模拟的有机结合是从分子尺度认识这一作用的不可或缺的法宝. 几乎所有的标准的表面科学实验分析手段都可以用来研究水与表面的相互作用,像 X 射线光电子谱(XPS)、紫外光电子谱(UPS)、X 射线衍射(XRD)、低能电子衍射(LEED)、氦原子散射(HAS)、扫描隧道显微镜(STM)、高分辨电子能量损失谱(HREELS)、红外吸收谱(IRAS),以及温度控制脱附谱(TPD)等等. 用光电子谱可以观察水分子芯电子和价电子的能级移动以及谱峰形状变化,继而推断出水分子分子取向以及是否分解等信息. 根据光子、电子衍射和(氦)原子散射的花样,做傅里叶变换就可以轻易地得到水分子在表面上吸附结构的周期信息,甚至可以拟合得到每个原子的位置. 扫描隧道显微镜在研究水在表面的吸附时得到了越来越广泛的应用. 它不仅可以直接在实空间观察到水团簇、链、双层等种种吸附结构,还可以观察到水分子及小团簇在表面上的扩散以及水层的形成动态. 电子损失谱、红外吸收谱可以提供吸附水结构的振动信息(能量和谱形),包括水分子的平动、旋转、摇摆运动和分子内的 OH 伸缩、HOH 剪切运动. 温度控制脱附测量可以得知水在表面的吸附强度及脱附动态. 其他的实验方法,如原子力扫描显微镜(AFM)及中子散射等,随着人们研究领域的扩大也逐渐应用到水和表面的作用的研究中,比如研究水在非高真空条件下的实际行为,在高新材料上的吸附行为,在微孔、薄层、生物体系中的受限行为等. 理论研究方法除了伴随实验技术(XRD,LEED)的唯象模拟之外,更重要的是用第一性原理计算研究表面上水的结构、能量及电子态,和基于第一性原理的分子动力学模拟方法,基于模型的经典分子动力学和蒙特卡罗模拟方法,前者可以更为精确而后者可以在更大尺度、更长时间上模拟水的结构与动态.

随着实验与理论研究的深入发展和二者之间的相互促进,人们对于从分子尺度理解、掌握、控制、应用水与表面的相互作用的信心越来越足. 一个例子是,水分子已经用来作为表面结构和特性的探测器使用. 每年有大量的研究论文发表在物理、化学、生物、地理、气象、技术及交叉学科的各类杂志上. 几乎每期的 *Nature*, *Science*, *Phys. Rev. Lett.* 上都有 1～3 篇有关水的特性及与外界的作用的文章.

本书的核心观念是从分子尺度上理解水,包括理解水的结构、振动、扩散、相变、弛豫等种种性质. 这不仅是因为水的微观尺度机制是理解它宏观奇特性质的基础,而且还因为限制在这一尺度上的水有着许多不同于其体态的特殊性质. 这两点对于进一步利用、操纵几乎有无限潜力的水资源都有着非常重大的意义. 在这里我们重述一下著名理论物理学家费曼对于世界的原子尺度观点[109]是激动人心的,这个观念最终导致了今天方兴未艾、影响深远的纳米科学和纳米技术:

"如果我们真的能够按照我们的意图排列原子,材料的性能将会怎样? 对此进行理论研究会非常有趣. 尽管我还不能准确预言将发生什么,但我毫不怀疑,当我们能够在小尺度上对事物的排列组合加以控制时,材料性能将会得到极大的拓展,而且,我们能够创造出的新东西也会大大增加."

参 考 文 献

[1] J. W. Döbereiner. Schweigg. J. **39**, 1 (1823).

[2] J. J. Berzelius, J. ber. Chem. **15**, 237 (1837).

[3] P. G. Debenedetti. *Supercooled and glassy water*. J. Phys. : Condens. Matter **15**, R1669—R1726 (2003).

[4] U. Raviv, P. Laurat, and J. Klein. *Fluidity of water confined to sub nanometer films*. Nature **413**, 51 (2001).

[5] D. D. Klug. *Dense ice in detail*. Nature **420**, 749 (2002).

[6] O. Mishima and Y. Suzuki. *Propagation of the polyamorphic transition of ice and the liquid-liquid critical point*. Nature **419**, 599 (2002).

[7] C. A. Tulk, C. J. Benmore, J. Urquidi, D. D. Klug, J. Neuefeind, B. Tomberli, and P. A. Egelstaff. *Structural studies of several distinct metastable forms of amorphous ice*. Science **297**, 1320 (2002).

[8] J. C. Li and D. K. Ross. *Evidence for two kinds of hydrogen bond in ice*. Nature **365**, 327 (1993).

[9] W. L. Jorgensen, L. Salem. *The organic chemists' book of orbitals*. Academic Press, New York, 1973.

[10] T. R. Dyke, K. M. Mack, and J. S. Muenter. *The structure of water dimer from molecular beam electric resonance spectroscopy*. J. Chem. Phys. **66**, 498 (1977).

[11] N. Pugliano and R. J. Saykally. *Measurement of quantum tunneling between chiral isomers of the cyclic water trimer*. Science **257**, 193 (1992).

[12] J. D. Cruzan, L. B. Braly, K. Liu, M. G. Brown, J. G. Loeser, and R. J. Saykally. *Quantifying hydrogen bond cooperativity in water: VRT spectroscopy of the water tetramer*. Science **271**, 59 (1996).

[13] K. Liu, M. G. Brown, J. D. Cruzan, and R. J. Saykally. *Vibration-rotation tunneling spectra of the water pentamer: Structure and dynamics*. Science **271**, 62 (1996).

[14] K. Liu, M. G. Brown, C. Carter, R. J. Saykally, J. K. Gregory, and D. C. Clary. *Characterization of a cage form of the water hexamer*. Nature **381**, 501(1996).

[15] K. Liu, J. D. Cruzan, and R. J. Saykally. *Water clusters*. Science **271**, 929 (1996).

[16] J. K. Gregory, D. C. Clary, K. Liu, M. G. Brown, and R. J. Saykally. *The water dipole moment in water clusters*. Science **275**, 814 (1997).

[17] J. D. Bernal and R. H. Fowler. *A theory of water and ionic solution, with particular reference to hydrogen and hydroxyl ions*. J. Chem. Phys. **1**, 515 (1933).

[18] L. Pauling. *The structure and entropy of ice and of other crystals with some randomness of atomic arrangement*. J. Am. Chem. Soc. **57**, 2680 (1935).

[19] K. Modig, B. G. Pfrommer, and B. Halle. *Temperature-dependent hydrogen-bond geometry in liquid water*. Phys. Rev. Lett. **90**, 075502 (2003).

[20] M. Boero, K. Terakura, T. Ikeshoji, C. C. Liew, and M. Parrinello. *Hydrogen bonding and dipole moment of water at supercritical conditions: A first-principles molecular dynamics study*. Phys. Rev. Lett. **85**, 3245 (2000).

[21] E. Schwegler, G. Galli, F. Gygi, and R. Q. Hood. *Dissociation of water under pressure*. Phys. Rev. Lett. **87**, 265501 (2001).

[22] M. F. Kropman and H. J. Bakker. *Dynamics of water molecules in aqueous solvation shells*. Science **291**, 2118 (2001).

[23] D. Marx, M. E. Tuckerman, J. Hutter, and M. Parrinello. *The nature of the hydrated excess proton in water*. Nature **397**, 601 (1999).

[24] M. E. Tuckerman, D. Marx, and M. Parrinello. *The nature and transport mechanism of hydrated hydroxide ions in aqueous solution*. Nature **417**, 925 (2002).

[25] J. Alper. *Water splitting goes Au naturel*. Science **299**, 1686 (2003).

[26] F. L. Gervasio, P. Carloni, and M. Parrinello. *Electronic structure of wet DNA*. Phys. Rev. Lett. **89**, 108102 (2002).

[27] K. Laasonen, M. Sprik, and M. Parrinello. *"Ab initio" liquid water*. J. Chem. Phys. **99**, 9080 (1993).

[28] M. E. Tuckerman, D. Marx, M. L. Klein, and M. Parrinello. *On the quantum nature of the shared proton in hydrogen bonds*. Science **275**, 817 (1997).

[29] M. Benoit, D. Marx, M. Parrinello. *Quantum effects on phase transitions in high-pressure ice*. Computational Materials Science **10**, 88 (1998).

[30] L. E. Firment and G. A. Somorjai. *Low-energy electron diffraction studies of molecular crystals: The surface structures of vapor-grown ice and naphthalene*. J. Chem. Phys. **63**, 1037 (1975).

[31] L. E. Firment and G. A. Somorjai. *Low energy electron diffraction studies of the surfaces of molecular crystals (ice, ammonia, naphthalene, benzene)*. Surf. Sci. **84**, 275 (1979).

[32] B. A. Sexton. *Vibrational spectra of water chemisorbed on platinum (111)*. Surf. Sci. **94**, 435 (1980).

[33] G. B. Fisher and J. L. Gland. *The interaction of water with the Pt(111) surface*. Surf. Sci. **94**, 446 (1980).

[34] D. Doering and T. E. Madey. *The adsorption of water on clean and oxygen-dosed Ru(001)*. Surf. Sci. **123**, 305 (1982).

[35] P. A. Thiel, R. A. DePaola, and F. M. Hoffmann. *The vibrational spectra of chemisorbed molecular clusters: H_2O on Ru(001)*. J. Chem. Phys. **80**, 5326 (1984).

[36] S. Andersson, C. Nyberg, and C. G. Tengstål. *Adsorption of water monomers on Cu(100) and Pd(100) at low temperatures*. Chem. Phys. Lett. **104**, 305 (1984).

[37] F. T. Wagner and T. E. Moylan. *A comparison between water adsorbed on Rh(111) and Pt(111), with and without predosed oxygen*. Surf. Sci. **191**, 121 (1987).

[38] W. Ranke. *Low temperature adsorption and condensation of O_2, H_2O, and NO on Pt(111), studied by core level and valence band photoemission*. Surf. Sci. **209**, 57 (1989).

[39] A. F. Carley, P. R. Davies, M. W. Roberts, and K. K. Thomas. *Hydroxylation of molecularly adsorbed water at Ag(111) and Cu(100) surfaces by dioxygen: Photoelectron and vibrational spectroscopic studies*. Surf. Sci. **238**, L467 (1990).

[40] H. Ogasawara, J. Yoshinobu, and M. Kawai. *Water adsorption on Pt(111): From isolated molecule to three-dimensional cluster*. Chem. Phys. Lett. **231**, 188 (1994).

[41] G. Held, D. Menzel. *The structure of the $p(\sqrt{3} \times \sqrt{3})R30°$ bilayer of D_2O on Ru(001)*. Surf. Sci. **316**, 92 (1994).

[42] M. Morgenstern, T. Michely, and G. Comsa. *Anisotropy in the adsorption of H_2O at low coordination sites on Pt(111)*. Phys. Rev. Lett. **77**, 703 (1996).

[43] M. Morgenstern, J. Muller, T. Michely, and G. Comsa. *The ice bilayer on Pt(111): Nucleation, structure and melting*. Z. Phys. Chem. **198**, 43 (1997).

[44] I. Villegas and M. J. Weaver. *Infrared spectroscopy of model electrochemical interfaces in ultrahigh vacuum: Evidence for coupled cation-anion hydration in the Pt(111)/K^+, Cl^- System*. J. Phys. Chem. **100**, 19502 (1996).

[45] S. Smith, C. Huang, E. K. L. Wong, and B. D. Kay. *Desorption and crystallization kinetics in nanoscale thin films of amorphous water ice*. Surf. Sci. **367**, L13 (1996).

[46] P. Löfgren, P. Ahlström, D. V. Chakarov, J. Lausmaa, and B. Kasemo. *Substrate dependent sublimation kinetics of mesoscopic ice films*. Surf. Sci. **367**, L19 (1996).

[47] A. Glebov, A. P. Graham, A. Menzel, and J. P. Toennies. *Orientational ordering of two-dimensional ice on Pt(111)*. J. Chem. Phys. **106**, 9382 (1997).

[48] G. Pirug and H. P. Bonzel. *UHV simulation of the electrochemical double layer: Adsorption of $HClO_4$/H_2O on Au(111)*. Surf. Sci. **405**, 87 (1998).

[49] X. Su, L. Lianos, Y. R. Shen, and G. A. Somorjai. *Surface-induced ferroelectric ice on Pt(111)*. Phys. Rev. Lett. **80**, 1533 (1998).

[50] M. S. Yeganeh, S. M. Dougal, and H. S. Pink. *Vibrational spectroscopy of water at liquid/solid interfaces: Crossing the isoelectric point of a solid surface*. Phys. Rev. Lett. **83**, 1179 (1999).

[51] H. Ogasawara, J. Yoshinobu, and M. Kawai. *Clustering behavior of water (D_2O) on Pt(111)*. J. Chem. Phys. **111**, 7003 (1999).

[52] M. Nakamura, Y. Shingaya, and M. Ito. *The vibrational spectra of water cluster molecules on Pt(111) surface at 20 K*. Chem. Phys. Lett. **309**, 123 (1999).

[53] A. L. Glebov, A. P. Graham, and A. Menzel. *Vibrational spectroscopy of water molecules on Pt(111) at submonolayer coverages*. Surf. Sci. **427**, 22 (1999).

[54] M. Nakamura and M. Ito. *Monomer and tetramer water clusters adsorbed on Ru(0001)*. Chem. Phys. Lett. **325**, 293 (2000).

[55] K. Jacobi, K. Bedürftig, Y. Wang, and G. Ertl. *From monomers to ice—new vibrational characteristics of H₂O adsorbed on Pt(111)*. Surf. Sci. **472**, 9 (2001).

[56] S. Haq, J. Harnett, and A. Hodgson. *Growth of thin crystalline ice films on Pt(111)*. Surf. Sci. **505**, 171 (2002).

[57] T. Mitsui, M. K. Rose, E. Fomin, D. F. Ogletree, and M. Salmeron. *Water diffusion and clustering on Pd(111)*. Science **297**, 1850 (2002).

[58] K. Morgenstern and J. Nieminen. *Intermolecular bond length of ice on Ag(111)*. Phys. Rev. Lett. **88**, 066102 (2002).

[59] S. Haq, J. Harnett, and A. Hodgson. *Growth of thin crystalline ice films on Pt(111)*. Surf. Sci. **505**, 171 (2002).

[60] H. Ogasawara, B. Brena, D. Nordlund, M. Nyberg, A. Pelmenschikov, L. G. M. Pettersson, and A. Nilsson. *Structure and bonding of water on Pt(111)*. Phys. Rev. Lett. **89**, 276102 (2002).

[61] D. N. Denzler, Ch. Hess, R. Dudek, S. Wagner, Ch. Frischkorn, M. Wolf and G. Ertl. *Interfacial structure of water on Ru(0001) investigated by vibrational spectroscopy*. Chem. Phys. Lett. **376**, 618 (2003).

[62] S. K. Jo, J. Kiss, J. A. Polanco, and J. M. White. *Identification of second layer adsorbates : Water and chloroethane on Pt(111)*. Surf. Sci. **253**, 233 (1991).

[63] P. J. Feibelman. *Partial dissociation of water on Ru(0001)*. Science **295**, 99 (2002).

[64] D. J. Elliot. *Integrated circuit fabrication technology*. McGraw-Hill, New York, 1982.

[65] W. Ranke, D. Schmeisser, and Y. R. Xing. *Orientation dependence of H₂O adsorption on a cylindrical Si single crystal*. Surf. Sci. **152—153**, 1103 (1985).

[66] Y. J. Chabal and S. B. Christman. *Evidence of dissociation of water on the Si(100)2×1 surface*. Phys. Rev. B **29**, 6974 (1984).

[67] R. A. Rosenberg, P. J. Love, V. Rehn, I. Owen, and G. Thornton. *The bonding of hydrogen on water-dosed Si(111)*. J. Vacuum Sci. Technol. A **4**, 1451 (1986).

[68] F. Meyer and M. J. Sparnaay. *The chemical and physical properties of clean germanium and silicon surfaces*, in *Surface physics of phosphors and semiconductors*. Eds. C. G. Scott and C. E. Reed. Academic Press, London, 1975.

[69] R. H. Williams and I. T. McGovern. *Adsorption on semiconductors*, in *the chemical physics of solid surfaces and heterogeneous catalysis*, Vol. 3. Eds. D. A. King and D. P. Woodruff. Elsevier, Amsterdam, 1984.

[70] W. Langel and M. Parrinello. *Hydrolysis at stepped MgO surfaces*. Phys. Rev. Lett. **73**, 504 (1994).

[71] L. Giordano, J. Goniakowski, and J. Suzanne. *Partial dissociation of water molecules in the (3×2) water monolayer deposited on the MgO(100) surface.* Phys. Rev. Lett. **81**, 1271 (1998).

[72] M. Odelius. *Mixed molecular and dissociative water adsorption on MgO[100].* Phys. Rev. Lett. **82**, 3919 (1999).

[73] K. C. Hass, W. F. Schneider, A. Curioni, and W. Andreoni. *The chemistry of water on alumina surfaces: Reaction dynamics from first priciples.* Science **282**, 265 (1998).

[74] P. J. D. Lindan, and N. M. Harrison. *Mixed dissociative and molecular adsorption of water on the rutile(110) surface.* Phys. Rev. Lett. **80**, 762 (1998).

[75] A. Vittadini, A. Selloni, F. P. Rotzinger, and M. Gratzel. *Structure and energetics of water adsorbed at TiO₂ anatase (101) and (001) surfaces.* Phys. Rev. Lett. **81**, 2954 (1998).

[76] R. Schaub, *et al. Oxygen vacancies as active sites for water dissociation on rutile TiO₂(110).* Phys. Rev. Lett. **87**, 266104 (2001).

[77] Y. S. Chu, T. E. Lister, W. G. Cullen, H. You, and Z. Nagy. *Commensurate water monolayer at the RuO₂(110) water interface.* Phys. Rev. Lett. **86**, 3364 (2001).

[78] M. Odelius, M. Bernasconi, and M. Parrinello. *Two dimensional ice adsorbed on mica surface.* Phys. Rev. Lett. **78**, 2855 (1997).

[79] L. Cheng, P. Fenter, K. L. Nagy, M. L. Schlegel, and N. C. Sturchio. *Molecular-scale density oscillations in water adjacent to a mica surface.* Phys. Rev. Lett. **87**, 156103 (2001).

[80] S. Fölsch and M. Henzler. *Water adsorption on the NaCl surface.* Surf. Sci. **247**, 269 (1991).

[81] S. Fölsch, A. Stock, and M. Henzler. *Two-dimensional water condensation on the NaCl (100) surface.* Surf. Sci. **264**, 65 (1992).

[82] L. W. Bruch, A. Glebov, J. P. Toennies, and H. Weiss. *A helium atom scattering study of water adsorption on the NaCl(100) single crystal surface.* J. Chem. Phys. **103**, 5109 (1995).

[83] M. Foster and G. E. Ewing. *An infrared spectroscopic study of water thin films on NaCl (100).* Surf. Sci. **427**, 102 (1999).

[84] A. Allouche. *Water adsorption on NaCl(100): A quantum ab-initio cluster calculation.* Surf. Sci. **406**, 279 (1998).

[85] H. Meyer, P. Entel, and J. Hafner. *Physisorption of water on salt surfaces.* Surf. Sci. **488**, 177 (2001).

[86] M. F. Reedijk, J. Arsic, F. F. A. Hollander, S. A. de Vries, and E. Vlieg. *Liquid order at the interface of KDP crystals with water: Evidence for icelike layers.* Phys. Rev. Lett. **90**, 066103 (2003).

[87] D. Chakarov and B. Kasemo. *Photoinduced crystallization of amorphous ice films on graphite*. Phys. Rev. Lett. **81**, 5181 (1998).

[88] T. Werder, J. H. Walther, R. L. Jaffe, T. Halicioglu, and P. Koumoutsakos. *On the water-carbon interaction for use in molecular dynamics simulations of graphite*. J. Phys. Chem. B **107**, 1345 (2003).

[89] L. F. Scatena, M. G. Brown, and G. L. Richmond. *Water at hydrophobic surfaces: Weak hydrogen bonding and strong orientation effects*. Science **292**, 908 (2001).

[90] T. R. Jensen, M. O. Jensen, N. Reitzel, K. Balashev, G. H. Peters, K. Kjaer, and T. Bjornholm. *Water in contact with extended hydrophobic surfaces: Direct evidence of weak dewetting*. Phys. Rev. Lett. **90**, 086101 (2003).

[91] L. Yang and H. W. Huang. *Observation of a memberane fusion intermediate structure*. Science **297**, 1877 (2002).

[92] L. Guidoni, V. Torre, and P. Carloni. *Potassium and sodium binding to the outer mouth of the K^+ channel*. Biochemistry **38**, 8599 (1999).

[93] K. Murata, *et al. Structural determinants of water permeation through aquaporin-1*. Nature **407**, 599 (2000).

[94] P. A. Thiel and T. E. Madey. *The interation of water with solid surfaces: Fundamental aspects*. Surf. Sci. Rep. **7**, 211 (1987).

[95] M. A. Henderson. *The interation of water with solid surfaces: Fundamental aspects revisited*. Surf. Sci. Rep. **46**, 1 (2002).

[96] A. Hodgson and S. Haq. *Water adsorption and the wetting of metal surfaces*. Surf. Sci. Rep. **64**, 381 (2009).

[97] A. Verdaguer, G. M. Sacha, H. Bluhm, and M. Salmeron. *Molecular structure of water at interfaces: Wetting at the nanometer scale*. Chem. Rev. **106**, 1478 (2006).

[98] N. E. Levinger. *Water in confinement*. Science **298**, 1722 (2002).

[99] P. Ball. *How to keep dry in water*. Nature **423**, 25 (2003).

[100] X. Su, L. Lianos, Y. R. Shen, and G. A. Somorjai. *Surface-induced ferroelectric ice on Pt(111)*. Phys. Rev. Lett. **80**, 1533 (1998).

[101] M. S. Yeganeh, S. M. Dougal, and H. S. Pink. *Vibrational spectroscopy of water at liquid/solid interfaces: Crossing the isoelectric point of a solid surface*. Phys. Rev. Lett. **83**, 1179 (1999).

[102] J. Teixeira, J. M. Zanotti, M. C. Bellissent-Funel, and S. H. Chen. *Water in confined geometries*. Physica B **234**, 370 (1997).

[103] R. Bergman and J. Swenson. *Dynamics of supercooled water in confined geometry*. Nature **403**, 283 (2000).

[104] K. Koga, G. T. Gao, H. Tanaka, and X. C. Zeng. *Formation of ordered ice nanotubes*

inside carbon nanotubes. Nature **412**, 802 (2001).

[105] G. Hummer, J. C. Rasaiah, and J. P. Noworyta. *Water conduction through the hydro-phobic channel of a carbon nanotube*. Nature **414**, 188 (2001).

[106] M. S. P. Sansom and P. C. Biggin. *Water at the nanoscale*. Nature **414**, 156 (2001).

[107] C. Dellago, M. M. Naor, and G. Hummer. *Proton transport through water-filled car-bon nanotubes*. Phys. Rev. Lett. **90**, 105902 (2003).

[108] D. J. Mann and M. D. Halls. *Water alignment and proton conduction inside carbon nanotubes*. Phys. Rev. Lett. **90**, 195503 (2003).

[109] R. P. Feynman. *There is plenty of room at the bottom*. Annual meeting of the American Physical Society. Dec. 29th, 1959. See http://www. zyvex. com/nanotech/feynman. html.

第 2 章　常用的理论研究方法

§2.1　水基础研究简史及常用的理论方法

达·芬奇很早就为水的行为着迷,进行了现代科学意义的思考和探讨.早期对水的研究是理论思考与实验发现的有机结合.催化效应是通过研究水发现的:Döbereiner 在 1823 年发现铂表面上 H_2 和 O_2 在常温下就生成水[1],这也揭示了水的化学组成.从 1784 年 Cavendish 的实验[2]到 1895 年 Morley 的研究[3],经过一百多年的努力,人们终于肯定了水中氢氧比例为 2:1.20 世纪 30 年代 Mecke 等人通过光谱分析测定了水分子具有 V 字型结构[4].总结种种关于水分子结构和结合的规律,Bernal,Fowler 和 Pauling 提出了冰中水分子的结构规则,称为 BFP 规则[5,6].这是人们第一次对水的规律有了系统的理论认识.1957 年,Van Thiel 等开始用分子光谱的方法研究水的中性小团簇的结构[7].现代以来,大量的表面分析技术被用于水的实验探测.各种金属(Pt,Pd,Au,Ag,Rh,Ru,Al)、半导体(Si,Ge,GaAs,GaN,InP)、氧化物(MgO,TiO_2,Al_2O_3,云母)、盐(NaCl)、石墨、石蜡、液体(CCl_4)、生物膜、蛋白质等和水的相互作用被细致的研究.其中,由于结构相对简单,金属表面和水的作用研究得最多.最近,同步辐射技术,如 X 射线吸收、拉曼散射、太赫兹谱、非线性光学技术,和以扫描隧道显微镜为代表的表面科学技术一起被大量用来研究体相水和界面水.

在理论上,1969 年,Barker 和 Watts 第一次对液态水进行了计算机模拟[8].1970—1980 年代,大量的水的经验作用势模型被提出,包括常用的 ST2,SPC,TIP4P 模型等等[9].1993 年,基于密度泛函的第一性原理计算被用来模拟液态水[10],并发现了液态水中水分子具有极大的二极矩(约 3.0D,与孤立水分子 1.6D 比较).随后水中氢原子的量子效应也被用路径积分的办法处理[11],并发现了量子行为导致 H 传输的势垒降低.此后大量的第一性原理计算技术被用于研究体态水、团簇水、固体表面上的水吸附以及水表面.这一类工作有:2002 年,Feibelman 通过计算提出水在 Ru(0001)表面具有半分解的结构[12];同年,孟胜等揭示了 Pt(111)上水的未分解结构,并发现表面水层中的两种氢键类型[13];2004 年,Ranea 等发现量子行为导致水二聚体分子在 Pd(111)表面以极快的速度扩散[14];

2010 年,理论计算和扫描隧道研究揭示,Pt(111)表面的浸润水层分子结构存在大量五、七元环[15];等等.

对水进行理论模拟,其基本方法分三个层次:

(1) 大尺度连续介质模拟.

描述水的结构和性质,最早、最简单的办法就是使用连续介质模型,即忽略水的粒子性微观结构,把水当作在空间中连续分布的介质,水的结构(例如密度等)和一些性质(热容、介电等)都可以用连续分布在三维空间上点的笛卡尔坐标(x,y,z)的函数形式来表达.用连续介质模型,产生了经典的流体力学.这一方法对于理解水的部分宏观性质非常有效,在不强调水在分子尺度的行为时被广泛使用.

以前人们对于水这样的流体,大量的模拟是基于连续介质模型,比如基于有限元(finite element)和 lattice Boltzman 等方法的模拟.有人认为在超过 10 多个水分子的尺度上,连续介质模型就可以有效使用.这一方法的好处是通过忽略分子层次的细节可以简单地处理很大的体系.连续介质模型大多应用于大尺度(微米或以上)上的模拟,对于理解水在传统流体、微流体管、生物卫生体系(比如血液流动)中的行为有着巨大的作用.但由于缺乏分子细节,它们一般不能用于解释分子层次的水结构或和其他体系(生物分子或表面)的相互作用.由于方法的传统性,这里不再赘述.一个值得注意的趋势是把连续介质模拟和基于第一性原理或经典势场的分子层次模拟有机结合起来,以模拟水在多个尺度上的行为(multiscale modeling).

(2) 经典模型.

由于早期计算机硬件条件的限制,文献中通常采用经典模型的方法计算,研究水的行为.现在水模型共有约 100 种.根据电荷类型来分,常用的模型有简单点电荷模型和可极化模型两大类,每一类又有数种常用的类型.前者在固定的水分子结构上在 H 和 O 原子上分配一定数量的分数电荷以描述水分子的极性,如 ST2,SPC/E, TIP3P, TIP4P,TIP5P 等等.由于水分子很容易被极化,不同环境中水的极性有很大差别,固定分子结构(键长、键角)和电荷的处理法常显不足,所以人们又引入了键长、键角可变化的模型,如 SPC/F, CF, NCF 等等,或者允许点电荷数值随环境变化,如 ASP-W, PPC, POL5 等.更复杂的模型包含结构和电荷数目两种变化,如 DCF, CKL, SPC/FP, NCCvib, 和 POLARFLEX 等等.最复杂的水模型包含了超过 70 个参数,这与早期用两种体相混合体模拟液体水或用点粒子代替水分子的模型相差极大.这些都说明了水行为的复杂性和模型的有限性及随意性.

（3）第一性原理模拟.

第一性原理方法从原子层次上用解电子薛定谔方程的办法描述水中氢氧结合、水分子间的氢键结合、水和外界的相互作用，以及由此决定的水的结构性质和热力学行为. 所以第一性原理计算自然地给出水分子随着环境改变键长、键角的变化，水的极性增减等不易为简单模型所描述的现象，并且由于没有使用任何与水相关的经验参数，它具有很高的精确性，克服了经典模型中的随意性. 这些能帮助我们得到各种水的结构和稳定性数据，特别是对于纳米尺度上的水的结构，几乎是唯一有效的办法. 这是因为在纳米尺度上，常用的实验方法操作难度极大，而基于体相的水的经验参数又常常失效. 但是由于第一性原理计算和分子动力学计算量巨大，所模拟的水系统大小和模拟时间都要比经典模拟小（少）1～3 个数量级. 用第一性原理计算确定水在表面上的结构获得了极大成功：通过和扫描隧道显微图像对比，人们确定了金属表面上的水双层和水团簇的结构、水分解的动力学和水的扩散生长行为等.

§2.2　水的经典模型

自 1933 年 Bernal 和 Fowler 发表了第一篇关于水的经验势的文章[5]之后，许多关于水的模型也逐渐发展起来. 这些模型中，大部分都依赖于预先设定的参数和关于水和氢键的经典描述，因此它们都是经验模型. 这类模型中，水分子被认为是一个简单的无结构的点，或者是一个有不同电荷指向的多点粒子，以此来模拟氧原子、氢原子或是孤电子对的电荷分布. 点电荷间的定向静电力和原子间的非定向色散力（常采用 Lennard-Jones 势形式）代表了水分子之间的相互作用. 这些点电荷的模型都建立在氢键作用主要包含库仑相互作用以及一部分电荷斥力和色散力的贡献[16]这一观点上. 假设一个水分子有 m 个点电荷的位置和一个在氧原子上的 Lennard-Jones 位点，成对的相互作用势可写为

$$U = \sum_{i=1}^{m} \sum_{j=1}^{m} \frac{q_i q_j}{r_{i,j}} + \frac{A}{r_{\mathrm{OO}}^{12}} - \frac{C}{r_{\mathrm{OO}}^{6}}, \tag{2.1}$$

其中 q_i 和 q_j 是在分子 i 和 j 的点电荷，A 和 C 是 Lennard-Jones 势参数. m, q, A 和 C 的数值依赖于模型. 表 2.1 列出了一些典型模型中的相关参数值. 包含了静电和电荷斥力的势模型能够成功地解释水分子在冰和液态水中的四面体排列. 但是，Lannard-Jones 相互作用遵从 $1/r^{12}$ 的斥力，这样得到的氧氧对关联函数第一个峰偏大，对外界压力的响应也不够充分[17]. 基于量子力学计算得到的较弱些的重叠积分和高斯函数可以用来很好地描述这些相互斥力.

表 2.1　水的一些典型模型的参数设置

Model[a]	A	C	r_{OH}	HOH	q_O	q_H	r_{OM}	q_M
BF(1933,R)	560.4	837.0	0.96	105.7	0.0	0.49	0.15	-0.98
ST2(1973,R)	238.7	268.9	1.0	109.47	0.0	0.2375	0.8	-0.2375
SPC(1981,R)	629.4	625.5	1.0	109.47	-0.82	0.41	0.0	0.0
SPC/E(1987,R)	629.4	625.5	1.0	109.47	-0.8472	0.4238	0.0	0.0
SPC/HW(2001,R)	629.4	625.5	1.0	109.47	-0.8700	0.4350	0.0	0.0
PPC(1994,P)	750.8	656.2	0.9430	106.00	0.0	0.5170	0.06	-1.0340
TIP3P(1981,R)	582.0	595.0	0.9572	104.52	-0.834	0.417	0.0	0.0
TIP4P(1983,R)	600.0	610.0	0.9572	104.52	0.0	0.52	0.15	-1.04
TIP4P/FQ(1994,P)	600.0	610.0	0.9572	104.52	0.0	0.63[b]	0.15	-1.26[b]
TIP5P(2000,R)	544.5	590.3	0.9572	104.52	0.0	0.2410	0.70	-0.2410
SSD[c](2003)	8296.1	11022.7	—	109.47				

　　单位分别为：10^{-3} kcal·$Å^{12}$/mol (A)，kcal·$Å^6$/mol (C)，Å(长度)，度(角度)，基本电荷(e). M 表示多出的电荷位点.

　　[a] 水模型简称. 括号里是提出年份及类型：R 表示刚性模型；P 表示可极化模型.

　　[b] 平均值.

　　[c] 仅有一个分布于质心的作用位点和四面体作用势.

　　一般来说，建立和发展每种模型时首先要能够拟合出实验测定的水的结构和物理性质(比如对关联函数、扩散系数、密度异常或是临界点等)，或者是和精确从头算(ab initio)势能给出的结果一致(比如 MCY，PPC，ASP-W 模型[18]等). 水是一种易变形的极性分子. 没有体现这些特征的模型是不准确的，也不能用来预言新的发现. 在表 2.1 中，不同模型所描述的水分子结构，包括氢氧键的键长和氢氧氢的键角，也各不相同，比如有些水分子比较刚性，有些比较柔性，有些有固定的点电荷，有些则包含极化电荷. 这样，不同特性的水分子也运用相应的刚性、柔性或是电荷极化的水模型来描述. 总的来说，刚性的水模型是用来定性描述水分子的，比较容易实现，但是电荷极化的水模型则具有更好的传递性. 下面我们简单讨论一些典型的模型. 关于水分子模型发展的综述文章可见文献[19]，对所取得结果的一些评价可见文献[17].

　　(1) 两态模型.

　　两态模型考虑水有两种结构相：冰 Ih 和冰 II. 在这两种相里，水分子都呈现出相似的四面体配位键，但在径向上较长的次近邻之间的距离分别为 4.5 Å 和 3.5 Å. 在液态水中，这两种态的分布和交替决定了水的性质，以及水对温度和压力的反应. 两态模型被用来解释水密度异常以及氢键网对于水热力学行为的影响[20].

（2）点电荷模型.

点电荷模型视水为点电荷或是点偶极子.氢键用四面体势（比如 SSD 模型）或是根据水分子的取向简单地计算氢键的数目来表示.

（3）刚性模型.

分子模型包含了内在水结构和氢键.最简单的类型为刚性模型,它将水分子视为一个有固定氢氧键键长和氢氧氢键角的刚性转子.点电荷分布于这三个原子上,以及分子的质量中心或是孤对电子的中心位置上.这些位置分别对应于 3,4,5 位点模型.通常情况下,我们都选用气态或是液态水的结构参数和偶极矩.大部分现有的经验模型都是刚性模型,比如 BF 模型,颇受欢迎的 ST2,SPC/E,TIP3P,TIP4P 模型,以及最新的 TIP5P 和 DEC 模型等.虽然刚性模型非常简单,只用了极少的参数,但是这些模型却很好地重复出了水分子大部分的性质[17].

（4）柔性模型.

在刚性模型的基础上,柔性模型放松了水分子的刚度.根据水分子的价态电离势,其内部的氢氧键键长和氢氧氢键角都允许调整.这种类型包括了 CF,SPC/F 和 NCF 模型等.

（5）电荷极化模型.

同样地,我们可以像在 ASP-W,PPC 和 POL5 模型中那样,考虑水分子的极化率.这些电荷不固定,由近邻的水分子来决定.而且,一些同时涵盖了弹性效应和极化效应的高级模型,比如 DCF,CKL,SPC/FP,NCCvib 和 POLARFLEX 模型等[17],也相继出现了.

这些经验模型很好地半定量地描述了水的基本属性,比如液态密度、蒸发热、扩散率、结构、最大密度、临界参数、介电常数等等.这些参数反过来又为水中氢键网络的演变提供了大量的信息.但是从大约 50 种不同模型的模拟结果来分析,它们都缺乏水模拟的一致性,或多或少地暴露了不同模型的局限性,甚至包含了 70 种拟合参数之多的 ASP-W 模型也不例外[18].没有一种模型的势能够同时完整地复制出水分子的所有属性.举一个具体的例子,水最大密度所对应的温度.图 2.1 给出了这些经典模型预测的水最大密度所对应的温度图.很显然,这些结果都取决于模型本身.对于 SPC/E 模型,最大密度对应的温度在 235 K;对于 TIP4P 和 TIP5P 模型,最大密度对应的温度分别在 248 K 和 272 K;对于 ST2 模型,最大密度对应的温度在 304 K;而 SPC 和 TIP3P 模型则没有最大值[17].由此可见,这些数值都区别于真正水的最大密度所对应的温度 4 ℃（277 K）.正如我们所预料的,电荷极化模型（实心点）普遍要优于非极化的模型（圆圈）,体现了水分子极化效应的重要性.

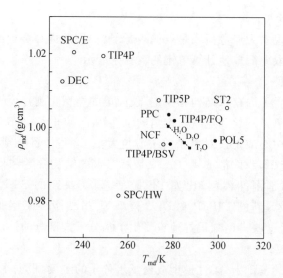

图 2.1　经典模型预测的水的最大密度点及其所对应的温度[17]
圆圈:非电荷极化模型;实心点:极化模型. H_2O、D_2O 和 T_2O 的实验数值用虚线连接

　　另举一个例子:颇受欢迎的 TIP4P 模型低估了一个水分子的四面体成键环境,进而错误地预测了其介电常数.同时,SPC/E,PPC,BSV,CC,DC 以及 TIP4P 等模型也没能正确地描述氧氧径向分布函数.对于在液态水中氢键结合的第一配位层来说,用这些模型进行分子动力学模拟得到的结果与 X 射线吸收谱得到的结果也大相径庭.这一结果揭示了水分子行为的复杂性,以及发展更为准确的水经典模型的必要性.

　　这些模型的局限性都有一些物理起因.首先,在经典模型中,水分子的柔性和极化没能很好地被描述,这样也就很难被准确重现.其次,水分子的电子结构和动态电荷转移往往被不恰当地处理.氢的量子本质在所有的模型中都被忽略.而且,作为拟合参数的给定物理量的数值选取仍然存在很多不确定性.比如,液态水的偶极矩从 1.8 D 到 3.0 D 不等.然而,人们发现偶极矩对于决定水的结构、扩散率和介电常数等非常敏感.基于电子结构的从头计算提供了一种很有希望的方法来克服这些经典模型的不足,并解决所遇到的困难.这种方法可以用来描述水分子的柔性和电荷极化的性质,以及从量子力学第一性原理出发的多体效应.而且,它也成功地描述了不同表面之间、表面与分子之间的相互作用,往往不依赖于经验参数.

§2.3　第一性原理计算和密度泛函理论

　　第一性原理计算(first principles calculation),又称从头计算,是自量子力学产生以来人们努力从电子运动的角度研究物质结构和性质的一种计算方法. 这种方法基于量子力学来处理体系中的电子运动, 得到电子的波函数和对应的本征能量, 从而求得系统的总能量以及成键、弹性、稳定性等性质. 随着当代计算机计算能力日新月异地增强, 它已经越来越多地被应用到固体、表面、大分子和生物体系的研究中.

由于实际体系通常有很多个电子参与, 严格地讲我们需要精确处理多电子的薛定谔方程.

$$H\psi(\boldsymbol{r},\boldsymbol{R}) = E\psi(\boldsymbol{r},\boldsymbol{R}), \tag{2.2}$$

其中, $\boldsymbol{r}$, $\boldsymbol{R}$ 分别代表所有的电子和原子核的坐标. 哈密顿量可写为三部分, 分别代表着电子动能、原子核能量、电子与核的相互作用:

$$
\begin{aligned}
H &= H_{\mathrm{e}} + H_{\mathrm{N}} + H_{\mathrm{e\text{-}N}} \\
&= -\sum_i \frac{\hbar^2}{2m_{\mathrm{e}}} \nabla_i^2 - \sum_n \frac{P^2}{2M_n} + \frac{1}{2}\sum_{m\neq n} V_{\mathrm{N}}(\boldsymbol{R}_m - \boldsymbol{R}_n) \\
&\quad + \frac{1}{2}\sum_{i\neq j} \frac{e^2}{|\boldsymbol{r}_i - \boldsymbol{r}_j|} - \sum_{i,n} \frac{Z_n e^2}{|\boldsymbol{r}_i - \boldsymbol{R}_n|}.
\end{aligned} \tag{2.3}
$$

由于电子的质量远小于原子核, 它的运动远快于核的热运动, 研究电子运动时可以认为核是不动的, 从而把核的运动从方程中的分离出来, 这就是玻恩-奥本海默近似 (绝热近似)[21].

问题的关键在于多个电子的严格波函数难于表达和计算. Kohn 甚至断言, 当电子数目大于 1000 时, 多电子波函数 $\psi(\boldsymbol{r})$ 是个不合理的科学概念, 它不能用当今的计算机和存储技术准确地计算和记录下来[22,23]. 而一立方米的实际固体中却约有 10^{27} 个电子!

为了解决这个难题, 人们对电子作用做了种种近似. 如果完全忽略电子-电子相互作用, 电子波函数可写为单电子波函数的乘积形式:

$$\psi(\boldsymbol{r}) = \varphi_1(\boldsymbol{r}_1)\varphi_2(\boldsymbol{r}_2)\cdots\varphi_N(\boldsymbol{r}_N),$$

则电子的多体薛定谔方程 (2.2) 化为单电子的 Hartree 方程[24]:

$$\left[-\frac{\hbar^2}{2m_{\mathrm{e}}}\nabla^2 + V(\boldsymbol{r}) + \sum_{j(\neq i)} \int \mathrm{d}\boldsymbol{r}' \frac{|\varphi_j(\boldsymbol{r}')|^2}{|\boldsymbol{r} - \boldsymbol{r}'|} \right]\varphi_i(\boldsymbol{r}) = E_i\varphi_i(\boldsymbol{r}), \tag{2.4}$$

其中 $V(\boldsymbol{r})$ 是体系原子核产生的势场. 如果考虑到电子波函数的交换反对称性, 用单电子波函数的 Slater 行列式代替多体波函数, 就得到了 Hartree-Fock 方程[25]:

$$
\begin{aligned}
&\left[-\frac{\hbar^2}{2m_{\mathrm{e}}}\nabla^2 + V(\boldsymbol{r}) + \sum_{j(\neq i)} \int \mathrm{d}\boldsymbol{r}' \frac{|\varphi_j(\boldsymbol{r}')|^2}{|\boldsymbol{r} - \boldsymbol{r}'|} \right]\varphi_i(\boldsymbol{r}) - \sum_{j(\neq i)} \int \mathrm{d}\boldsymbol{r}' \frac{\varphi_j^*(\boldsymbol{r}')\varphi_i(\boldsymbol{r}')}{|\boldsymbol{r} - \boldsymbol{r}'|}\varphi_j(\boldsymbol{r}) \\
&= E_i\varphi_i(\boldsymbol{r}).
\end{aligned} \tag{2.5}
$$

使用 Hartree-Fock 方程, 特别是考虑到电子关联效应所带来的微扰修正后, 可以对单个水分子或水的团簇进行精确的量子化学计算. 这些方法包括 MP2,

MP3,CCSD(T),CAS,CI 以及量子蒙特卡罗方法等. 但对于较大的或周期性的水体系,这种方法计算量过大,甚至不能进行. 这里对这些方法不做介绍,有兴趣的读者可以参考量子化学教科书. 要对于水作用体系做些真正有意义的研究,必须寻找其他的可行办法.

1927 年 Thomas 和费米曾提出用电子密度代替波函数表示能量的理论[26,27],这样当然大大减少了计算中的变量,但是由于缺乏对动能项的精确处理,这个理论的结果粗糙而不可靠. 1960 年代,Kohn 等人成功地发展了用电子密度作为体系变量这个想法[28,29],此即现代的密度泛函理论(density functional theory,DFT).

2.3.1 密度泛函理论

密度泛函理论把哈密顿量写为电子密度的泛函. Hohenberg 和 Kohn 在 1964 年提出了著名的 Hohenberg-Kohn 定理[28]:

定理一 不记自旋的全同费米子体系的基态能量和位势由粒子数密度 $\rho(r)$ 唯一决定.

定理二 关于粒子密度 $\rho(r)$ 的能量泛函 $E[\rho]$ 在粒子数不变的条件下对正确的粒子密度 $\rho(r)$ 取最小值,并等于基态能量.

这两个定理的证明非常简单,可以在文献[22,28,30]中找到. 根据 Hohenberg-Kohn 定理,能量可以写为电子密度的泛函,求变分就得到基态能量和基态波函数.

$$E[\rho] = T[\rho] + U[\rho] + \int dr v(r)\rho(r)$$

$$= T[\rho] + \frac{1}{2}\iint dr dr' \frac{\rho(r)\rho(r')}{|r - r'|} + E_{xc}[\rho] + \int dr v(r)\rho(r), \quad (2.6)$$

但是动能项的形式 $T[\rho(r)]$ 仍是未知的,而且这仍然是一个多体方程. 于是 Kohn 和沈吕九(L. J. Sham)提出[29]:用无相互作用的多粒子体系的动能泛函 $T_0[\rho(r)]$ 代替实际的动能 $T[\rho(r)]$,把差别归于未知的交换关联项 $E_{xc}[\rho(r)]$,从而转化为单电子图像,即

$$\rho(r) = \sum_{i=1}^{N} |\varphi_i(r)|^2, \quad (2.7)$$

$$T_0[\rho] = \sum_{i=1}^{N}\int dr\varphi_i*(r)(-\nabla^2)\varphi_i(r). \quad (2.8)$$

对 $\rho(r)$ 的变分可以化为对 $\varphi_i(r)$ 的变分:

$$\delta\left\{E[\rho(r)] - \sum_{i=1}^{N}E_i\left[\int dr\varphi_i*(r)\varphi_i(r) - 1\right]\right\}\Big/\delta\varphi_i(r) = 0, \quad (2.9)$$

即

$$\left\{-\nabla^2 + v(\boldsymbol{r}) + \int \mathrm{d}r\, \frac{\rho(\boldsymbol{r})}{|\boldsymbol{r} - \boldsymbol{r}'|} + \frac{\delta E_{\mathrm{xc}}[\rho]}{\delta\rho}\right\}\varphi_i(\boldsymbol{r}) = E_i\varphi_i(\boldsymbol{r}) \qquad (2.10)$$

这就是单电子的 Kohn-Sham 方程. 不同于 Hartree-Fock 近似, 它仍是严格的单电子方程. 但遗憾的是, 归纳了所有复杂相互作用的项 $E_{\mathrm{xc}}[\rho(\boldsymbol{r})]$ 是未知的.

2.3.2　交换关联泛函的近似形式:局域密度近似和梯度修正近似

由于交换关联泛函 $E_{\mathrm{xc}}[\rho(\boldsymbol{r})]$ 是未知的, 具体计算中需要做适当的近似. 局域密度近似(local density approximation, LDA)是实用中最简单有效的近似[29]. 它最早由 Slater 在 1951 年提出并应用[31,32], 甚至早于密度泛函理论. 这种近似假定某处的交换关联能只与该处的密度有关, 且等于同密度的均匀电子气的交换关联能,

$$E_{\mathrm{xc}}^{\mathrm{LDA}}[\rho] = \int \mathrm{d}\boldsymbol{r}\rho(\boldsymbol{r})\varepsilon_{\mathrm{xc}}^{\mathrm{unif}}(\rho(r)). \qquad (2.11)$$

目前具体计算中最常用的交换关联的局域密度近似是根据 Ceperley 和 Alder 用蒙特卡罗方法计算均匀电子气的结果[33,34]$(r_{\mathrm{s}} = \sqrt[3]{3/4\pi\rho})$:

$$\varepsilon_{\mathrm{x}}^{\mathrm{LDA}}(r_{\mathrm{s}}) = -0.9164/r_{\mathrm{s}}, \qquad (2.12)$$

$$\varepsilon_{\mathrm{c}}^{\mathrm{LDA}}(r_{\mathrm{s}}) = \begin{cases} -0.2846/(1 + 1.0529\sqrt{r_{\mathrm{s}}} + 0.3334r_{\mathrm{s}}) & (r_{\mathrm{s}} \geqslant 1), \\ -0.0960 + 0.0622\ln r_{\mathrm{s}} - 0.0232r_{\mathrm{s}} + 0.0040r_{\mathrm{s}}\ln r_{\mathrm{s}} & (r_{\mathrm{s}} \leqslant 1). \end{cases}$$

$$\qquad (2.13)$$

LDA 近似在大多数的材料计算中展示了巨大的成功. 经验显示, LDA 计算原子游离能、分子解离能误差在 $10\%\sim20\%$, 而对于分子键长、晶体结构可准确到 1% 左右[35]! 但是对于与均匀电子气或者空间缓慢变化的电子气相差太远的系统, LDA 不适用.

更精确的考虑需要计入某处附近的电荷密度对交换关联能的影响, 比如考虑到密度的一级梯度对交换关联能的贡献,

$$E_{\mathrm{xc}}^{\mathrm{GGA}}[\rho] = \int \mathrm{d}r f_{\mathrm{xc}}(\rho(r), |\nabla\rho(r)|), \qquad (2.14)$$

可以取交换能为修正的 Becke 泛函形式[36,37]$(x = |\nabla\rho|/\rho^{4/3}, \beta$ 是常数$)$:

$$E_{\mathrm{x}}^{\mathrm{GGA}} = E_{\mathrm{x}}^{\mathrm{LDA}} - \beta\int \mathrm{d}r\rho^{4/3}\frac{[1 - 0.55\exp(-1.65x^2)]x^2 - 2.40\times10^{-4}x^4}{1 + 6\beta x\sinh^{-1}x + 1.08\times10^{-6}x^4}.$$

$$\qquad (2.15)$$

这称为普适梯度修正近似(generalized gradient approximation, GGA)[38]. 这种近似是半局域化的, 一般地, 它比 LDA 给出更精确的能量和结构. 它对于开放的电子系统更为适用. 目前常用的方法有 Becke[36], Perdew-Wang 91[39,40]和它更为简练

的形式 PBE[41]，以及 BLYP[42] 等.

更进一步，还可以考虑到密度高阶梯度的近似，这称为 Meta-GGA 或者 Post-GGA. 这方面目前虽有研究，但计算结果的准确度与 GGA 相比没有明显的提高，仍需要找到一个足够精确、足够简单的形式. 交换关联能作为电子密度的泛函，原则上是非局域的. LDA 和 GGA 分别做局域和半局域近似，没有完全考虑非局域效应. 两者都无法正确描述非局域的交换关联作用. 对于一些弱作用，如范德瓦尔斯力，需要考虑到非局域的关联作用. 目前已有不少工作试图在密度泛函理论框架内描述范德瓦尔斯相互作用，期望得到更为可靠的结合能，并且取得了一些突破性进展[43,44]. 为了提高精确性，除了考虑系统总能量对电子密度的依赖，还可以考虑对动能的依赖，即轨道依赖的交换关联泛函. 另外，LDA 或 GGA 近似实际上相当于假定电子间关联比较弱，因此密度泛函理论一般无法处理强关联体系，这方面需要把 LDA 和动态平均场理论(dynamic mean field theory，DMFT)结合起来，某些时候可使用简化的 LDA＋U 等方法.

由于 Hartree-Fock 方法给出了交换能的严格的定义，人们一直试图将这种严格的交换能引入到密度泛函方法中，来代替局域或半局域近似. 但是简单地将 Hartree-Fock 交换项和密度泛函关联项相加，并不能给出令人满意的结果. 本质上这是因为我们对于交换能和关联能的划分是人为的，只有将关联和交换放在一起(即交换关联项)才是有物理意义的. Hartree-Fock 方法中所谓的严格的交换能实际上也只是数学上的一个严格形式而已，它不能直接与局域的关联能配合. 1993 年，Becke 提出用"严格"交换能与局域交换能按一定比例混合，再代替密度泛函中的交换项[45]. 这就是混合密度泛函(hybrid functional)方法. 这种方法取得了很大的成功，它比一般的 GGA，LDA 更精确，尤其是 B3LYP 在化学团簇的计算中一般都优于其他交换关联形式. 混合密度泛函的成功很大程度上来源于"严格"交换能对自相互作用的修正. 虽然这种方法更加精确，但由于引进了非局域的"严格"交换项，计算量也随之增大，尤其是对于周期性系统，能量收敛的很慢. 为此，Heyd，Scuseria 和 Ernzerhof 提出了用屏蔽库仑势(screened Coulomb potential)来计算交换项的方法，即 HSE 方法[46]. 这种方法加快了系统收敛的速度，而且仍然保持了精度. 即使如此，混合密度泛函计算还是比一般的 GGA 计算慢 10～100 倍.

2.3.3　赝势方法

实际求解 Kohn-Sham 方程的时候，由于原子核产生的势场项 $v(r)\sim 1/r$ 在原子中心处是发散的，波函数变化剧烈，需要用大量的平面波展开，因而计算变得十分困难. 通常的做法是把空间区域按 muffin-tin(丸盒)球划分，波函数在球内的部分由球面波(及其对能量的导数)展开,同时设定球外的原子势场为常数零. 在此基础上发展成熟的能带计算方法有 LAPW(linearized augmented planewaves)和 LMTO(linear combination of muffin-tin orbits)方法[47,48]. 也可以用赝势方法[30,49,50,51],即把原子核的库仑吸引势加上一个短程的排斥势,两项之和(赝势)在原子核附近变得比较平坦,而得到的本征能量和价电子波函数与真实本征值及在原子核外的真实波函数是一样的(图 2.2).

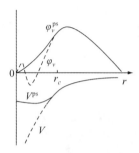

图 2.2　赝势示意图

对晶体的精确哈密顿量 H 有

$$H \mid \varphi_v \rangle = E_v \mid \varphi_v \rangle, \quad H \mid \varphi_c \rangle = E_c \mid \varphi_c \rangle, \tag{2.16}$$

其中$\mid \varphi_v \rangle$和$\mid \varphi_c \rangle$分别是价态 E_v 和芯态 E_c 的严格电子波函数. 考虑到$\langle \varphi_c \mid \varphi_v \rangle = 0$,构造赝波函数$\mid \varphi_v^{ps} \rangle$:

$$\mid \varphi_v^{ps} \rangle = \mid \varphi_v \rangle + \sum_c \langle \varphi_c \mid \varphi_v^{ps} \rangle \mid \varphi_c \rangle, \tag{2.17}$$

则有

$$
\begin{aligned}
(H - E_v) \mid \varphi_v^{ps} \rangle &= (H - E_v)\Big(\mid \varphi_v \rangle + \sum_c \langle \varphi_c \mid \varphi_v^{ps} \rangle \mid \varphi_c \rangle \Big) \\
&= (H - E_v) \sum_c \mid \varphi_c \rangle \langle \varphi_c \mid \varphi_v^{ps} \rangle \\
&= \sum_c (E_c - E_v) \mid \varphi_c \rangle \langle \varphi_c \mid \varphi_v^{ps} \rangle,
\end{aligned} \tag{2.18}
$$

所以有

$$\Big(H + \sum_c (E_v - E_c) \mid \varphi_c \rangle \langle \varphi_c \mid \Big) \mid \varphi_v^{ps} \rangle = E_v \mid \varphi_v^{ps} \rangle. \tag{2.19}$$

令 $H = T + V$,$V^{ps} = V + \sum_c (E_v - E_c) \mid \varphi_c \rangle \langle \varphi_c \mid$,就有

$$(T + V^{ps}) \mid \varphi_v^{ps} \rangle = E_v \mid \varphi_v^{ps} \rangle, \tag{2.20}$$

这就是赝波函数$\mid \varphi_v^{ps} \rangle$所满足的方程,$V^{ps}$就是赝势.

赝势是非局域的,而且与能级有关. 因而构造上比较困难. 可以通过拟合原子数据的方法构造经验赝势、半经验的模型赝势[52],以及从头算的模守恒赝势[53—57].后者没有任何附加的经验参数,而且它所对应的波函数在芯区以外$(r>r_c)$和真实波函数的形状幅度都相同,从而能够产生正确的电荷密度(模守恒).通常这是通过保证芯区$(r<r_c)$内赝波函数和真实波函数模平方求积分一致来实现的.模守恒赝势有较好的传递性,可用于不同的化学环境,但由于它有很强的定域性,常需要较高的平面波能量切断.Vanderbilt 提出的超软赝势(ultrasoft pseudo-potentials,USPP)[58]由于放弃了模守恒条件,使得芯区赝波函数也十分平滑,从而解决了这一问题.唯一要注意的是由波函数计算电荷密度之前要把波函数投影回去以获得正确的电荷密度.Vanderbilt 赝势大大降低了计算量,使得电子分布较为局域的第一行元素和过渡金属的赝势构造得以实现,在实际计算中应用很广.

2.3.4 自洽计算

在实际的计算中,Kohn-Sham 方程是通过自洽计算来求解的[59].它的流程如图 2.3 所示.

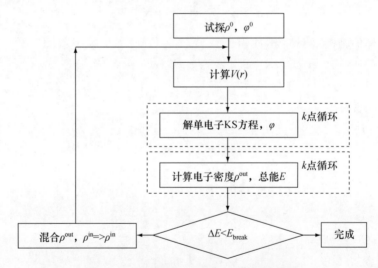

图 2.3 自洽求解 Kohn-Sham 方程流程图

2.3.5 结构优化

对于给定各原子位置、元素种类的体系,通过密度泛函理论自洽求解 Kohn-Sham 方程便可以得到整个系统处于多电子基态时的总能.总能量对系统虚拟微位移的导数就是各原子的受力(Hellmann-Feynman 力).这为我们理论预言物质的结构提供了一种有力的方法.因为自然界稳定的结构应该具有最低的总能,我们只要根据原子受力来变化原子的位置,直到整个体系的总能达到最低(所有原子受力为零),即找到能量面的(全局)最小值,那么这时所对应的物质结构就是自然界最稳定的结构. 这个过程被称为结构优化.

为了确保搜索能量面的最小值时能找到全局最小而不是局域最小, 并提高整个搜索过程的效率, 需要一些强有力的搜索算法以使原子最快地运动到最稳结构的位置. 最常用的方法有直接能量最小化、最深梯度 (即最大受力) 法、共轭梯度法[60] (考虑到前后两步的受力是否为同一方向)、准牛顿方法[61]、阻尼动力学方法等等.

基于密度泛函理论的第一性原理计算在过去的 20 年内取得了巨大的成功和显著的发展, 极大地促进了凝聚态物理、量子化学、理论生物学等学科的发展. Kohn 认为 DFT 对于多电子系统的研究有两方面的贡献[22]: 第一是对于基本物理的了解, 只用三维空间的电荷密度就可以准确了解多电子系统的内涵. 第二是实用性方面, 传统的波函数方法只能处理 $10\sim20$ 个电子, 而 DFT 则可处理 $10^2\sim10^3$ 个原子的系统. 由于 Kohn 对于 DFT 的卓越贡献, 他分享了 1998 年的诺贝尔化学奖. 展望未来, Kohn 认为 DFT 应与波函数方法继续互补发展, 以使我们对于物质世界的电子结构的了解一步深于一步[22].

2.3.6　范德瓦尔斯相互作用

密度泛函理论的各种局域的交换关联能形式都不能正确地描述范德瓦尔斯相互作用. 量子化学 MP2 等 post-Hartree-Fock 方法受限于有限的基矢和有限的团簇尺寸, 也常不适用于描述周期系统. 量子蒙特卡罗方法原则上可以较精确地描述范德瓦尔斯相互作用系统, 但计算量太大, 其统计误差随着计算时间的根号分之一的形式衰减, 相对比较大的系统量子蒙特卡罗的统计误差往往都比较大. 目前这一方法尚不能有效计算原子受力, 结构优化不能实现. 另外扩散蒙特卡罗方法中 fixed-node 近似在关联比较强的情况下也会带来一定的误差.

为了平衡计算精度与资源消耗, 一个普遍的办法是修正密度泛函方法在范德瓦尔斯体系中的误差, 就可以方便地进行大体系的计算及分子动力学模拟. 人们提出了很多种修正范德瓦尔斯相互作用的方法. 例如: Langreth 等人提出通过在交换关联能中加入一项非局域泛函的形式来计算范德瓦尔斯力; Rothlisberger 等人提出通过在赝势中加入一项原子中心的修正项来改进密度泛函的计算结果 (DCACP); Grimme 等很多人都是使用经验的 $1/R^6$ 修正项来描述范德瓦尔斯力 (DFT-D); Silvestrelli 提出通过密度泛函计算得到的瓦尼尔函数来计算两个分子之间的范德瓦尔斯相互作用; Scheffler 等人则提出了一种 on-the-fly 计算范德瓦尔斯相互作用的方法.

DFT-D 方法的修正项可以写为

$$E_{\mathrm{vdW}} = \sum_{i>j} \frac{C_{6,ij}}{R_{ij}^6} f(R_{ij}), \tag{2.21}$$

其中,$C_{6,ij}$是第 i 个和第 j 个原子之间的范德瓦尔斯相互作用强度,R_i 为第 i 个和第 j 个原子之间的距离.当我们只考虑两个分子(或固体)之间的相互作用而不考虑每个分子(或固体)内的范德瓦尔斯相互作用时,那么该求和式中 i 遍及第一个分子(或固体)中的原子而 j 遍及第二个分子(或固体)中的原子.通常同种原子间的范德瓦尔斯相互作用强度 $C_{6,ii}$ 可以通过原子的极化率计算出来,

$$C_{6,ii} = \frac{3}{4}\sqrt{N_i p_i^3}, \tag{2.22}$$

其中,p_i 为第 i 种原子的极化率,可以从 Miller 的文章中查到,N_i 为 Slater-Kirkwood 有效电子数.Halgren 提出了一个经验的算法来计算这个有效电子数.对于氢原子,$N_i = 0.8$;而对于其他原子,

$$N_i = 1.17 + 0.33 n_i, \tag{2.23}$$

其中,n_i 为第 i 种原子的价电子数.杨伟涛等人则提出了另外一种得到 $C_{6,ii}$ 的方法.他们认为在上面的计算中用到的原子极化率 p_i 是通过对实验拟合得到的,而不同的拟合会给出略微不同的极化率数值,因而他们直接用分子间的范德瓦尔斯相互作用强度来拟合原子的 $C_{6,ii}$.总的来讲,这些方法给出的 $C_{6,ii}$ 数值相差并不太大.两种不同原子间的范德瓦尔斯相互作用强度 $C_{6,ij}$ 则是通过组合规则得到的,不同人提出了不同的组合规则.Grimme 提出

$$C_{6,ij} = \frac{2C_i C_j}{C_i + C_j}, \tag{2.24}$$

其中的 $C_{6,ij}$ 简记为 C_i.他在另一篇文章中又提出了另一种组合方法,

$$C_{6,ij} = \sqrt{C_i C_j}. \tag{2.25}$$

Elstner 等人则采用 Slater-Kirkwood 组合规则,

$$C_{6,ij} = \frac{2C_i C_j p_i p_j}{p_i^2 C_j + p_j^2 C_i}. \tag{2.26}$$

通过这些组合规则和原子极化率,原则上我们可以得到所有原子之间的范德瓦尔斯相互作用强度参数.

　　衰减函数 $f(R)$ 在文献中有几种不同的形式.最常见的是两种形式:

$$f(R) = \frac{1}{1 + \exp\left[-d\left(\frac{R}{R_0} - 1\right)\right]} \tag{2.27}$$

和

$$f(R) = \left(1 - \exp\left(-d\left(\frac{R}{R_0}\right)^7\right)\right)^4, \tag{2.28}$$

其中,d 为参数,一般对第一种形式取为 23 而对第二种形式取为 3,R_0 可以通过原子的范德瓦尔斯半径求得.对于同种原子,我们有

$$R_{0,ii} = 2R_{0,i}, \tag{2.29}$$

其中 $R_{0,i}$ 为第 i 个原子的范德瓦尔斯半径. 除此之外, Elstner 等人提出了更简单的方法: 对于元素周期表第一周期的元素都取 $R_0 = 3.8\,\text{Å}$, 对于第二周期的元素都取 $R_0 = 4.8\,\text{Å}$. 对于不同种类的原子, $R_{0,ij}$ 可以通过组合规则得到. 有些人提出采用简单的求和, 即

$$R_{0,ij} = R_{0,i} + R_{0,j}, \tag{2.30}$$

也有人提出采用立方平均公式, 即

$$R_{0,ij} = \frac{R_{0,ii}^3 + R_{0,jj}^3}{R_{0,ii}^2 + R_{0,jj}^2}. \tag{2.31}$$

利用以上的这些公式, 我们可以非常方便的计算范德瓦尔斯修正对于总能量以及原子受力的贡献.

但是在实际的计算中, 人们发现如果直接将这个能量修正项加到密度泛函总能量上, 得到的能量曲线往往误差比较大. 为此, Grimme 提出引入一个总体的缩放因子 s_6, 这样范德瓦尔斯修正项改写为,

$$E_{\text{vdW}} = s_6 \sum_{i>j} \frac{C_{6,ij}}{R_{ij}^6} f(R_{ij}), \tag{2.32}$$

这个 s_6 只依赖于密度泛函中的不同交换关联形式. Grimme 通过计算不同分子之间的吸附能量, 拟和出了在不同交换关联泛函下的缩放因子的值. 通过这个缩放因子的引入, 这种经验的修正方法变得更加准确. 但是, Jurečka 等人指出, 这个总体的缩放因子虽然提高了平衡位置附近密度泛函计算的精度, 但是也改变了长程处范德瓦尔斯相互作用的衰减系数. 由于不同的交换关联的缩放因子不同, 在长程处不同的交换关联就会给出不同的衰减曲线, 显然这是非物理的. 因此, 他们放弃了这个总体的缩放因子 s_6, 而引入了另一个缩放因子 s_R. 这个缩放因子改变的是原子的范德瓦尔斯半径(R_0 项). 这样衰减函数 $f(R)$ 就改写为,

$$f(R) = \frac{1}{1 + \exp\left[-d\left(\dfrac{R}{s_R R_0} - 1\right)\right]} \tag{2.33}$$

和

$$f(R) = \left(1 - \exp\left(-d\left(\frac{R}{s_R R_0}\right)^7\right)\right)^4. \tag{2.34}$$

通过这个缩放因子的引入, 密度泛函的精度也能得到提高. 后来的一些学者就同时引入了这两个缩放因子, 使得这种经验的修正在平衡位置附近更为可靠.

人们在发展一般形式的范德瓦尔斯泛函方面获得了突破性进展, 这对于描述水这种由较弱的氢键相互作用占主导的体系非常重要. Langreth 等人发展的范德瓦尔斯泛函具有一般形式[62]:

$$E_{xc}^{\mathrm{vdW}} = E_x^{\mathrm{GGA}} + E_c^{\mathrm{LDA}} + E_c^{\mathrm{nl}}. \tag{2.35}$$

范德瓦尔斯泛函是由 GGA 的交换加上局域密度近似 LDA 的关联项以及非局域的关联项组成的,其中关键的非局域关联项写为

$$E_c^{\mathrm{nl}} = \frac{1}{2} \iint \mathrm{d}r \mathrm{d}r' n(r) \phi(r, r') n(r'). \tag{2.36}$$

它与在 r, r' 处的密度直接相关,并通过一个一般形式的数学关系 φ 联系起来. 根据 GGA 中具体参数的不同, φ 可以取稍微不同的形式.

§2.4 分子动力学模拟

分子动力学模拟是自计算机产生以来,从微观的尺度研究、理解物质世界,特别是其动力学行为的最有效的方法之一[63−66]. 这种方法是通过原子间的相互作用势计算某一时刻体系中所有的原子的受力,再利用该时刻的原子的位置和速度由经典的牛顿方程求出下一时刻(相差一个时间步长)所有原子的位置和速度,从而从分子尺度模拟了整个体系在一个时间段里的动力学行为. 它既可以得知整个系统的静态特性,又可以跟踪系统的动力学性质. 对于微正则系综(系统能量 E,粒子数 N 和体积 V 都保持恒定),其运动学公式如下:

$$\begin{cases} \boldsymbol{r}_{n,i+1} = \boldsymbol{r}_{n,i} + \boldsymbol{v}_{n,i} \Delta t, \\ \boldsymbol{v}_{n,i+1} = \boldsymbol{v}_{n,i} + (\boldsymbol{F}_{n,i}/m_n) \Delta t, \end{cases} \tag{2.37}$$

其中, $\boldsymbol{r}_{n,i}$, $\boldsymbol{v}_{n,i}$, $\boldsymbol{F}_{n,i}$ 分别表示第 n 个粒子(质量为 m_n)在时刻 $t_i = i\Delta t$ 的位置、速度和受力, Δt 是时间步长.

实际的分子动力学模拟分为四个阶段:(1) 输入初始坐标;(2) 结构优化;(3) 加热、趋衡;(4) 投产,并进行数据统计和分析. 一般地,先对系统进行结构优化,选取原子平衡位置作初始位,初始速度则按玻尔兹曼分布选取. 为了使系统达到平衡,一个趋衡阶段是至关重要、必不可少的,它往往决定着整个模拟的成败和结果的可靠与否. 趋衡可以采用每隔若干步就对速度按特定的要求重新标度(相当于从系统取走或补入能量)的办法. 一旦系统持续给出确定的平均动能和平均势能的数值,我们就认为已达到平衡. 接下来可按动力学方程对系统实现正式的模拟,其系统演化的数据用于物理学量的统计分析. 分子动力学模拟的一般策略如图 2.4 所示.

使用分子动力学模拟至少有以下的好处:(1) 它除去了推导解析公式时的种种近似;(2) 可以检验提出的作用模型是否产生合理的动力学特性;(3) 它提供了实验上最为缺乏的系统的分子尺度的结构信息和作用规律,从而和实验结果互补,

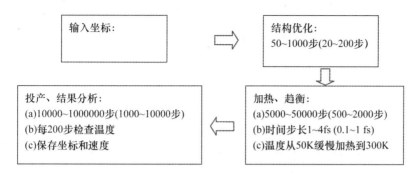

图 2.4　分子动力学模拟的一般策略
括号里的数字对应于第一性原理的分子动力学模拟

极大地促进了理论和实验的有机结合.但是分子动力学方法也有它的缺陷.它受限于计算机计算能力的大小.首先模拟时间有限,可能不到实际物理过程发生的时间尺度,有限时间平均也偏离了相空间的系综平均(各态历经假说).另外有限的系统大小可能对系统产生额外的影响.为了尽可能减小这种影响,模拟中常取周期性边界条件.还有计算中的有限时间步长带来的误差和其他累积误差也值得注意.

2.4.1　Verlet 算法

实际中常常使用数值上更为稳定的 Verlet 算法[67,68]来作为递推式描述系统的演化.它在位形 $r_{n,i}$ 上具有精确到四阶小量的精确度.假定把位形 $r(t+\Delta t)$ 按时间步长 Δt 在 t 展开:

$$\begin{cases} r(t+\Delta t) = r(t) + v(t)\Delta t + \frac{1}{2}a(t)(\Delta t)^2 + \frac{1}{6}q(t)(\Delta t)^3 + O((\Delta t)^4), \\ r(t-\Delta t) = r(t) - v(t)\Delta t + \frac{1}{2}a(t)(\Delta t)^2 - \frac{1}{6}q(t)(\Delta t)^3 + O((\Delta t)^4). \end{cases}$$
$$(2.38)$$

上两式相加,则得到

$$r(t+\Delta t) = 2r(t) - r(t-\Delta t) + a(t)(\Delta t)^2 + O((\Delta t)^4). \qquad (2.39)$$

我们看到,位形 r 已经精确到时间步长 Δt 的四阶小量.但是若取速度

$$v(t) = [r(t+\Delta t) - r(t-\Delta t)]/2(\Delta t), \qquad (2.40)$$

则只是精确到 Δt 的三阶小量.

把式(2.39)、(2.40)写为与式(2.37)相一致的递推形式,就有

$$\begin{cases} r_{n,i+1} = 2r_{n,i} - r_{n,i-1} + F_{n,i}(\Delta t)^2/m_n, & \text{(a)} \\ v_{n,i} = (r_{n,i+1} - r_{n,i-1})/(2\Delta t). & \text{(b)} \end{cases} \qquad (2.41)$$

这就是通常所说的 Verlet 算法.用这种算法进行分子动力学模拟的步骤为:

(1) 选取每个粒子的初始位形 $r_{n,0}$ 和初始速度 $v_{n,0}$.

(2) 计算初始时刻的粒子受力 $F_{n,0}$. 令 $t_1 = 1 \times \Delta t$ 时刻的位置

$$r_{n,1} = r_{n,0} + v_{n,0}\Delta t + F_{n,0}(\Delta t)^2/2m_n.$$

(3) 计算 $t_i = i\Delta t$ 时刻的每个粒子受力 $F_{n,i}$.

(4) 按式(2.41a)计算 $t_{i+1} = (i+1)\Delta t$ 时刻的位置 $r_{n,i+1}$.

(5) 按式(2.41b)计算 t_i 时刻的位置 $v_{n,i}$.

Verlet 算法中位置和速度的计算是不同步的. 有人提出速度 Verlet 算法解决了这一问题[69]:

$$\begin{cases} r_{n,i+1} = r_{n,i} + v_{n,i}\Delta t + F_{n,i}(\Delta t)^2/2m_n, & \text{(a)} \\ v_{n,i+1} = v_{n,i}(t) + (F_{n,i} + F_{n,i+1})\Delta t/2m_n. & \text{(b)} \end{cases} \quad (2.42)$$

它同样地精确到 Δt 的三阶小量,而且有着更好的数值稳定性.

2.4.2　Nose-thermostat

通常地人们更为关心怎样模拟一个恒温系统. 在这个系统中,总能量是不守恒的,而温度在某一中心值附近有稳定的涨落. 这可以通过引进一些约束来实现. 最初的做法是把每步的速度重新标度到恒定的目标值来实现恒温模拟. 但这种办法并不意味着此时的系综为正则系综[70]. Nose 提出了一种扩展系统(extended system)的方法可以实现严格的正则系综的模拟[71,72]. 这种办法通过引入一个附加的自由度 s,作为与包含 N 粒子的实际系统(N)相耦合的外来系统,或称"热浴"(s),它控制着真实系统中的温度调节和涨落. 整个虚拟系统($N+s$)的哈密顿量

$$H = \sum_{n=1}^{N} p_n^2/2m_n s^2 + \phi(q_n) + p_s^2/2Q + gkT \ln s, \quad (2.43)$$

其中虚拟参数(p_n, q_n, t)通过变换

$$q_n' = q_n, \quad p_n' = p_n/s, \quad t' = \int^t \frac{\mathrm{d}t}{s} \quad (2.44)$$

与实际变量(p_n', q_n', t')相联系.

扩展系统($N+s$)总能量守恒,其平衡分布函数是微正则系综的分布,因此配分函数

$$Z = \int \mathrm{d}p_s \int \mathrm{d}s \int \mathrm{d}\boldsymbol{p} \int \mathrm{d}\boldsymbol{q} \delta[H_0(\boldsymbol{p}/s, \boldsymbol{q}) + p_s^2/2Q + gkT \ln s - E]$$

$$= \int \mathrm{d}p_s \int \mathrm{d}\boldsymbol{p}' \int \mathrm{d}\boldsymbol{q}' \int \mathrm{d}s \cdot s^{3N} \delta[H_0(\boldsymbol{p}', \boldsymbol{q}') + p_s^2/2Q + gkT \ln s - E]$$

$$= \frac{1}{gkT} \int \mathrm{d}p_s \int \mathrm{d}\boldsymbol{p}' \int \mathrm{d}\boldsymbol{q}' \int \mathrm{d}s \cdot s^{3N+1} \delta(s - \exp(-(H_0(\boldsymbol{p}', \boldsymbol{q}') + p_s^2/2Q - E)/gkT))$$

$$= C \int \mathrm{d}\boldsymbol{p}' \int \mathrm{d}\boldsymbol{q}' \exp\left[-\left(\frac{3N+1}{g}\right)H_0(\boldsymbol{p}', \boldsymbol{q}')/kT\right], \tag{2.45}$$

其中 C 是无关紧要的常数. 由上式我们看到, 如果对 s 选择适当的势函数 $gkT\ln s$ (这里可取 $g=3N+1$, 一般地 g 是整数, 其值与具体模拟方案有关), 整个扩展系统 ($N+s$) 的平衡分布函数投影到物理系统 N 上就是严格的正则系综的分布函数, 不管对于位形空间还是速度空间,

$$\rho(\boldsymbol{p}', \boldsymbol{q}') = \exp[-H_0(\boldsymbol{p}', \boldsymbol{q}')/kT]. \tag{2.46}$$

我们看到, Nose 方法实际上是通过引入虚拟的自由度 s 而实现对时间变量的重新标度, 从而使物理系统达到正则系统的平衡分布的, 其中虚拟质量 Q 决定了实际系统与虚拟系统耦合的强度. 计算中要谨慎地选取 Q 值, 标准是该值所对应的频率

$$\omega = \sqrt{2gkT/Q\langle s\rangle^2} \tag{2.47}$$

应和实际系统的声子频率在一个数量级上, 否则两系统耦合脱节, 取有限时间步长在有限时间内的模拟过程中实际系统的涨落偏离正则系统.

可以证明, Hoover 等人[73,74] 和 Evans[75] 提出的约束分子动力学方法也是这种扩展系统方法的一种特例, 但它只保持系统在位形空间上的分布是正则的.

2.4.3　从分子动力学模拟得到振动谱

在分子动力学模拟中定义速度自关联函数 (velocity autocorrelation function)[76]:

$$C_{vv}(t) = \sum_{\alpha l\kappa} m_\kappa \langle v_{\alpha l\kappa}(t) v_{\alpha l\kappa}(0)\rangle \tag{2.48}$$

其中 $v_{\alpha l\kappa}(t)$ 是指 t 时刻第 l 个原胞中第 κ 个原子的速度在 α 轴上的分量. m_κ 是第 κ 个原的质量.

可以证明, 对速度自关联函数做傅里叶变换即得到整个系统的振动谱:

$$g(\bar{\omega}) = \sum_{jk} \delta(\bar{\omega} - \bar{\omega}_j(\boldsymbol{k})). \tag{2.49}$$

这是因为, 若速度可以写成二次量子化的算符形式:

$$v_{\alpha l\kappa}(t) = [\hbar/Nm_\kappa]^{1/2} \sum_{jk} e_{\alpha\kappa}^j(\boldsymbol{k})[-\mathrm{i}\bar{\omega}_j(\boldsymbol{k})]$$

$$\cdot \exp[-\mathrm{i}\bar{\omega}_j(\boldsymbol{k})t + \mathrm{i}\boldsymbol{k}\cdot\boldsymbol{R}_l][1/(2\bar{\omega}_j(\boldsymbol{k}))]^{1/2}[a_j(\boldsymbol{k}) + a_j^\dagger(-\boldsymbol{k})] \tag{2.50}$$

其中 $e_{\alpha\kappa}^j(\boldsymbol{k})$ 是极化矢量, N 是总原子数目, $a_j(\boldsymbol{k})$, $a_j^\dagger(\boldsymbol{k})$ 分别是湮没和产生算符, 满足对易关系

$$[a_j(\boldsymbol{k}), a_{j'}^\dagger(\boldsymbol{k}')] = \delta_{jj'}\delta(\boldsymbol{k} - \boldsymbol{k}'), \quad [a_j(\boldsymbol{k}), a_{j'}(\boldsymbol{k}')] = [a_j^\dagger(\boldsymbol{k}), a_{j'}^\dagger(\boldsymbol{k}')] = 0. \tag{2.51}$$

代入式(2.48),我们得到

$$C_{vv}(t) = -\frac{(2\pi)^3}{V}\sum_{jk}\exp[-i\bar{\omega}_j(\mathbf{k})t] \cdot \langle\hbar\bar{\omega}_j(\mathbf{k})(n_j(\mathbf{k})+1/2)\rangle$$

$$= -\frac{(2\pi)^3}{V}k_BT\sum_{jk}\exp[-i\bar{\omega}_j(\mathbf{k})t]. \tag{2.52}$$

做傅里叶变换,右边即得振动谱函数 $-(2\pi)^3k_BT/V \cdot g(\bar{\omega})$.

在实际的分子动力学模拟中,常取的速度关联函数定义为[65]

$$C_{vv}(i\Delta t) = \frac{1}{NM}\sum_{j=1}^{M}\sum_{\kappa=1}^{N}v_\kappa(j\Delta t) \cdot v_\kappa(j\Delta t + i\Delta t). \tag{2.53}$$

如果要想得到和光谱吸收实验峰强度一致的振动谱,则要做整个原胞的二极矩自关联函数的傅里叶变换[77].

2.4.4　第一性原理分子动力学

把系统的电子基态计算和传统的计算机模拟方法结合起来,就产生了第一性原理的分子动力学方法. 应用玻恩-奥本海默近似[21],可以假定每一步离子运动中相对应的电子分布已达平衡,系统处于该位形的电子基态,于是可用密度泛函理论求解 Kohn-Sham 方程得到此时系统的能量[28,29],能量对系统虚拟微位移的导数就是各离子的受力. 因此只要把 Verlet 算法第三步中经验模型中的受力用第一性原理计算得到的力来代替,便可把经典的分子动力学方法转变为第一性原理的分子动力学方法. 这就是玻恩-奥本海默第一原理分子动力学. 因为包含了对电子作用的精确处理,用第一性原理的分子动力学方法模拟体系的动力学特性显得更为准确. 应当注意,我们通常所说的第一性原理分子动力学方法中,离子运动仍然遵循经典的牛顿定律,只是各原子间的相互作用是用求解多电子体系的量子力学基态得到的. 考虑到离子(特别是 H 原子)的量子运动的分子动力学方法已经出现,它在处理一些特定的问题(例如 H 离子的传输[78,79])时显得十分必要.

Car-Parrinello 方法是第一个实用的第一性原理分子动力学方法[80,81],今天仍然在物理、化学和生物研究中广泛地应用,并且还在不断地发展. 这种方法奇妙地把电子想象为质量很大(可以与离子质量比拟的)的粒子,从而可以应用经典运动方程同时模拟系统中的离子和电子运动. 系统的拉格朗日量为:

$$L = T - V = T - E[\{\psi_i\}, \{\mathbf{R}_I\}, \{\alpha_v\}]$$

$$\equiv \left(\sum_i \frac{1}{2}\mu_e\int d\mathbf{r}\,|\,\dot{\psi}_i\,|^2 + \sum_I \frac{1}{2}M_I\dot{\mathbf{R}}_I + \sum_v \frac{1}{2}\mu_v\dot{\alpha}_v^2\right)$$

$$- \left(\sum_i\int d\mathbf{r}\psi_i^*(\mathbf{r})(-(\hbar^2/2m_e)\nabla^2)\psi_i(\mathbf{r}) + U[\rho(\mathbf{r}), \{\mathbf{R}_I\}, \{\alpha_v\}]\right) \tag{2.54}$$

其中 $\{\psi_i\},\{\boldsymbol{R}_I\},\{\alpha_v\}$ 分别表示体系的电子波函数,原子核坐标,特定约束坐标(例如恒压模拟中的体积),U 代表着包含电子库仑排斥能、有效核库仑排斥能、电子在核势场和外场下的能量、电子交换关联能和约束项势能的总势能. 因此整个系统(包括离子和电子)的运动方程为(Λ 是为了满足波函数正交归一的条件而设定的操作矩阵)

$$\begin{cases} \mu_e \ddot{\psi}_i(\boldsymbol{r},t) = -\,\delta E/\delta \psi_i^*(\boldsymbol{r},t) + \sum_k \Lambda_{ik}\psi_k(\boldsymbol{r},t), \\[2mm] M_I \ddot{\boldsymbol{R}} = -\,\nabla_{\boldsymbol{R}_I} E, \\[2mm] \mu_v \ddot{\alpha}_v = -\,(\partial E/\partial \alpha_v). \end{cases} \tag{2.55}$$

上述过程中,只有离子的动力学具有实在的物理意义. 电子按虚拟的质量 μ_e 和离子一起做经典运动,因而模拟的过程不是玻恩-奥本海默过程,但是 Car-Parrinello 证明,模拟路径离玻恩-奥本海默过程偏离很小,可以忽略. 最重要的是,虽然波函数演化是经典的(虚假的),但电子基态确实是 Kohn-Sham 方程的严格解[80].

　　与经典的分子动力学模拟中取经验的原子-原子相互作用势比较,第一性原理分子动力学由于采用了电子能态计算来严格表述离子之间的相互作用力,因而能更精确地模拟系统随时间推进的演化过程. 相应地,它的计算量比之经典模拟也大大地增加了. 与经典分子动力学相比,第一性原理分子动力学模拟计算量很大,模拟的时间要比经典模拟少 3～6 个数量级. 但是随着计算机技术日新月异地发展,特别是大规模并行计算越来越巨大的计算能力,第一性原理分子动力学必将越来越多地被应用到诸如凝聚态物理、化学物理、分子生物学和药物设计等各个相关领域的研究中去. 特别地,如本文所述,要想从分子尺度研究水的微观动态和相互作用,第一性原理分子动力学将是不可或缺、不可替代的理论工具.

2.4.5　路径积分分子动力学

　　第一性原理分子动力学方法考虑了电子的量子力学效应,从而由电子作用得到原子间的受力,不需要用经验的参数描述原子间作用势. 但是原子核的运动仍然采用经典牛顿力学来描述. 这对于较轻的元素,比如 H 来说可能不够精确,特别是在低温乃至室温条件下,H 核的量子效应可能非常显著. 著名的例子是水中 H_3O^+ 和 OH^- 传输时量子效应极大地降低了反应势垒使 H_3O^+ 和 OH^- 的传输加快. 为了描述原子核的量子效应,可以在第一性原理分子动力学基础之上,利用费曼路径积分原理,进行路径积分分子动力学模拟.

根据路径积分原理,量子体系配分函数可写为

$$Z = \oint' \mathrm{D}\boldsymbol{R} \oint' \mathrm{D}\boldsymbol{r} \exp\Big[-\frac{1}{\hbar}\int_0^{\hbar\beta}\mathrm{d}\tau L_\mathrm{E}(\{\dot{\boldsymbol{R}}_I(\tau)\},\{\boldsymbol{R}_I(\tau)\};\{\dot{\boldsymbol{r}}_i(\tau)\},\{\boldsymbol{r}_i(\tau)\})\Big],$$
(2.56)

其中

$$\begin{aligned}
L_\mathrm{E} &= T(\dot{\boldsymbol{R}}) + V(\boldsymbol{R}) + T(\dot{\boldsymbol{r}}) + V(\boldsymbol{r}) + V(\boldsymbol{R},\boldsymbol{r}) \\
&= \sum_I \frac{1}{2}M_I\Big(\frac{\mathrm{d}\boldsymbol{R}}{\mathrm{d}\tau}\Big)^2 + \sum_{I<J}\frac{e^2 Z_I Z_J}{|\boldsymbol{R}_I - \boldsymbol{R}_J|} \\
&\quad + \sum_i \frac{1}{2}m_\mathrm{e}\Big(\frac{\mathrm{d}\boldsymbol{r}_i}{\mathrm{d}\tau}\Big)^2 + \sum_{i<j}\frac{e^2}{|\boldsymbol{r}_i - \boldsymbol{r}_j|} \\
&\quad - \sum_{I,i}\frac{e^2 Z_I}{|\boldsymbol{R}_I - \boldsymbol{r}_i|}.
\end{aligned}$$
(2.57)

若取电子部分配分函数为

$$Z_\mathrm{e}[\boldsymbol{R}] = \oint' \mathrm{D}\boldsymbol{r}\exp\Big[-\int_0^\beta \mathrm{d}\tau(T(\boldsymbol{r}) + V(\boldsymbol{r}) + V(\boldsymbol{R},\boldsymbol{r}))\Big],$$
(2.58)

则有

$$Z = \oint' \mathrm{D}\boldsymbol{R}\exp\Big[-\int_0^\beta \mathrm{d}\tau(T(\boldsymbol{R}) + V(\boldsymbol{R}))\Big] \cdot Z_\mathrm{e}[\boldsymbol{R}]$$
(2.59)

使用玻恩-奥本海默近似,则体系总配分函数为

$$Z_\mathrm{BO} = \oint \mathrm{D}\boldsymbol{R}\exp\Big(-\int_0^\beta \mathrm{d}\tau(T(\boldsymbol{R}) + V(\boldsymbol{R}) + E_0(\boldsymbol{R}))\Big).$$
(2.60)

使用 Trotter 分解方法[82]将它做离散化,即将虚时间积分化为 P 段路径求和:

$$Z_\mathrm{BO} = \lim_{P\to\infty}\prod_{S=1}^P\prod_{I=1}^N\Big[\Big(\frac{M_I P}{2\pi\beta}\Big)^{3/2}\int \mathrm{d}\boldsymbol{R}_I^{(S)}\Big]$$

$$\times \exp\Big(-\beta\sum_{S=1}^P\Big(\sum_{I=1}^N\frac{1}{2}M_I\omega_P^2(\boldsymbol{R}_I^{(S)} - \boldsymbol{R}_I^{(S+1)})^2 + \frac{1}{P}E_0(\{\boldsymbol{R}_I^{(S)}\})\Big)\Big),$$
(2.61)

其中 $\omega_P^2 = P/\beta^2$. 这样量子体系等效于具有下述有效势的经典体系:

$$V_\mathrm{eff} = \sum_{S=1}^P\Big\{\sum_{I=1}^N\frac{1}{2}M_I\omega_P^2(\boldsymbol{R}_I^{(S)} - \boldsymbol{R}_I^{(S+1)})^2 + \frac{1}{P}E_0(\{\boldsymbol{R}_I\}^{(S)})\Big\}.$$
(2.62)

结合 Car-Parrinello 第一性原理分子动力学方法,体系的拉格朗日量可写为

$$\begin{aligned}
L_\mathrm{AIPI} &= \frac{1}{P}\sum_{S=1}^P\Big\{\sum_i\mu\langle\dot{\phi}_i^{(S)}\mid\dot{\phi}_i^{(S)}\rangle - E^{KS}[\{\phi_i\}^{(S)},\{\boldsymbol{R}_I\}^{(S)}] \\
&\quad + \sum_{ij}\Lambda_{ij}^{(S)}(\langle\phi_i^{(S)}\mid\phi_j^{(S)}\rangle - \delta_{ij})\Big\} \\
&\quad + \sum_{S=1}^P\Big\{\sum_I\frac{1}{2}M_I'^{(S)}(\dot{\boldsymbol{R}}_I^{(S)})^2 - \sum_{I=1}^N\frac{1}{2}M_I\omega_P^2(\boldsymbol{R}_I^{(S)} - \boldsymbol{R}_I^{(S+1)})^2\Big\},
\end{aligned}$$
(2.63)

其中 $|\phi_j^{\prime(S)}\rangle$ 是第 S 段虚时间的电子波函数，$M_I^{\prime(S)}$ 是第 S 段虚时间的离子虚质量. 得到如下运动方程：

$$\frac{1}{P}\mu\ddot{\phi}_I^{(S)} = -\frac{1}{P}\frac{\delta E[\{\phi_i\}^{(S)},\{\boldsymbol{R}_I\}^{(S)}]}{\delta\phi_i^{*(S)}} + \frac{1}{P}\sum_j\Lambda_{ij}^{(S)}\phi_j^{(S)}, \tag{2.64}$$

$$M_I^\prime\ddot{\boldsymbol{R}}_I^{(S)} = -\frac{1}{P}\frac{\delta E[\{\phi_i\}^{(S)},\{\boldsymbol{R}_I\}^{(S)}]}{\delta\boldsymbol{R}_I^{(S)}} - M_I\omega_P^2(2\boldsymbol{R}_I^{(S)} - \boldsymbol{R}_I^{(S+1)} - \boldsymbol{R}_I^{(S-1)}). \tag{2.65}$$

这样的路径积分分子动力学对应于在相空间的运动，本质上是一种抽样统计方法. 为了模拟具有真实时间意义的量子动力学过程，Voth 等[83]发展了质心路径积分分子动力学方法. 质心运动遵循准经典的牛顿方程，其受力来自于非质心模式产生的平均势，它的演化代表了原子核真实动力学演化. 对坐标进行正则变换：

$$\boldsymbol{u}_I^{(S)} = \frac{1}{\sqrt{P}}\sum_{S'=1}^P U_{SS'}\boldsymbol{R}_I^{(S')}, \tag{2.66}$$

其中，矩阵 U 是 $A(\boldsymbol{A}_{SS'} = 2\delta_{SS'} - \delta_{S,S'-1} - \delta_{S,S'+1})$ 对角化后的幺正矩阵，$S=1$ 为质心模式，$\boldsymbol{u}_I^{(1)} = \frac{1}{P}\sum_{S=1}^P\boldsymbol{R}_I^{(S)}$. $S>1$ 为非质心模式. 正则变换后体系的拉格朗日量变为

$$\begin{aligned}L_{\mathrm{AIPI}} = \frac{1}{P}\sum_{S=1}^P\bigg\{&\sum_i\mu\langle\dot{\phi}_i^{(S)}\mid\dot{\phi}_i^{(S)}\rangle - E[\{\phi_i\}^{(S)},\{\boldsymbol{R}_I(\boldsymbol{u}_I^{(P)})\}^{(S)}]\\ &+ \sum_{ij}\Lambda_{ij}^{(S)}(\langle\phi_i^{(S)}\mid\phi_j^{(S)}\rangle - \delta_{ij})\bigg\}\\ &+ \sum_{S=1}^P\bigg\{\sum_I\frac{1}{2}M_I^{\prime(S)}(\dot{\boldsymbol{u}}_I^{(S)})^2 - \sum_{I=1}^N\frac{1}{2}M_I^{(S)}\omega_P^2(\boldsymbol{u}_I^{(S)})^2\bigg\}.\end{aligned} \tag{2.67}$$

只要取各模式的虚质量

$$\begin{aligned}M_I^{\prime(1)} &= M_I,\\ M_I^{\prime(S)} &= \gamma M_I^{(S)}, \quad S = 2,\cdots,P,\end{aligned} \tag{2.68}$$

其中 $0<\gamma\ll1$，就可使非质心模式快速的运动，实现了质心和非质心模式的绝热分离，质心采取准经典运动. 质心路径积分分子动力学能够模拟真实时间下经量子力学效应修正后的原子核运动过程，在水基础研究中发挥着重要作用.

2.4.6 分子动力学和电子动力学的结合

在描述体态水或水团簇的电子激发态的动力学过程时，除了离子运动轨迹，还需要考虑电子的动力学过程，因为电子并非处在能量最低的基态上，而且电子有可能在不同的能级之间量子跃迁. 这些动力学过程已不能使用玻恩-奥本海默近似，可以使用 Ehrenfest 定理或轨迹跳跃（trajectory surface hopping）的方法进行模拟[84]. 比如可以使用 Ehrenfest 定理计算某时刻电子状态（可能是若干本征电子态的平均）上的受力，驱动离子运动：

$$M_J \frac{\mathrm{d}^2 R_J^d(t)}{\mathrm{d}t^2} = -\nabla_{R_J^d}\left[V_{\text{ext}}^J(R_J^d,t) - \int \frac{Z_J\rho(r,t)}{|R_J^d-r|}\mathrm{d}r + \sum_{I\neq J}\frac{Z_J Z_I}{|R_J^d - R_J^d|}\right], (2.69)$$

$$\mathrm{i}\,\hbar\,\frac{\partial\phi_j(r,t)}{\partial t} = \left[-\frac{\hbar}{2m}\nabla_r^2 + \int\frac{\rho(r',t)}{|r-r'|}\mathrm{d}r' + v_{xc}[\rho](r,t) + v_{\text{ext}}(r,t)\right.$$

$$\left. - \sum_I\frac{Z_I}{|r-R_I^d|}\right]\phi_j(r,t). \tag{2.70}$$

这里电子由含时密度泛函理论描述,所受外场由瞬时原子核坐标决定,原子核部分遵循经典的牛顿力学路径,但受力包含了含时演化的电子密度的作用.这时的电子态不再是系统的本征态,激发态电子对电子系统的其他部分的影响也被包含在内.近年来孟胜等实现并发展了这种基于第一性原理的混合离子-电子动力学方法,并用它来研究表面超快电子动力学过程[85].

2.4.7 目前存在的问题

目前对水进行理论研究的范围和精度仍然比较局限.水的理论和模拟研究至少还存在下述问题,值得进一步深入探讨:

(1) 缺乏简单有效的水的模型.

特别是在纳米尺度上和表面、界面处.要么水的模型太过繁复而使模拟计算很慢,要么模型过于粗略而使结果的精确性受到怀疑、不能表达纳米尺度上水的基本特性.发展纳米尺度上的水的模型势在必行.

(2) 缺乏大尺度的精确第一性原理方法.

标准的第一性原理计算方法最多能处理上百个水分子,分子动力学模拟时间长约 $1\,\mathrm{ns}$,这对于研究水的纳米团簇或生物分子表面上的水远远不够.如何发展密度泛函方法使之处理大型体系是一个挑战.一个有潜力的方向是发展 $O(N)$ 的第一性原理计算方法(N 是体系中的总电子数).

(3) H 的量子行为.

水分子中 H 元素的作用非常神秘,它组成的氢键是水的种种特异性质的来源,是保障地球生命活动出现的源头.它也是理解光合作用机制和操作人工光合系统的关键.但是常用的把 H 当作点粒子的办法是否足够,能否解释水的特殊现象?这是一个基本科学问题.近来的一些研究暗示 H 元素的量子效应起着关键的作用.这需要简单有效的全量子化理论方法得到进一步发展,同时也要求实验技术得到进一步提高.

(4) 水的电子激发态性质.

水的电子激发态性质很少有讨论,相应的理论和计算模拟工作更少.这对于理解光解水的原子尺度过程和大气、海洋中的物理化学过程影响很大.事实上,对于这些问题,实验和理论的理解都极为有限、十分粗浅.

(5) 和实验数据的吻合.

虽然理论计算和大量的实验数据吻合得很好,两者结合清楚地揭示了水的分子行为(一个典型例子是通过理论和实验确定了 Ru(0001) 上的水分解是受激发过程),还有一些数据亟待理论上的解释和理解. 比如液态水的 XAS,XPS 数据似乎显示其中水为链式结构,平均每个水分子有两个氢键. 但是这种观念受到极大的挑战,许多研究认为液态水采用传统的类冰结构(每个水分子约 3～4 个氢键). 这些问题都呼唤着理论和实验技术的新发展与提高.

参 考 文 献

[1] J. W. Döbereiner. Schweigg. J. **39**, 1 (1823).

[2] H. Cavendish. *Experiments on air*. Philosophical Transactions of the Royal Society **74**, 119 (1784).

[3] E. W. Morley. Smithsonian Contributions to Knowledge **980**, 111 (1895).

[4] R. Mecke, *et al*. Z. Physik **81**, 313 (1933).

[5] J. D. Bernal and R. H. Fowler. *A theory of water and ionic solution, with particular reference to hydrogen and hydroxyl ions*. J. Chem. Phys. **1**, 515 (1933).

[6] L. Pauling. *The structure and entropy of ice and of other crystals with some randomness of atomic arrangement*. J. Am. Chem. Soc. **57**, 2680 (1935).

[7] M. Van Thiel, E. D. Becker, and G. C. Pimentel. *Infrared studies of hydrogen bonding of water by the matrix isolation technique*. J. Chem. Phys. **27**, 486 (1957).

[8] J. A. Barker and R. O. Watts. *Structure of water: A Monte Carlo calculation*. Chem. Phys. Lett. **3**, 144 (1969).

[9] A. Rahman and F. H. Stillinger. *Molecular dynamics study of liquid water*. J. Chem. Phys. **55**, 3336 (1971).

[10] K. Laasonen, M. Sprik, M. Parrinello, and R. Car. *Ab-initio liquid water*. J. Chem. Phys. **99**, 9080 (1993).

[11] D. Marx, M. E. Tuckerman, J. Hutter, and M. Parrinello. *The nature of the hydrated excess proton in water*. Nature **397**, 601 (1999).

[12] P. J. Feibelman. *Partial dissociation of water on Ru(0001)*. Science **295**, 99 (2002).

[13] S. Meng, L. F. Xu, E. G. Wang, and S. W. Gao. *Vibrational recognition of hydrogen-bonded water networks on a metal surface*. Phys. Rev. Lett. **89**, 176104 (2002).

[14] V. A. Ranea, A. Michaelides, R. Ramirez, P. L. de Andres, J. A. Verges, and D. A. King. *Water dimer diffusion on Pd{111} assisted by an H-bond donor-acceptor tunneling exchange*. Phys. Rev. Lett. **92**, 136104 (2004).

[15] S. Nie, P. J. Feibelman, N. C. Bartelt, and K. Thuermer. *Pentagons and heptagons in the first water layer on Pt(111)*. Phys. Rev. Lett. **105**, 026102 (2010).

[16] W. L. Jorgensen, J. Chandrasekhar, J. D. Madura, R. W. Impey, and M. L. Klein. *Comparison of simple potential functions for simulating liquid water*. J. Chem. Phys. **79**, 926 (1983).

[17] B. Guillot. *A reappraisal of what we have learnt during decades of computer simulations on water*. J. Molecular Liquids **101**, 219 (2002).

[18] C. Millot, J. C. Soetens, M. T. C. Martins Costa, M. P. Hodges, and A. J. Stone. *Revised anisotropic site potentials for the water dimer and calculated properties*. J. Phys. Chem. A **102**, 754 (1998).

[19] A. Wallqvist and R. D. Mountain. *Molecular models of water: Derivation and description*. Reviews in Computational Chemistry **13**, 183 (1999).

[20] G. W. Robinson, C. H. Cho, and J. Urquidi. *Isosbestic points in liquid water: Further strong evidence for the two-state mixture model*. J. Chem. Phys. **111**, 698 (1999).

[21] M. Born and K. Huang. *Dynamical theory of crystal lattices*. Oxford University press, Oxford, 1954.

[22] W. Kohn. *Nobel lecture: Electronic structure of matter—wave functions and density functionals*. Rev. Mod. Phys. **71**, 1253 (1998).

[23] 江进福. 波函数与密度泛函. 物理, 2001, 23: 549.

[24] D. R. Hartree. *The wave mechanics of an atom with a non-Coulomb central field part I theory and methods*. Proc. Camb. Phil. Soc. **24**, 89 (1928).

[25] V. Fock. *Approximation method for the solution of the quantum mechanical multibody problems*. Zeitschrift fur Phys. **61**, 126 (1930).

[26] H. Thomas. Proc. Camb. Phil. Soc. **23**, 542 (1927).

[27] E. Fermi. Accad. Naz. Lincei **6**, 602 (1927).

[28] P. Hohenberg and W. Kohn. *Inhomogeneous electron gas*. Phys. Rev. **136**, B864 (1964).

[29] W. Kohn and L. J. Sham. *Self-consistent equations including exchange and correlation effects*. Phys. Rev. **140**, A1133 (1965).

[30] 谢希德, 陆栋. 固体能带理论. 上海:复旦大学出版社, 1998.

[31] J. C. Slater. *A simplification of the Hartree-Fock method*. Phys. Rev. **81**, 385 (1951).

[32] J. C. Slater. *The self-consistent field for molecules and solids*. McGraw-Hill, New York, 1974.

[33] D. M. Ceperley and B. L. Alder. *Ground state of the electron gas by a stochastic method*. Phys. Rev. Lett. **45**, 566 (1980).

[34] T. P. Perdew and A. Zunger. *Self-interaction correction to density-functional approximations for many-electron systems*. Phys. Rev. B **23**, 5048 (1981).

[35] R. O. Jones and O. Gunnarsson. *The density functional formalism, its applications and prospects*. Rev. Mod. Phys. **61**, 689 (1989).

[36] A. D. Becke. *Density-functional exchange-energy approximation with correct asymptotic behavior*. Phys. Rev. A **38**, 3098 (1988).

[37] J. P. Perdew. *In electronic structure of solids*. Eds. P. Ziesche and H. Eschrig. Akademic Verlag, Berlin, 1991.

[38] D. C. Langreth and J. P. Perdew. *Theory of nonuniform electronic systems. I. Analysis of the gradient approximation and a generalization that works*. Phys. Rev. B **21**, 5469 (1980).

[39] J. P. Perdew and Y. Wang. *Accurate and simple analytic representation of the electron-gas correlation energy*. Phys. Rev. B **45**, 13244 (1992).

[40] J. P. Perdew, J. A. Chevary, S. H. Vosko, K. A. Jackson, M. R. Pederson, D. J. Singh, and C. Foilhais. *Atoms, molecules, solids, and surfaces: Applications of the generalized gradient approximation for exchange and correlation*. Phys. Rev. B **46**, 6671 (1992).

[41] J. P. Perdew, K. Burke, and M. Ernzerhof. *Generalized gradient approximation made simple*. Phys. Rev. Lett. **77**, 3865 (1996).

[42] C. Lee, W. Yang, and R. C. Parr. *Development of the Colle-Salvetti correlation-energy formula into a functional of the electron density*. Phys. Rev. B **37**, 785 (1988).

[43] Y. Andersson, D. C. Langreth, and B. I. Lundqvist. *Van der Waals interactions in density-functional theory*. Phys. Rev. Lett. **76**, 102 (1996).

[44] W. Kohn, Y. Meir, and D. E. Makarov. *Van der Waals energies in density functional theory*. Phys. Rev. Lett. **80**, 4153 (1998).

[45] A. Becke. *Density-functional thermochemistry. 3. The role of exact exchange*. J. Chem. Phys. **98**, 5648 (1993).

[46] J. Heyd, G. E. Scuseria, and M. Ernzerhof. *Hybrid functionals based on a screened Coulomb potential*. J. Chem. Phys. **118**, 8207 (2003).

[47] D. J. Singh. *Planewaves, pseudopotentials and the LAPW method*. Kluwer Academic Publishers, Boston, 1993.

[48] O. K. Andersen. *Linear methods in band theory*. Phys. Rev. B **12**, 3060 (1975).

[49] W. E. Pickett. *Pseudopotential methods in condensed matter applications*. North-Holland, Amsterdam, 1989.

[50] 李正中. 固体理论. 北京:高等教育出版社, 1985.

[51] 解士杰, 韩圣浩. 凝聚态物理. 济南:山东教育出版社, 2001.

[52] S. G. Louie, J. R. Chelikowsky, and M. L. Cohen. *Ionicity and the theory of Schottky barriers*. Phys. Rev. B **15**, 2154 (1977).

[53] D. R. Hamann, M. Schlüter, and C. Chiang. *Norm-conserving pseudopotentials*. Phys. Rev. Lett. **43**, 1494 (1979).

[54] G. B. Bachelet, D. R. Hamann, and M. Schlüter. *Pseudopotentials that work: From H to Pu*. Phys. Rev. B **26**, 4199 (1982).

[55] D. R. Hamann. *Generalized norm-conserving pseudopotentials*. Phys. Rev. B 40, 2980 (1989)

[56] L. Kleinman and D. M. Bylander. *Efficacious form for model pseudopotentials*. Phys. Rev. Lett. **48**, 1425 (1982).

[57] N. Troullier and J. Martins. *Efficient pseudopotentials for plane-wave calculations*. Phys. Rev. B **43**, 1993 (1991).

[58] D. Vanderbilt. *Soft self-consistent pseudopotentials in a generalized eigenvalue formalism*. Phys. Rev. B **41**, 7892 (1990).

[59] M. C. Payne, M. P. Teter, D. C. Allan, T. A. Arias, and J. D. Joannopoulos. *Iterative minimization techniques for ab initio total-energy calculations: Molecular dynamics and conjugate gradients*. Rev. Mod. Phys. **64**, 1045 (1992).

[60] W. H. Press, B. P. Flannery, S. A. Teukolsky, and W. T. Vetterting. *Em numerical recipes*. Cambridge University Press, New York, 1986.

[61] P. Pulay. *Convergence acceleration of iterative sequences. the case of scf iteration*. Chem. Phys. Lett. **73**, 393 (1980).

[62] M. Dion, H. Rydberg, E. Schroder, D. C. Langreth, and B. I. Lundqvist. *Van der Waals density functional for general geometries*. Phys. Rev. Lett. **92**, 246401 (2004).

[63] D. W. Heermann. *Computer simulation methods in theoretical physics*. Springer-Verlag, Berlin, 1989.

[64] D. W. Heermann. 理论物理学中计算机模拟方法. 秦克诚, 译. 北京: 北京大学出版社, 1996.

[65] A. R. Leach. *Molecular modeling: Principle and applications*. Addison Wesley Longman Limited, London, 1996.

[66] C. L. Brooks. in *Computer modeling of fluids, polymers and solids*. Eds. C. R. A. Catlow, *et al*. Kluwer Academic Publishers, Dordrecht, 1990.

[67] A. Rahman. *Correlations in the motion of atoms in liquid argon*. Phys. Rev. **136**, A405 (1964).

[68] L. Verlet. *Computer "experiments" on classical fluids. I. Thermodynamical properties of Lennard-Jones molecules*. Phys. Rev. **159**, 98 (1967).

[69] W. C. Swope, H. C. Andersen, P. H. Berens, and K. R. Wilson. *A computer simulation method for the calculation of equilibrium constants for the formation of physical clusters of molecules: Application to small water clusters*. J. Chem. Phys. **76**, 637 (1982).

[70] J. M. Haile and S. Gupta. *Extensions of the molecular dynamics simulation method. II. Isothermal systems*. J. Chem. Phys. **79**, 3067 (1983).

[71] S. Nose. *A unified formulation of the constant temperature molecular dynamics methods*. J. Chem. Phys. **81**, 511 (1984).

[72] S. Nose. *A molecular dynamics method for simulations in the canonical ensemble*. Mol. Phys. **52**, 255 (1984).

[73] W. G. Hoover, A. J. C. Ladd, and B. Moran. *High-strain-rate plastic flow studied via nonequilibrium molecular dynamics*. Phys. Rev. Lett. **48**, 1818 (1982).

[74] A. C. J. Ladd and W. G. Hoover. *Plastic flow in close-packed crystals via nonequilibri-*

um molecular dynamics. Phys. Rev. B **28**, 1756 (1983).

[75] D. J. Evans. *Computer "experimen" for nonlinear thermodynamics of Couette flow*. J. Chem. Phys. **78**, 3297 (1983).

[76] C. Lee, D. Vanderbilt, K. Laasonen, R. Car, and M. Parrinello. *Ab initio studies on the structural and dynamical properties of ice*. Phys. Rev. B **47**, 4863 (1993).

[77] B. Guillot. *A molecular dynamics study of the infrared spectrum of water*. J. Chem. Phys. **95**, 1543 (1991).

[78] D. Marx, M. E. Tuckerman, J. Hutter, and M. Parrinello. *The nature of the hydrated excess proton in water*. Nature **397**, 601 (1999).

[79] M. E. Tuckerman, D. Marx, and M. Parrinello. *The nature and transport mechanism of hydrated hydroxide ions in aqueous solution*. Nature **417**, 925 (2002).

[80] R. Car and M. Parrinello. *Unified approach for molecular dynamics and density-functional theory*. Phys. Rev. Lett. **55**, 2471 (1985).

[81] K. Laasonen, R. Car, C. Lee, and D. Vanderbilt. *Implementation of ultrasoft pseudopotentials in ab initio molecular dynamics*. Phys. Rev. B **43**, 6796 (1991).

[82] H. Kleinert. *Path integrals in quantum mechanics, statistics and polymer physics*. Word Scientific Publishing Company, singapove, 1990.

[83] S. Jang and G. A. Voth. *Path integral centroid variables and the formulation of their exact real time dynamics*. J. Chem. Phys. **111**, 2357 (1999).

[84] J. C. Tully. *Molecular dynamics with electronic transitions*. J. Chem. Phys. **93**, 1061 (1990).

[85] S. Meng and E. Kaxiras. *Real-time, local basis-set implementation of time-dependent density functional theory for excited state dynamics simulations*. J. Chem. Phys. **129**, 054110 (2008).

第3章　常用的实验研究方法

§3.1　水基础研究实验方法简介

水基础科学问题研究的一个最重要的方面就是在分子层次上研究水分子之间、水分子与其他物质之间的相互作用. 一般情况下, 水与外界的作用是通过界面实现的, 这需要我们从界面上的水的性质和水本身的界面性质出发开展理论和实验研究. 理解这些相互作用需要我们从原子、分子层次上探索水的微观结构和电荷分布、转移和动态, 涉及到多个学科领域的前沿问题. 在理论上, 由于近年来密度泛函理论方法的成功应用, 水微观原子结构和相互作用的研究取得了一些进展, 下一步需要更准确地描述氢键作用、范德瓦尔斯力弱作用等, 建立描述 (固体、液体) 界面真实水层 (液态、几到几十纳米厚) 结构的模型, 以及理解原子核量子化效应等问题. 在实验上, 目前十分缺乏原子、分子层次上探测、表征体态水和界面水结构和性质的简单方法, 研究难度较大. 由于水分子间、水和表面间的相互作用强度仅为一般化学键的几分之一, 比较弱小, 在实验探测中水的结构很容易人为地被实验束流破坏. 因此, 需要大力发展分子层次分辨、界面敏感、非破坏性的实验方法和手段, 包括新型扫描探针技术、同步辐射、太赫兹探测, 以及和频振动光谱 (SFVS) 为代表的非线性光学方法等.

自 20 世纪 70 年代末以来, 人们通过现代实验技术和相关从头计算研究对水这个基本物质体系及其物理化学性质 (特别是其在表面和界面分子尺度上的细节) 的了解愈来愈透彻. 由于水系统的特殊性, 比如透明、柔软、弱作用等特点, 现有的实验手段在探测水时常常表现出一些固有缺点. 例如: 常用的实验探测束流, 包括 X 射线、离子束、电子束、电流等, 对被探测的水结构常常有破坏性, 而且很难确切衡量束流破坏性的大小; 目前的实验手段的空间分辨率和时间分辨率都比较差, 难以直接观察到水分子的电子轨道和内部原子结构 (比如氢的位置) 等. 界面水探测更加有挑战性, 缺乏只对表面水敏感的探测技术. 由于水分子体系的脆弱性和复杂性, 利用成熟的实验技术深入探索水结构及其与其他物质的作用的基础问题遇到了很大的挑战. 这种现实导致知名的德国科学家 Menzel 发出了这样的感慨: 任何关于水的发现和见解都具有极大的争论性和模糊性. 因此, 大力发展新一代有挑战意义的核心实验技术对水科学基础研究特别重要、刻不容缓. 这些新技术包括复杂环境下扫描探针技术、高分辨表面成像和能谱测量技术、超快光激发探测技术、界面非线性光谱技术等.

扫描探针显微镜(SPM)在水科学基础研究中有重要作用,应用广泛.扫描探针显微镜是一系列显微镜的总称,包括扫描隧道显微镜(STM)、原子力显微镜(AFM)、扫描近场光学显微镜(SNOM)、扫描电化学显微镜(SECM)等等.它是一类对表面进行探测和表征的显微镜,其基本特征是通过一个很小的针尖对局域的表面进行扫描,以获得这一局域范围内的各种信息,例如高分辨的拓扑结构,以及电、磁、光、振动等方面的信息.另外,通过针尖对表面施加的力、电压等,SPM还可以对样品的局域范围进行高精度的改造.因此SPM技术是科学研究者观察和改造微观世界的"眼睛"和"手".最近,北京大学江颖课题组在这一领域通过发展高分辨率STM取得了重要突破.

传统的原子力显微镜在界面水研究领域常常不能实现纳米或亚纳米级的可靠分辨率,其解析能力和应用范围也受到了极大限制.出现这方面问题的原因在于,纳米水层界面杨氏模量很小从而使得样品变形,而且水溶液环境下黏滞系数很大,降低了探针的品质因数和探测灵敏度.针对水界面研究中的重大科学需求,需要研制高分辨率非接触调频式原子力显微镜系统,以及具有高稳定性、高分辨率,且能够实现非弹性隧道谱功能的低温扫描隧道显微镜.一旦获得这些新型仪器设备,人们就能够对吸附在水界面的分子和离子、水固界面的纳米气泡的生成机制和演化、气固界面的纳米水层、水的光解和电解的微观机制等重要体系实现纳米或亚纳米级的空间分辨率,建立最高分辨水平水界面成像技术方法.这一技术方法的建立和应用,可为水在固体表面及界面上的行为这一重要基础科学研究领域提供有力的研究手段并推进对这一学科问题的深入理解.

飞秒激光光谱技术具有高时间分辨的特点,是研究光与物质相互作用及其诱导的各种物理化学过程的有力工具,而STM具有高空间分辨的特点,可以在单原子尺度研究样品的表面电子态.将这两种先进技术结合在一起,可以深入研究单个水分子、$H^+/OH^-/H$ 和 O 原子、H_2 和 O_2 分子等的吸附位形,光吸收、光催化化学反应以及光诱导的表面脱附、电子态跃迁等过程的机理.

和频振动光谱技术是一种有代表性的非线性光学探测手段,已经被广泛应用于各种界面水结构的研究.SFVS是美国加州大学 Berkeley 分校沈元壤教授在20世纪80年代发展出来的一种具有高度表面分辨能力的非线性激光光谱技术.它是迄今为止唯一可以提供真实水(常温、常压、液态)界面振动谱的实验技术.人们可以通过 SFVS 振动光谱在分子层次上获得表面、界面的结构信息.更可贵的是,它可以被应用到复杂的原位环境下,包括各种气体、液体、固体与水形成的界面,对温度、压强等也没有苛刻的要求.SFVS 可以和其他互补的技术和理论计算相结合来研究许多重要的水基础科学问题,包括:在分子层面上水的表面(界面)结构以及它在外因素影响下如何变化,各种分子和离子是否会吸附在表面(界面),遵循什么样的吸附动力学以及和水的表面(界面)结构的关联,水表面(界面)化学反应(例如光催化反应)的微观过程,水表面(界面)反应的动力学过程等等.所有这些复杂问题都直接与涉及水表面(界面)的科学与技术的革新,例如水污染处理、绿色清洁能源等有关.SFVS技术也有其不足.例如,它只可以探测光可以到达的表面(界面),空间分辨率受限于光波的衍射极限,而且实验上测量到的光谱如果没有理论指导就很难解谱.

同步辐射是一种先进的、性能优异的光源,是研究各种材料的电子能带结构以及新奇量子现象的首选实验手段之一.X射线吸收谱学、X射线发射谱、X射线成像等技术是从原子和电子层次上研究水的微观结构(包括表面、界面和体相)的主要技术,是研究常态和极端条件下水的氢键结构及其动力学的有力工具.特别是对于微观尺度水基础科学的研究领域,它在受限水体系、界面成像、纳米材料和纳米生物复合体系的研究中发挥着不可替代的作用.随着同步辐射X射线成像技术的日新月异,高密度分辨、高空间分辨、大视场、大景深的成像方法是人们梦寐以求的目标.波带片成像与光栅相位称度成像方法的结合是目前最有可能实现这一目标的有效方法.波带片可以提供高分辨,光栅成像可以提供大视场、高称度,因而发展基于波带片的光栅相位称度成像是当前的发展趋势.发展软X射线纳米探针CT方法、水窗技术等相关的技术平台都将为水基础科学研究提供具有创新性的方法.

下面几节将对这些方面逐一做比较详细的介绍.

§3.2　高真空表面能谱分析

水在固体表面的实验研究要求环境清洁、无污染.高真空环境能够尽可能减少外来杂质的污染和信号的干扰,能够将实验条件尽可能简单化、理想化,因此最先被采用研究水与表面的相互作用.自20世纪60年代末以来,人们发展了许多传统高真空环境下的表面能谱分析技术,包括光电子能谱(主要有X射线光电子能谱(XPS)和紫外光电子能谱(UPS))、高分辨电子能量损失谱、低能电子衍射、温度脱附谱等.和近来发展起来的扫描隧道显微技术一起,这些手段可以对表面上的水的覆盖度、有序结构、吸附状态、分子和表面的成键性质、水分子在表面上分解的动力学过程等,进行单分子尺度的观察和研究.这些方法的应用对水基础科学研究有重要的价值.

首先可以用低能电子衍射仪(LEED)观察水在表面上的吸附结构.真空环境下水吸附在单晶样品表面上,一束电子入射在表面上,电子与表面上的有序结构发生相干衍射,出射的电子束呈现出衍射斑点.由于入射的低能电子不能穿透表面,仅与二维表面层的原子结构作用,因此衍射斑点呈二维周期分布,斑点之间的距离由表面水吸附结构的晶格决定,衍射斑点也就是二维表面结构的倒格子.使用低能电子衍射仪可能确定水吸附层的结构是否有序,对称性和周期如何.如果把衍射斑点的强度和入射电子动能联系起来,同时对已知原子结构模型的表面用电子散射理论计算出该关系,两者拟合就可以近似确定表面上单原胞内每个原子的位置.

程序式温度脱附谱(TPD)是测量表面分子吸附能和吸附状态的简单有效的手段.它通过程序式方法逐渐加热吸附有分子的表面样品,从而使不同吸附状态的吸附物在不同温度下脱附而被探测到.这样,通过研究脱附产物种类、数量与温度的关系就可以推测最初表面吸附物的情况.比如通过氢键或范德瓦尔斯力在表面弱吸附的分子或有多层吸附的分子会在较低的温度(约 100 K)首先脱附,和表面有较强的直接作用的分子层会在另外一个特征温度下脱附,而在表面上分解或发生化学反应的分子会以反应产物的方式从表面上在更高的特征温度下(约 $400\sim600$ K)脱附.通过脱附谱可以了解分子是否以多层吸附,是否分解,吸附能大概是多少,其产物又是什么.

光电子能谱的工作原理如下:当 X 射线入射源或紫外光源与样品相互作用后,激发出某个能级上的电子,测量这一电子的动能可以得到样品中有关电子结构的信息.在实际分析中,采用费米能级作为零点,测得样品中电子的结合能值,就可判断出被测元素.由于被测元素的电子结合能变化与其周围的化学环境有关,根据所测能量位置,可推测出该元素的化学结合状态和价态.同样的方法也可以用在分析俄歇过程产生的俄歇电子能谱上,一样能判断表面元素的初状态.光电子能谱的早期实验室工作可追溯到 20 世纪 40 年代.到了 60 年代末,出现了商品化的 X 射线光电子能谱仪器.随着真空技术的发展,1972 年有了超高真空的 XPS 仪器.在 XPS 的研发过程中,瑞典 Uppsala 大学的 Siegbahn 教授做出了特殊的贡献,为此他获得了 1981 年的诺贝尔物理学奖.

用光电子能谱法可以区分出 H_2O 和 OH,测量到水在固体表面解离吸附时所产生的 OH 基,这主要是基于 O 1s 电子结合能的不同.Aziz 给出了水和 OH 基中 O 1s 芯电子能级和价带谱的研究结果[1],见图 3.1.

高分辨电子能量损失谱使用低能的单色化电子为入射源,当这一束电子与固体样品的表面或吸附在表面的原子、分子相互作用后,分析出射电子的动能与入射电子的能量差(即能量损失),就是转移到表面振动自由度的能量,其强度与振动模型的态密度和电声耦合强度有关.这样就可以测量表面和表面吸附物的振动谱.研究中所用到的样品必须是单晶有序的表面.该方法的优点是可以探测 OH 基在表面的位形方向,对 H_2O 解离的机理可以进行更深入的研究,有助于了解 H_2O 的吸附和解离过程.

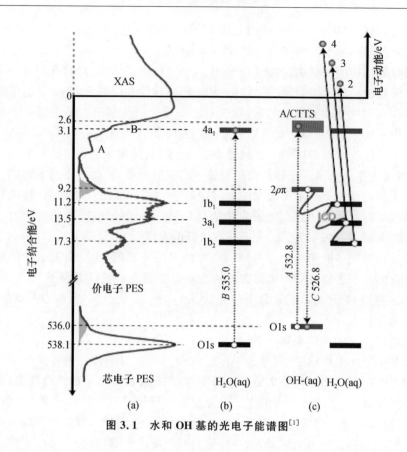

图 3.1　水和 OH 基的光电子能谱图[1]

§3.3　扫描探针技术微观表征

　　1982 年,IBM 公司苏黎世实验室的科学家 Binnig 和 Rohrer 利用量子力学中的电子隧穿效应发明了 STM[2]. 由于 STM 拥有极高的空间分辨率、广泛的适用范围、所得信息的多样性,成为纳米技术发展历史上里程碑式的发明. STM 的基本功能是获得表面的原子分辨的结构图像. 但 20 多年来,STM 技术还在不断发展,应用范围不断扩大,许多基于 STM 的高级技术得以实现,使得 STM 的功能远远超过了简单的原子分辨功能. 例如:STM 的扫描隧道谱(STS)功能的发展使人们能够获得表面局域电子结构和能级的信息;非弹性隧道谱(IETS)可以获得表面分子振动、自旋翻转等激发态信息;自旋极化 STM 可以获得表面磁性结构甚至单个自旋的信息;STM 隧道结发光光谱可以获得表面等离子激元、单分子荧光等信息;结合 STM 对单个原子和分子的操纵,可在表面上构筑各种原子结构并研究其物理化学性质,甚至人工操纵表面的单分子化学反应. 同时,STM 的应用范围已经不限于金属和半导体的表面. 对于绝缘体表面, 通过在导电衬底上生长超薄的绝缘体薄膜, 利用隧穿效应也可以直接用 STM 对其表面进行研究. 这些技术的发展为水科学的基础研究提供了有利条件.

STM 的基本技术已经十分成熟, 并且国际上商业化的仪器也得到了广泛的应用. 例如德国的 Omicron 公司、日本的 JEOL 和 Unisoku 公司、美国的 RHK 公司、德国的 Createc 公司等, 都有商业化的室温、变温, 以及低温强磁场 STM 产品. 这些商业化产品的局限性在于: 首先价格十分昂贵(一套典型的低温强磁场 STM 的价格为五百万人民币左右); 其次商业化的仪器并不能保证实现一些高级技术功能, 如非弹性隧道谱功能. 更重要的是, 最新的功能, 如自旋极化 STM、自旋共振 STM、STM 诱导光谱等, 还处于实验室开发阶段, 国际上并没有商业化的产品.

过去十几年, STM 被广泛应用于界面水的高分辨成像, 可以在单分子层面上直接得到水分子的吸附位形, 结合理论计算可以给出界面水氢键网络的微观结构. 长期以来, 表、界面上氢键位形研究的主流手段是谱学和衍射技术. 这些技术的局限性在于空间分辨较差, 一般都在几百纳米到微米的量级, 而且往往需要周期性结构, 无法对纳米尺度的水分子体系进行表征. 另外, 谱学和衍射手段得到的数据不够直观, 结果的分析和解释通常很困难, 一般需要结合复杂的理论计算开展研究. 扫描隧道显微镜具有单原子(分子)级分辨率, 为实空间直接识别水的氢键网络位形提供了可能性.

然而表、界面水的 STM 研究非常具有挑战性, 主要有两个方面的困难: (1) 水分子是闭壳层分子, 吸附在表面上后, 费米能级附近的电子态信号强度非常微弱, 而且非常容易在成像过程中被 STM 针尖所扰动; (2) 水分子和衬底之间往往存在较强的杂化, 从而破坏了水分子本征的电子结构. 由于这些问题的存在, 以往大部分 STM 的研究都无法对水分子的内部自由度进行高分辨成像, 更不能直接识别氢键构型的拓扑结构和氢键的方向性. 因此, 水分子的高分辨成像对 STM 仪器本身的精度、稳定性和抗振能力要求非常高, 且需要发展新的微弱信号探测技术. 最近, 北京大学量子材料科学中心的江颖课题组及其合作者成功搭建了一台超高分辨的低温扫描隧道显微镜系统, 并基于该 STM 系统发展出了一套独特的轨道成像技术, 首次将水分子的成像精度提高到亚分子量级, 从而将水的氢键相互作用研究推向了单键水平.

一方面, 他们设计和制作了新式紧凑型"Pan-type"扫描探头, 以提高其共振频率和环境抗振能力, 通过优化的屏蔽与滤波技术或者功能化的探针技术来提高 STM 的灵敏度和分辨率, 并利用单原子(分子)追踪技术保证 STM 针尖对单个水分子的自动定位, 消除热漂移对长时间数据采集的影响; 另一方面, 他们在水分子与金属衬底之间插入绝缘体超薄膜来减弱水分子与衬底之间的耦合, 从而使水分子本征的轨道结构得以保留,同时开创性地把 STM 针尖作为顶栅极,通过控制针尖与水分子的耦合,增强水分子的轨道态密度在费米能级附近的分布,既避免了探针和隧道电流对水分子的干扰和破坏,同时又大幅提高了成像的信噪比.这使得他们在 NaCl(001)薄膜表面上获得了单个水分子和水团簇迄今为止最高分辨的轨道图像,实现了对水分子的空间取向和水团簇的氢键方向性的直接识别.高分辨的轨道成像技术不仅可以用于研究表面上水的静态氢键位形,而且可以拓展到氢键动力学的研究,比如质子转移、氢键成键和断键等方面.

针对水在固体表面上的物理化学性质的研究,除了可以使用 STM 对水的吸附位形、动力学过程、分解合成等状态进行原子尺度结构的观察以外,更可以利用基于 STM 的高级技术手段获得更深入的信息,大大深化人们对相关物理问题的理解.非弹性隧道谱(IETS)是具有原子级分辨的研究单分子振动的强有力手段.又特别适合于 H,O 等轻原子的吸附状态研究.如果采用 STM 结合 IETS,就可以分辨出水及其分解物的成分,避免错误.水在固体的表面上经常分解为氢原子和羟基,这两种基团单从原子形貌上并不能辨认出来.但如果使用非弹性隧道谱,就可以针对一个原子或者基团,使用隧道电流激发分子振动,获得其本征振动频率.而类似氢原子和羟基这样的轻元素基团的振动是最具特征和容易辨别的.因而使用非弹性隧道谱就能容易地辨别出其成分,再加上 STM 本身的原子分辨本领,就可以深入解释水在表面上的特定的吸附位,或受外界激发产生的分解和复合过程,为水的催化分解反应提供深入的理解.再例如,如果在 STM 中利用光纤导入,在吸附水的表面上用特定波长及偏振的光脉冲照射,观察水的吸附状态的变化,结合 STM 和 IETS,可以获得对光催化过程更深刻的理解.然而,迄今为止实验上还没有实现对界面水的 STM-IETS 可靠测量,这主要是由于能量分辨率、水分子稳定性和非弹性散射截面三个方面的挑战.

在实际环境中,水常常与氧化物固体表面发生相互作用,甚至被分解.研究水与氧化物表面作用,首先要弄清楚氧化物表面的原子结构和电子结构.氧化物表面对于传统的表面科学是一个比较困难的问题,这是因为大多数氧化物样品是电绝缘体,电子的引入会使样品表面产生荷电效应,荷电的样品表面会使连续入射的电子产生偏转,导致不能正常测量样品的电子信号,进而限制了电子探测在氧化物材料基础研究中的实际应用.扫描隧道显微镜需要导电的样品,而电子能量损失谱和光电子能谱等也需要导电的样品以避免荷电效应.直到近年来,人们采取了如下方法:(1) 使用导电氧化物,例如富氧空位的 TiO_2;(2) 在导电衬底比如金属衬底上,外延生长超薄氧化物薄膜,利用电子的隧穿效应进行导电.在单晶金属基底表面制备有序氧化物薄膜,当薄膜厚度在 3~10 nm 时,它不仅具有氧化物体相的性质,而且电子可以穿透薄膜至金属基底,从而消除了表面荷电.利用这两种方法,一些典型的氧化物衬底表面的原子结构和电子结构得到了细致的研究,例如 TiO_2,Fe_2O_3,MgO,$SrTiO_3$ 等. 从原子尺度上研究水在氧化物表面的吸附和分解直到近年才获得显著的进展. 另一方面,当氧化物薄膜的厚度小于 $2\sim3$ nm 的低维状态时,往往表现出一些新的物理和化学行为,它们在表面化学反应和物理性能上不同于体相结构,有着许多特殊的性质.

AFM 是 Binnig 等人在 1986 年发明的[3]. AFM 具有原子级的分辨率,可在真空、空气或液体中进行观测,而且可以直接对绝缘体表面进行扫描,在水界面表征和应用中有着得天独厚的优势. AFM 研究探针和样品间的相互作用力,力探测的精度可以超过 nN 级,并将之转化为样品表面的几何形貌,分辨率可以达到原子级. AFM 的突出特点是样品无须导电,实验无须真空、低温等特殊环境,可以在室温,空气及水环境中原位、实时地研究材料表面的结构与性能. 由于 AFM 技术的优异性能,已成为凝聚态物理、化学、生物、材料等实验研究中极其有力的工具,开创了一个崭新的局面.

大气环境下覆盖在固体表面的一层纳米尺度厚的水膜,由于固体表面与水分子之间、水分子与水分子之间的特殊作用而拥有了独特的物理、化学性质. 水环境下工作的 AFM 的应用研究涉及基础性的问题. 例如:生物分子之间相互作用、高聚物分子与基底之间的相互作用、生物和化学反应动态过程、环境因子引起的分子变化等等,为大分子及其复合物在近生理状态的高分辨成像、生物过程动态研究、分子间相互作用力精确测量、单分子操纵、蛋白质不吸附材料等方面提供了非常重要的工具.

在空气中,当 AFM 探针与固体表面接触时,将有水在两者之间凝结,形成纳米"水桥". 这种纳米"水桥"可被用来传输黏附在探针上的化学和生物分子到表面,由于 AFM 探针在表面的位置精确可控,可在形成具有特定化学与生物功能的纳米图案. 这种纳米"水桥"还可以被用来通过电化学反应进行表面的纳米改性. 另外,纳米气泡及气层的 AFM 研究验证了纳米尺度的气泡在固液界面的存在,且能实际研究水在固气界面的纳米尺度特性.

对于固体表面存在的界面水的表征将提供纳米水膜或水滴的基本信息,是我们认识水的基本性质的非常重要的方法,但目前缺少一种对界面水无损、无干扰、高分辨的方法. 比如在前面提到的 AFM 探针上加偏压(极化力显微)方法、轻敲模式 AFM 成像方法中,AFM 不可避免地对界面水施加静电力或者机械力. 调频模式 AFM(FM-AFM)可以提供一种对界面水无损、无干扰、高分辨的方法. FM-AFM 工作在非接触模式,悬臂以恒振幅在共振频率处振动,针尖—样品之间的作用力以共振频率的变化的方式被探测到,其悬臂振动振幅小于 1 nm(而轻敲 AFM 的振动振幅约为 100 nm),这样提高了短程力灵敏度,可实现真正的原子分辨率.

另外,FM-AFM 中针尖和样品之间的作用力小,与轻敲 AFM 相比减少了 3 个量级,基本实现无损、无干扰成像,对研究水的纳米特性有重大意义.

SPM 技术在水基础科学研究中有其不可替代的应用,为我们认识"水"这种重要物质提供了崭新的信息.研制高分辨率非接触调频式原子力显微镜系统(noncontact FM-AFM)和具高稳定性、高分辨率、能够实现稳定的非弹性隧道谱(IETS)功能的低温扫描隧道显微镜,并利用它们对水界面等重要微观体系实现纳米或亚纳米级的空间分辨率,可获得高分辨水平水界面成像,为水的在固体表面及界面上的行为这一重要基础科学研究领域提供有力的研究手段.

§3.4　飞秒激光探测

在以固体材料为催化剂的反应中,最重要的物理和化学过程是在分子-固体界面上发生的,包括分子在表面的吸附、扩散,电荷转移,光子激发,化学键断裂和重组,新产物分子的扩散和脱离等.为这一过程建立一个详细的图像,我们面临的挑战是如何同时实现一个催化反应过程中的原子级空间分辨、能量分辨和时间分辨.水在表面上的催化分解是这类反应中的一个模型体系,且在清洁能源研究中具有重大意义.我们需要对反应过程中水分子与催化剂表面实现原子级空间分辨,准确监测反应过程中水分子在催化剂表面的运动.这些原子级空间分辨数据将对理论模拟反应过程提供基本空间坐标.我们同时需要对反应过程中水分子、催化剂及其他分子的电子态实现能量分辨谱分析.通过能量分辨谱分析,我们可以得到相应分子或催化剂中电子的能量分布,对理解催化反应过程有极大的帮助.另外,我们还需要对反应中相应分子激发态等快速过程实现时间分辨.这种时间分辨测量将有助于我们理解催化反应的动力学过程.需要强调的是,只有我们实现对反应过程中同一个水分子的空间分辨、能量分辨和时间分辨,我们才能得到一个真正完美的图像.

为了实现这一目标,目前已经提出了几种方案.一种方案基于扫描近场光学显微镜技术.利用针尖对光场的空间限制和增强效应,突破激光的衍射极限从而获取纳米尺度的空间分辨率,以期同时实现空间分辨和时间分辨.另一种方案基于光耦合扫描隧道显微镜(光耦合 STM)技术.飞秒激光技术的发现和应用,使得探测超快的物理和化学过程,尤其是化学反应过程的中间过渡态成为可能.而 STM 的发明,使得人们可以实现对原子和亚分子尺度的电子密度和原子结构的分辨和成像.结合超快激光的时间分辨和 STM 的原子级空间分辨,实现时间和空间上的极限探测和控制,是当前凝聚态物理和化学的尖端前沿课题.

自 20 世纪 90 年代中开始,光耦合 STM 就成为许多国际上各研究小组的追求目标[4].虽然光耦合 STM 的研制过程中有各种技术难题,但近些年来,有些研究小组已经取得了初步的进展. 美国哥伦比亚大学物理系的 Heinz 研究小组 2004 年首次实现了飞秒激光＋STM 组合系统,通过 STM 功能和飞秒激光的联合利用,用激光诱发 Cu(110) 表面吸附的 CO 分子的扩散[5]. 该仪器首次实现了光耦合 STM 的功能,即飞秒激光和 STM 的联合利用. 但是 STM 在光照时移开,照后复位,只有初始态的探测,而没有对电子和分子激发和扩散的动力学过程直接探测,这个意义上讲并没有实现时间分辨率. 2006 年加州大学 Irvine 分校的 Ho 研究小组在经过多年的努力后,首次实现了可见光和近红外波段 CW 激光与隧穿电子在 STM 中的直接耦合[6]. 其工作原理是将针尖的电子激发到能量较高的激发态(空态),电子在激发态上隧穿到样品分子的空态上,通过对激发态隧穿电流的空间分布的测量而确定分子激发态电子波函数的对称性和空间分布. 这个光耦合 STM 系统成功实现了连续光光子和隧穿电子的耦合. 并对分子的激发态空间分布进行了首次探测. 日本筑波大学的 Shigekawa 研究组于 2010 年通过“光子泵浦＋电子探测”的途径,利用两束激光脉冲先后激发半导体材料产生电子-空穴对,在激光辐照的同时利用 STM 针尖监测隧道电流的大小(平均电流),探测隧道电流随两束激光脉冲之间的时间延迟的变化,首次在纳米尺度得到了半导体材料内部电子-空穴对的皮秒量级的寿命等信息[7]. 把光耦合 STM 应用到水科学问题的基础研究上,人们必将能对表面吸附水分子的电子激发态和催化反应动力学过程实现空间和时间上的定位定时诱导、探测和量子调控.

§3.5　非线性光学技术

光学和频光谱(sum frequency spectrum, SFS)是近二十年来所发展的一种用来研究表面和界面的技术手段[8]. 尤其对于表面研究来说,光学和频光谱具有自身独特的优势. 它能够用来获得表面光谱,特别是干净材料的表面和界面振动谱,以及内嵌界面的振动谱. 而且,光学和频光谱特别适合用来研究水的界面.

图 3.2 简单描述了和频产生的过程. 两束频率为 ω_1 和 ω_2 的入射激光脉冲同时打在样品上,产生一个和频的反射或是投射输出,其频率为 $\omega=\omega_1+\omega_2$. 和频信号可以表示为

$$S(\omega=\omega_1+\omega_2) \propto \left| \hat{e} \cdot \left(\overleftrightarrow{\chi}_S^{(2)} + \frac{\overleftrightarrow{\chi}_B^{(2)}}{\mathrm{i}\Delta k} \right) : \hat{e}_1 \hat{e}_2 \right|^2, \tag{3.1}$$

其中 $\chi_S^{(2)}$ 和 $\chi_B^{(2)}$ 分别代表介质表面和体内的非线性极化率,单位矢量 $\hat{e}_i (i=1,2)$ 描述第 i 束光的极化,Δk 表示波矢差. 作为二阶非线性光学过程,由于体介质中电偶极子分布具有中心反演对称性($\chi_B^{(2)} \approx 0$),和频信号不能产生. 而在表面和界面,电偶极子分布中心反演对称性被破坏,允许和频信号的存在($\chi_S^{(2)} \neq 0$). 简单来说,介

质的表面和体结构有所不同,如果选择特定的输入/输出的极化组合和样品取向,体材料的信号有可能被抑制.因此,这种手段特别适合表面的探测和研究.

介质的 $\chi_{S}^{(2)}$ 和 $\chi_{B}^{(2)}$ 包含了共振和非共振的贡献.对于 ω_1 近振荡跃迁(图 3.2(b)),$\chi_{S}^{(2)}$ 或 $\chi_{B}^{(2)}$ 可以表示为

$$\overset{\leftrightarrow}{\chi}_{S,B}^{(2)} = \left[\overset{\leftrightarrow}{\chi}_{NR}^{(2)} + \sum_q \frac{\overset{\leftrightarrow}{A}_q}{(\omega_1 - \omega_q + i\Gamma_q)}\right]_{S,B}, \tag{3.2}$$

其中,$\chi_{NR}^{(2)}$ 是非共振的贡献,A_q、ω_q、Γ_q 分别代表了第 q 个振动模式的张量大小、共振频率和衰减常数.从方程式(3.1)和(3.2)可知,如果以 ω_1 扫过所有的振荡跃迁,那么相应地 SFG 的共振增强将产生一个振动谱.因此,表面振动谱就直接对应于材料的表面结构.

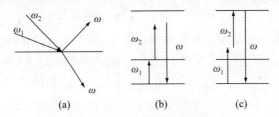

图 3.2　和频产生的过程图
相应的能量图分别对应于光与振动跃迁和电子跃迁的共振

同样,用 ω 或是 ω_2 来扫描电子跃迁,我们可以获得电子谱信息.也就是说,如果 ω_1 和 ω_2 是可调的,我们能够同时得到振荡跃迁和电子跃迁的共振.这个双共振的 SFS 过程能够给出一个二维的振动谱、电子谱的信息,更为灵敏和选择性地探测分子的种类和结构,并减小所选择的振动模式间的耦合[9].举一个例子来说,用不同的输入/输出极化组合就能得到表面振动谱,并提供分子层面的信息,包括分子的组成成分和界面的结构等.

除此之外,SFS 能够探测半原子层.它作为一种相干激光光谱技术,拥有很多优势,如高光谱分辨率、高空间分辨率、高瞬时分辨率等.同时,它能高度定向输出,允许在有害环境的下远程原位检测样品.它适用于所有能透过光的界面,因此,它有广泛而重要的应用价值,如能被运用到液体界面的研究中.

我们简单介绍一下典型的和频光谱实验原理图[8],一个皮秒 Nd:YAG 激光泵打在样品上,产生两个光学系统,每个系统都有 420 nm 到 8 μm 的调节区间,但调节范围能从 210 nm 扩展到 16 μm.调节一个或两个入射光束,我们可以得到单、双共振 SFG 谱.如图 3.3 所示,出射的光经过滤波器后通过一个光电检测系统(PMT),我们可以收集到和频信号.我们还可以运用可调光学参数的飞秒激光来获得具有高度时间分辨的和频光谱.

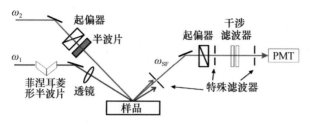

图 3.3　和频光谱测量的示意图

　　虽然和频光谱的方法被广泛用来研究水和其他物质的界面,但目前该方法仍有一些限制.比如:(1)它不能用来研究光达不到的地方;(2)如果材料有光吸收,那必须使用较弱的激光光强以避免材料被激光损坏,这种情况下和频信号有可能太弱而测不到;(3)目前可调红外光部分的波长最高到 16 μm,产生更长的红外光非常昂贵;(4)目前 SFS 探测灵敏度约为几分之一个单层,界面上更小浓度的离子或分子探测不出;(5)空间分辨率决定于光波的空间分辨率,比较低;(6)谱的理解和理论模型比较繁琐,特别是对于复杂界面.

　　这些缺点中有一些可以通过和其他探测技术,比如 X 射线吸收,STM 或 AFM 配合使用而得到解决.SFS 本身也有进一步发展的空间,比如发展双共振技术(即使用可调红外和可见光分别激发振动和电子能级),或者使用时间分辨的飞秒激光技术.

§3.6　同步辐射和中子散射

　　中子源是对原子核敏感的探测手段,尤其是对轻元素非常敏感,而同步辐射 X 射线对电子结构敏感,二者是一个很好的协调补充.将中子散射和衍射技术有机地与同步辐射 X 射线技术结合起来,将会对水科学研究工作的发展起到巨大的促进作用.

　　水一直被认为是一种由氢键连接的具有随机和无序的网状分子形态,其氢键振动涨落很快,氢键断裂并重新形成的过程大概在飞秒到皮秒量级.水及其与凝聚态物质间的氢键相互作用导致了它们在常态和极端条件下的独特的原子和电子结构,从而表现出不同的性能(如温度低于 277 K 时密度迅速减小,生物细胞中的水溶剂通道等).因而水科学的核心问题就是氢键的微观结构.解决这一基本问题,有助于推动对许多物理、化学和生物过程的理解.

　　从 2004 年起,利用同步辐射谱学技术研究水的氢键结构受到普遍的重视,同时也引起了一些争议.如 Wernet 等人利用 XAS 和 XRS 方法发现,液态水中大多数水分子含有两个氢键并形成环状或链状网,而在冰中则是 4 个氢键的四面体结构网[10].紧接着,Smith 等人测量了变温(−22℃~15℃) XAS 谱,发现水的吸收谱特征有很强的温度依赖性,认为体相的水以四面体形式存在,含四个氢键[11].两个研究组的观点是相互冲突的.此后,多个研究组从时间分辨的角度对水的结构进行了研究,进一步探讨和验证水的氢键模型.但基本上后续的研究还都是支持传统的四配位的理论.例如 Hermann 等人依然认为传统的四配位结构是合理的[12].Odelius 等人利用 X 射线发射谱(XES)监测芯态衰退过程,获取水和重水中 O 的 1s 电子在飞秒尺度内的寿命等信息,从动力学角度尝试建立新的氢键模型[13].Fuchs 等人利用高分辨 XAS 和 XES 谱观察到液态水展现出很强的同位素效应,研究了氢键位形及 O 的 1s 芯态电子的超快衰减时间尺度[14].除变温实验外,Fukui 等人比较了水中 O-K 边 XRS 在不同压强下的变化,发现氢键数量随着压强的变化呈现出先增加后减少的趋势,有助于理解氢键在极端条件下的变化性质[15].

能够对水界面进行三维成像是非常有前景的.目前对于水科学的研究方法主要基于物理、化学方法,侧重于对其化学成分和功能的研究.这些方法的不足之处在于不能形象地给出水在各种形态下的真实三维结构图像.物质的结构对于物质的性能具有重要的影响,因此对于物质结构的研究是近年来兴起的热点.结构的研究对于物质性能的了解及物质的合成都具有重要的意义.X 射线 CT 技术为我们无损地获得水在各种形态下的三维结构提供了可能.传统的 X 射线成像技术主要基于吸收衬度和几何光学近似.吸收衬度来源于样品结构和成分对 X 射线吸收系数的差异.但是对于 C,H,O 等轻元素物质,他们对 X 射线的吸收比较小,因此难于获得清晰的图像.随着同步辐射光源的应用,X 射线相位衬度成像技术、水窗技术、中子成像技术得到了快速的发展,使得无损地获得水在各种形态下的三维结构成为可能.

由于 X 射线相衬成像技术主要用于增强具有不同的折射系数或厚度梯度较大材料的边界和界面信息,因此这种独特的能力特别适用于研究水气和水固界面.目前国际上已经开展了大量的相关研究,如 Scheel 等人利用 X 射线成像技术研究水与沙粒界面的形貌和水的表面张力[16],Wang 等人利用超快 X 射线相位成像技术研究水的融合过程和浓稠液体喷射动力学过程[17],Fezzaa 等人利用超快 X 射线相衬成像技术研究两滴水的界面融合过程[18],Weon 等人利用 X 射线成像技术研究水与空气界面的张力与 X 射线辐照时间的关系[19],以及生物大分子中水的存在形态和水污染中的微量元素的分布等,这些都为同步辐射 X 射线成像在水生命科学中的研究和应用奠定了基础.目前 X 射线纳米显微镜的分辨率已经优于 30 nm,可对纳米气泡在水溶液中的三维形态分布及动力学过程进行观察,有效地观察其演变过程.这是一个全新的领域,很多有价值的探索需要迫切发展同步辐射新技术和新方法.

随着同步辐射实验条件的改善,时间分辨 XAS 已经能够很好地得到应用,使研究整个催化过程中的动态变化成为可能.例如,Kleifeld 等人利用时间分辨 XAS

观察水分子与 Zn 离子的距离的变化来反映活性中心的构象变化,同时结合量子化学计算,揭示了水对细菌醇脱氢蛋白酶催化的关键作用[20].

中子散射是探测水溶液原子结构的有效方法之一. 实验获得的散射数据能够通过傅里叶变换与分布函数 $g(r)$ 关联起来,通过分布函数能够得到原子间距、配位数等结构信息. 中子技术的优点在于它是与原子核发生相互作用,即使是同位素也能够从实验数据上分辨出来. 对于水科学研究,中子源技术也开展了很多的研究工作[21,22]. 同步辐射和中子源技术是从原子和电子层次研究常态和极端条件下水的氢键结构及其动力学的有力工具. 近年来随着中子源与相位称度成像相结合而发展起来的中子成像技术,高密度材料内部气孔、液滴的分布对于材料相关性能的研究更是提供了有力的支持.

利用同步辐射 X 射线谱学及中子衍射和散射等技术,能够在原子和电子水平上研究常规、受限和极端(高温、高压、低温、电场和磁场)等条件下水的微观结构,尤其是氢键网络,以及纳米尺度上水的基本性质. 利用高空间分辨、高时间分辨、高能谱分辨相结合的同步辐射实验技术,结合中子衍射,是研究光催化表面电子激发态的结构和动力学以及表面光催化制氢过程的机理、表面电子激发态的结构以及动力学、表面缺陷对表面光化学的影响、表面原子分子迁移动力学、光催化制氢动力学研究的重要手段.

参 考 文 献

[1] E. F. Aziz, N. Ottosson, M. Faubel, I. V. Hertel, and B. Winter. *Interaction between liquid water and hydroxide revealed by core-hole de-excitation*. Nature **455**, 89 (2008).

[2] G. Binnig, H. Rohrer, C. Gerber, and E. Weibel. *Tunneling through a controllable vacuum gap*. Appl. Phys. Lett. **40**, 178 (1982).

[3] G. Binnig, C. F. Quate, and C. Gerber. *Atomic force microscopy*. Phys. Rev. Lett. **56**, 930 (1986).

[4] S. Grafstrom. *Photoassisted scanning tunneling microscopy*. J. Appl. Phys. **91**, 1717 (2002).

[5] L. Bartels, F. Wang, D. Moller, E. Knoesel, and T. F. Heinz. *Real-space observation of molecular motion induced by femtosecond laser pulses*. Science **305**, 648 (2004).

[6] S. W. Wu, N. Ogawa, and W. Ho. *Atomic-scale coupling of photons to single-molecule junctions*. Science **312**, 1362 (2006).

[7] Y. Terada, S. Yoshida, O. Takeuchi, and H. Shigekawa. *Real-space imaging of transient carrier dynamics by nanoscale pump-probe microscopy*. Nature Photonics **4**, 869 (2010).

[8] Y. R. Shen, in *Frontier in laser spectroscopy*. Eds. T. W. Hansch and M. Inguscio. North Holland, Amsterdam, 1994.

[9] M. A. Belkin and Y. R. Shen, *Doubly resonant IR-UV sum-frequency vibrational spec-*

troscopy on molecular chirality. Phys. Rev. Lett. **91**, 213907(2003).

[10] Ph. Wernet, D. Nordlund, U. Bergmann, M. Cavalleri, M. Odelius, H. Ogasawara, L. A. Nalund, T. K. Hirsch, L. Ojamae, P. Glatzel, L. G. M. Pettersson, and A. Nilsson. *The structure of the first coordination shell in liquid water*. Science **304**, 995 (2004).

[11] J. D. Smith, C. D. Cappa, K. R. Wilson, B. M. Messer, R. C. Cohen, and R. J. Saykally. *Energetics of hydrogen bond network rearrangements in liquid water*. Science **306**, 851 (2004).

[12] A. Hermann, W. G. Schmidt, and P. Schwerdtfeger. *Resolving the optical spectrum of water: Coordination and electrostatic effects*. Phys. Rev. Lett. **100**, 207403 (2008).

[13] M. Odelius, H. Ogasawara, D. Nordlund, O. Fuchs, L. Weinhardt, F. Maier, E. Umbach, C. Heske, Y. Zubavichus, M. Grunze, J. D. Denlinger, L. G. M. Pettersson, and A. Nilsson. *Ultrafast core-hole-induced dynamics in water probed by X-ray emission spectroscopy*. Phys. Rev. Lett. **94**, 227401 (2005).

[14] O. Fuchs, M. Zharnikov, L. Weinhardt, M. Blum, M. Weigand, Y. Zubavichus, M. Bär, F. Maier, J. D. Denlinger, C. Heske, M. Grunze, and E. Umbach. *Isotope and temperature effects in liquid water probed by X-ray absorption and resonant X-ray emission spectroscopy*. Phys. Rev. Lett. **100**, 027801 (2008).

[15] H. Fukui, S. Huotari, D. Andrault, and T. Kawamoto. *Oxygen K-edge fine structures of water by X-ray Raman scattering spectroscopy under pressure conditions*. J. Chem. Phys. **127**, 134502 (2007).

[16] M. Scheel, R. Seemann, M. Brinkmann, M. Di Michiel, A. Sheppard, B. Breidenbach, and S. Herminghaus. *Morphological clues to wet granular pile stability*. Nature Material **7**, 189 (2008).

[17] Y. J. Wang, X. Liu, K. S. Im, W. K. Lee, J. Wang, K. Fezzaa, D. L. S. Hung, and J. R. Winkelman. *Ultrafast X-ray study of dense-liquid-jet flow dynamics using structure-tracking velocimetry*. Nature Physics **4**, 305 (2008).

[18] K. Fezzaa and Y. J. Wang. *Ultrafast X-ray phase-contrast imaging of the initial coalescence phase of two water droplets*. Phys. Rev. Lett. **100**, 104501 (2008).

[19] B. M. Weon, J. H. Je, Y. Hwu, and G. Margaritondo. *Decreased surface tension of water by hard-X-ray irradiation*. Phys. Rev. Lett. **100**, 217403 (2008).

[20] O. Kleifeld, A. Frenkel, J. M. L. Martin, and I. Sagi. *Active site electronic structure and dynamics during metalloenzyme catalysis*. Nat. Struc. Bio. **10**, 98 (2003).

[21] Th. Strässle, A. M. Saitta, Y. Le Godec, G. Hamel, S. Klotz, J. S. Loveday, and R. J. Nelmes. *Structure of dense liquid water by neutron scattering to 6.5 GPa and 670 K*. Phys. Rev. Lett. **96**, 067801 (2006).

[22] A. K. Soper. *Joint structure refinement of X-ray and neutron diffraction data on disordered materials: Application to liquid water*. J. Phys.: Condens. Matter **19**, 335206 (2007).

第 4 章　水分子、小团簇和体态水

§4.1　自由水分子和二聚体水分子的第一性原理计算

我们首先对自由的单个水分子 H_2O 和水的二聚体水分子 $(H_2O)_2$ 进行第一性原理计算,并把结果与实验相比较,以此来检验这种方法处理与水有关的问题时的可靠性和精确性.

4.1.1　密度泛函理论的魔力:准确预言水分子的结构

人们早就知道水是由氢(H)和氧(O)两种元素组成的,它们在水中的配比为 2:1,化学式应为 H_2O. 但是水分子具有什么样的原子结构,OH 键长、键角各是多少? 例如,它是和 CO_2 一样具有直线形结构还是有特定的键角呢? 现在通过对三个原子结合的电子轨道进行计算,即进行第一性原理计算,就可以容易地解决这个问题.

我们采用密度泛函理论来进行第一性原理计算. 对 O 取其六个价电子 $(2s^2 2p^4)$,两个 H 各有一个电子. 原子核对电子的作用以 Vanderbilt 超软赝势[1] (USPP)来代替. 采用 PW91 的交换关联形式[2]和平面波展开的办法求解这个三原子体系的 Kohn-Sham 方程[3]. 平面波的能量截断取为 300eV. 结构优化的过程使用 VASP (Vienna ab initio Simulation Package)软件[4-6]. 计算中采用了边长为 10 Å 周期性原胞. 布里渊区里取单个 Γ 点来代替.

如图 4.1 所示,水分子初始位形取为近乎直线型,HOH 夹角为 $175°$, OH 的距离为 1.0 Å. 采用共轭梯度(conjugate gradient,CG)搜索算法[7]进行结构优化直到三个原子的受力为零($<0.01 eV/Å$). 我们惊奇地看到经过 38 个离子步之后·得到稳定的 V 字形水分子结构:OH 键长为 0.972 Å,夹角为 $104.53°$. 这和实验测定值(OH$=0.957$ Å, HOH$=104.52°$)[8]十分一致,尽管初始位形偏离该值很远. 这充分显示了用密度泛函理论进行电子轨道计算的魔术般的威力.

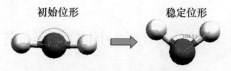

初始位形　　　　　　稳定位形

图 4.1　计算水分子的稳定位形

图 4.2 显示了计算得到的水分子的电子态密度,各轨道能量间隙与光电子谱实验结果[9]相差很小($<0.1\,eV$). 表 4.1 列出了对自由水分子的计算结果. 用更高的能量截断($400\,eV$)和用 LDA 计算的水分子结构变化不大. 用 FLAPW(full-potential augmented plane waves) 方法[10]检验,得到的键长键角分别是 $0.972\,Å$ 和 $104.40°$,与赝势结果一致.

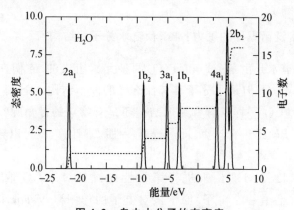

图 4.2　自由水分子的态密度

表 4.1　自由水分子的结构的计算结果

	LDA($OH, \angle HOH$)	GGA($OH, \angle HOH$)
$E_{cut}=300\,eV$	($0.973\,Å, 105.69°$)	($0.972\,Å, 104.53°$)
$E_{cut}=400\,eV$	($0.975\,Å, 105.66°$)	($0.973\,Å, 104.62°$)

4.1.2　水的二聚体分子结构

同样地,我们对$(H_2O)_2$进行第一性原理计算. 计算发现两个水分子保持 C_s 的对称性、中间用一个氢键连接起来的位形最为稳定(见图 4.3).

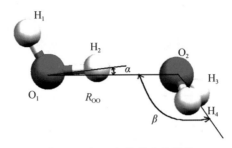

图 4.3　(H₂O)₂ 的最稳定结构

　　首先我们检验一下从头计算对能量截断和原胞大小的收敛性. 如图 4.4 所示，横轴分别是能量截断和原胞边长，纵轴为 $(H_2O)_2$ 的结合能，即单个氢键的能量，分别使用了超软赝势和投影缀饰平面波（projector augmented waves，PAW）赝势[11]. 我们看到对超软赝势，300 eV 的截断已经使结合能收敛，而对 PAW 则要增加到 500 eV，与通常的趋势一致. 原胞大小为 12 Å 时结合能对两者都收敛.

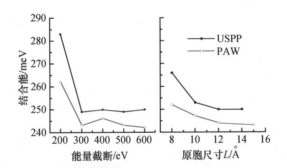

图 4.4　(H₂O)₂ 的结合能对能量截断和原胞大小（L 为立方原胞的边长）的收敛性

　　选取能量截断为 400 eV，原胞大小为 12 Å，用超软赝势和 PW91 的交换关联. 图 4.4 展示了 $(H_2O)_2$ 对结构参数 R_{OO}, α, β 在能量最小值附近的势能面（potential energy surface，PES）. 他们分别代表 OO 距离 (R_{OO})、氢键角 (α)、质子受主平面与 OO 连线的夹角 (β)，如图 4.5 所示. 从图 4.5 看出，相对能量对 R_{OO} 成 Lennard-Jones 势的形式，对 α, β 虽有起伏，但在能量最低点附近的小范围内为抛物曲线的形式.

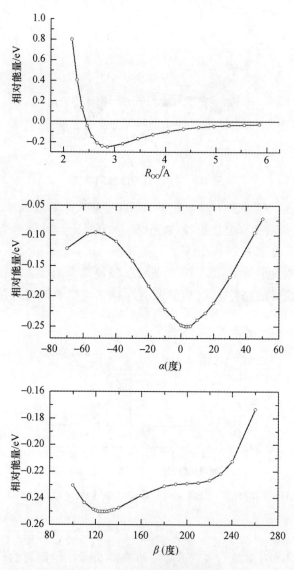

图 4.5　$(H_2O)_2$ 的势能面(PES)

我们得到的最稳定的 $(H_2O)_2$ 结构的参数为 $R_{OO}=2.856\,\text{Å}$，$\alpha=2.79°$，$\beta=126.35°$，与实验[12]相符很好. 表 4.2 列出了这些参数与实验数据的对比,同时还列出了 PAW($+$PW91),(USPP$+$)LDA,MP2[13],和模型计算(TIP3P,CT-PC)以及 15 K 下分子动力学(MD)模拟 2 ps 的平均的结果.

表 4.2　(H$_2$O)$_2$ 分子结构的计算结果

	USPP	PAW	LDA	TIP3P	CT-PC	MD	MP2[a]	Expt.[b]
$d_{O_1H_1}$/Å	0.972	0.970	0.974	0.9572*	0.9572*	0.971	—	—
$d_{O_1H_2}$/Å	0.985	0.983	0.993	0.9572*	0.9572*	0.981	—	—
$\angle H_1O_1H_2$(°)	104.98	104.80	106.10	104.52*	104.52*	105.03	—	—
$d_{O_2H_{3,4}}$/Å	0.974	0.972	0.976	0.9572*	0.9572*	0.972	—	—
$\angle H_3O_2H_4$(°)	105.53	105.26	106.42	104.52*	104.52*	105.26	—	—
R_{OO}/Å	2.856	2.869	2.708	2.745	2.976	2.935	2.949(6)	2.976(0−0.03)
α(°)	2.79	3.08	3.33	−3.93	2.02	4.80	5.3(2)	−1±6
β(°)	126.53	124.30	125.67	158.47	130.01	127.0	124.8(2)	123±6
E_{form}/meV	250	243	400	282	222	242	207	236

*模型参数. [a] 文献[13]. [b] 文献[12].

USPP 计算和 PAW 得到近乎相同的稳态结构,氢键能量也大致相同(USPP: 250 meV,PAW:243 meV),都与实验值相符(236 meV).虽然 PAW 要比 USPP 稍准,但是 PAW 要求更高的能量截断和更大的原胞,计算量较大.LDA 的结果中 R_{OO} 太小,而结合能高达 400 meV,因而很不可靠.这表明 GGA 在处理氢键系统时是十分必要的.因此,我们得出结论:用 USPP+PW91 来处理水和氢键是十分准确和有效的方法.

4.1.3　水分子、二聚体水分子的振动谱

我们还对自由的 H$_2$O 和 (H$_2$O)$_2$ 分别做了分子动力学模拟.时间步长取为 0.5 fs,能量截断为 300 eV,在 12 Å×12 Å×12 Å 的正方体原胞中模拟,k 点取单 Γ 点,用超软赝势和 PW91 的交换关联能.一般在 15 K 的温度下平衡 0.5 个 ps,然后用微正则系综模拟 2 ps.分子动力学模拟中 4000 个 (H$_2$O)$_2$ 位形的平均结构数据也列在表 4.3 中,它比静态计算的结构更为接近于实验值.这是因为实验中的数据即是对时间平均的结果.

利用时间通道里的模拟数据计算速度自关联函数,做傅里叶变换即得到分子的振动谱.对于单个自由水分子,得到三个频率为 1595 cm^{-1},3727 cm^{-1},3858 cm^{-1},分别对应 HOH 剪切运动、对称的 OH 伸缩振动和不对称的 OH 伸缩振动三个模式.这与实验数据 1595 cm^{-1},3657 cm^{-1},3756 cm^{-1} 一致[14].用 CPMD 软件[15](USPP+PBE,能量截断 408 eV)中力常数的方法检验,结果为 1588 cm^{-1},3739 cm^{-1},3841 cm^{-1},与 VASP 给出的结果基本一样.

图 4.6 展示了 (H$_2$O)$_2$ 的振动谱.表 4.3 列出了详细的数据.ν_1,ν_2,ν_3 分别是质子受主(A)和质子施主(D)的三种分子内振动模.ν_7,ν_8,ν_9 表示两分子间的运动:形成氢键的 H 垂直于施主 HOH 平面(ν_7)和在 HOH 平面内(ν_8)的运动,以及 OO

伸缩运动(ν_9). ν_{10}, ν_{11}, ν_{12}是两分子的转动和滚动模式. 施主分子的 OH 伸缩振动频率发生红移, 表明了氢键的影响. 相比于其他理论方法, 我们得到的结果更接近于实验值, 特别是低频的转动部分. 这充分说明了我们的处理氢键系统的方法的可靠性.

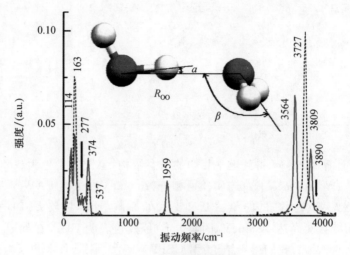

图 4.6　(H_2O)₂ 的振动谱

实线、虚线分别代表质子施主和质子受主分子的振动谱

表 4.3　(H_2O)₂ 分子的振动频率

频率	BOMD[a]	VWN[b]	MP2[c]	VASP	Expt. [d]
ν_1 (A)	3750	3686	3745	3727	3626
ν_2 (A)	1565	1563	1693	1595	1600
ν_3 (A)	3860	3786	3882	3890	3714
ν_1 (D)	3580	3394	3358	3564	3548
ν_2 (D)	1590	1574	1720	1595	1618
ν_3 (D)	3825	3744	3860	3809	3698
ν_7 (Hb)	710	785	715	537	520[e]
ν_8 (Hb)	410	464	398	374	320[e]
ν_9 (OO)	225	271	220	277	243[e]
ν_{10}	150	174	193	163	
ν_{11}	150	163	178	163	155[e]
ν_{12}	150	151	155	114	

[a] 文献[16]. [b] 文献[17]. [c] 文献[18]. [d] 文献[19]. [e] 文献[20].

§4.2　从水二聚体到水-水相互作用模型势

第一性原理计算虽然准确,但要耗费相当大的计算量. 由于计算机硬件的限制,通常第一性原理模拟的系统大小和模拟时间都要比经典模拟小(少)1～3 个量级. 为了模拟更大的系统和在更长的时间内的行为,文献中也常常采用经典模型的方法研究水. 常用的模型有最简单的点电荷模型和可极化的模型两大类,每一类又有数种常用的类型. 不过所有的这些模型首先都建立在最简单的水-水相互作用情形:水的二聚体分子的基础上.

水与水的二体相互作用就是通过两个分子间的氢键来实现的. 分析表明,氢键主要来源于静电作用[21]. 简单的水-水相互作用模型就是在水分子刚性结构上适当分配一定大小的点电荷,用它们之间的库仑势能与 OO 间 Lennard-Jones 相互作用一起来描述氢键:

$$E = \sum_i^m \sum_j^n \frac{q_i q_j}{r_{i,j}} + \frac{A}{r_{OO}^{12}} - \frac{C}{r_{OO}^6}. \tag{4.1}$$

最常用的点电荷模型[22]有 SPC/E,TIP3P,TIP4P 等,它们的模型参数如表 4.4 所示. 其中质点和电荷分布见图 4.7 中的例子.

表 4.4　水的简单模型的参数

	SPC	SPC/E	TIP3P	BF	TIP4P	ST2	CT-PC
$r_{OH}/\text{Å}$	1.0	1.0	0.9572	0.96	0.9572	1.0	0.9572
$\angle \text{HOH}$ (°)	109.47	109.47	104.52	105.7	104.52	109.47	104.52
$A/(10^{-3}\text{kcal Å}^{12}/\text{mol})$	629.4	629.4	582.0	560.4	600.0	238.7	2307.0
$C/(\text{kcal Å}^6/\text{mol})$	625.5	625.5	595.0	837.0	610.0	268.9	4760.0
q_O	−0.82	−0.8472	−0.834	0.0	0.0	0.0	−0.66
q_H	0.41	0.4238	0.417	0.49	0.52	0.2375	0.33
q_M	0.0	0.0	0.0	−0.98	−1.04	−0.2375	0.0
$r_{OM}/\text{Å}$	0.0	0.0	0.0	0.15	0.15	0.8	0.0
δq	0.0	0.0	0.0	0.0	0.0	0.0	0.045

M 是在水分子角平分线上的虚拟点. 对于 ST2 模型,M 代表着两个孤对电子的中心. 参见文献[22].

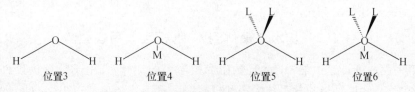

图 4.7 水经典模型中相互作用位点分布

建立在二体相互作用上的水的简单模型是为了模拟液态水的性质而设计的,其参数的选择应该以能重现体态水的实验数据,如对关联函数、扩散系数为标准,或者以能重现近来的高精度第一性原理计算的结果为标准.人们发现这些模型虽然简单,但基本上能较好地描述体态水.采纳 TIP3P 模型,我们用 AMBER 软件[23,24]对冰进行模拟,取 384 个水分子在 22.6 Å×22.6 Å×22.6 Å 的正方体原胞中模拟 10 ps(时间步长 1 fs),得到的六角排列的 Ice Ih 结构与实验相符.

但奇怪的是,这些简单的水-水作用模型处理水分子的小团簇结构不够准确.表 4.2 中也列出了我们用 TIP3P 模型得到的($H_2O)_2$的结构与作用能,它们与实验值相差很远.这一状况出现的原因在于,为了体现水的体态性质,这些模型过于强调体态中一个水分子的平均性质,而在团簇和空间受限的水体系中,水分子的性质是不均匀的,不同于体态平均的结果.

§4.3 一种新的水-水二体相互作用模型

我们提出了一种新的水-水相互作用简单模型,它适用于处理氢键不饱和的水分子体系,如小团簇,一维的水链,表面、界面处的水等.对于水二聚体小分子,可以给出与实验和第一性原理计算十分一致的结构,大大改善了 TIP3P 等模型的结果.

这一模型基本的考虑是加入氢键造成的电荷转移效应.分析表明,氢键除了主要来源于静电作用外,还有一小部分来自于电荷转移[21].大概有 90% 的电荷转移是从质子受主到质子施主(见图 4.8).为了包含电荷转移的影响,我们的做法非常简单:在 TIP3P 模型的基础上,将提供氢键的 H 和接受氢键的 O 上的电荷重新分配,以使 H 得到更多一点的电荷,即转移的电子 δq.结构参数 R_{OO}, α, β 对 δq 的依赖关系见图 4.9.详细的试验表明参数 $\delta q=0.047e$ 最为合理.我们把这个模型叫做电荷转移点电荷模型(charge transfer-point charge interaction model, CT-PC).其参数见表 4.4.它所预言的($H_2O)_2$的结构($R_{OO}=2.954$ Å, $\alpha=4.4°$, $\beta=116.5°$)和能量(228 meV)列在表 4.2 中.比起 TIP3P 模型,这个模型的结果与实验和第一性原理计算惊人地一致.而且,这个模型得到的($H_2O)_2$二极矩为 2.72 D,与实验值 2.60 D[25]符合较好,而不像 TIP3P 模型(3.85 D)那样相差很大.

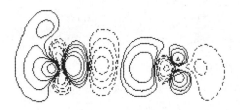

图 4.8　$(H_2O)_2$ 的电荷转移

实线对应于得电子区，虚线对应于失电子区

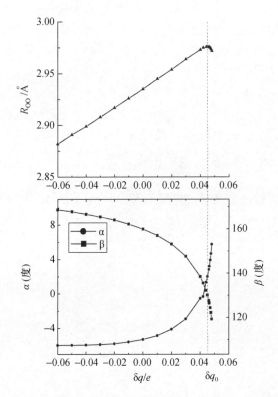

图 4.9　CT-PC 模型中 $(H_2O)_2$ 的结构参数对电荷转移的依赖关系

$\delta q_0 = 0.047e$ 为最佳参数

§4.4　水团簇结构的实验测量

　　本节讨论更多的水分子聚在一起形成的水的团簇结构. 气态水团簇的原子结构可以通过振动-转动隧穿光谱(vibration-rotation tunneling spectroscopy，VRT谱)测出. 测量的原理是使用超声膨胀制备各种的纯水分子团簇混合物，测量其对远红外激光束($50\sim100\ \mathrm{cm^{-1}}$)的吸收，在某一特定频率附近出现正负对称等间距不同强度的吸收谱线，对应于某一特定水团簇的特定结构的量子振动和转动所导致的光吸收. 通过理论拟合并与模型预言的水团簇结构相比较，可以得到水团簇的结构、电极矩、结构转化、作用强度、作用势能面等关键信息. 这对于理解水的氢键作用、发展水模型、研究大气物理现象有着关键作用.

　　使用该方法，Muenter 和 Saykally 等人测量了水多聚体的分子结构. 在众所周知的单个水分子结构的基础上，Muenter 等首先确定了水二聚体的结构[12]，如图 4.10 所示. 测量得到的水二分子结构呈镜面对称，一个水分子完全处于该镜面内，提供一个质子与另外一个水分子的氧相连，形成氢键，因此二者分别称为氢键施主和受主. 氢键受主的中轴线处在平面内，其两质子关于该平面对称分布. 测量得到水二聚体的结构参数为：OO 键长 $R_{\mathrm{OO}}=2.976$ Å，施主中心线与OO 连线夹角 $\theta_{\mathrm{d}}=51°$；受主中心线与 OO 连线夹角 $\theta_{\mathrm{a}}=57°$. 一般认为，氢键是线性的，即氢键与共价键的夹角 X—H⋯Y 的夹角为 $180°$. 但在水二聚体中该氢键角不是严格的 $180°$，其中施主 OH 键偏离 OO 连线 $-1°\pm6°$(即 $\theta_{\mathrm{d}}-(104.5/2)°$).

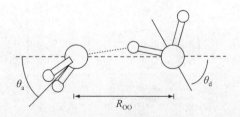

图 4.10　水二聚体的结构

　　Saykally 等用 VRT 谱确定的水三聚体的结构[26]，如图 4.11 所示. 水三分子团簇呈环形结构，每个水分子都提供并接受一个氢键. 平均 OO 键长为2.97 Å，2.97 Å，2.94 Å. OO 键长的区别来自于垂直方向上 OH 的分布：三个水分子各有一个未成氢键的 OH，其中有两个垂直纸面指向上方，有一个指向下方. 由于对称性的区别，都有 OH 指向上方的水分子间氢键较短，而各有一 OH 指向不同方向的两水分子间氢键较长,形成图 4.11 中的结构.在实验中,存在两种等价的结构,即两个 OH 指向上方或两个 OH 指向下方这两种结构.它们之间能随意转化,只需其中一个水分子未成氢键的 OH 旋转 180° 即可.实验中可轻易观察到这种转换[26].

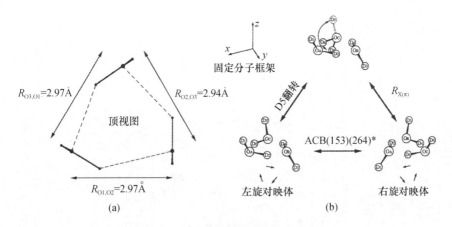

图 4.11　水三聚体的结构及相互转化
(a) 水三聚体的结构；(b) 水三聚体两种结构间的转化

用 VRT 谱测量到的气态水四聚体和五聚体结构也是环状结构[27,28].与三聚体结构类似,每个水分子提供一个氢键、并接受一个氢键,形成一个氢键环.整个团簇的氢键数目分别是四个和五个.水四聚体中,有两个自由 OH 朝上、另两个朝下,OH 朝上、朝下指向的水分子间歇排列,这种结构最稳定,整个团簇的电二极矩为零.在五聚体中,朝上和朝下指向的自由 OH 数目不等,与三聚体类似,他们处于分别有三个自由 OH 朝上或朝下指向的动态平衡之中.五聚体中平均 OO 键长为 2.862 Å.见图 4.12.

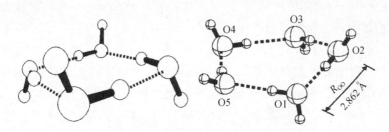

图 4.12　水的四聚体和五聚体结构

六个水分子组成的团簇的情况有所不同.气态的水六聚体团簇有多种结构,除了形成类似于三至五聚体的环状结构之外,它还可以形成多种三维立体结构[25].

最稳定的水六聚体结构见图 4.13,其中笼状的三维结构因形成了较多的氢键(8个)而呈现出最高的稳定性,三棱镜状的六聚体团簇虽然包含有 9 个氢键,但因其结构相对于理想氢键位形有很大的畸变,这些氢键的强度较小,因而稳定性稍差于笼状结构.

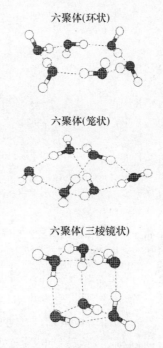

六聚体(环状)

六聚体(笼状)

六聚体(三棱镜状)

图 4.13 三种不同的二聚体结构

比较这些水的小团簇,从二聚体到六聚体,结构上从形成氢键的链状或环状结构过渡到立体的三维结构.多余六个水分子的较大团簇均形成三维氢键网络,这表明水从团簇慢慢过渡到体相结构.随着整体的和每个水分子平均的氢键数目的增多,氢键的结构特征和强度也发生改变.比如 R_{OO} 间距随着 $(D_2O)_n$ 团簇中水分子个数 n 的增加而逐渐变小,从 2.98 Å 到 2.75 Å(见图 4.14),表明氢键强度逐渐增强.这是由于随着氢键数目增多,水被更强地极化,从而形成了更强氢键的缘故.计算得到的不同团簇中单个水分子的电二极矩随团簇尺寸变化的情况也见图 4.14.从图中看出,水的二极矩从孤立分子的 1.85 D 增加到了八聚体中的 2.7 D.

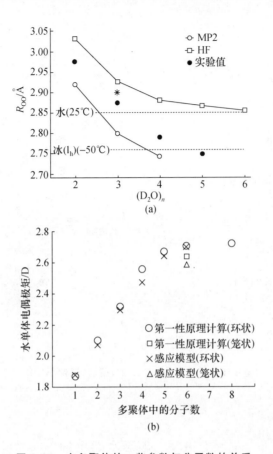

图 4.14　水多聚体的一些参数与分子数的关系

（a）水多聚体中 OO 间距随水分子个数的改变[27]；（b）水分子电偶极矩随水多聚体中水分子个数的改变[25]

图 4.15 中总结了 Saykally 及合作者们测出的从水二聚体到几种不同的六聚体小团簇的分子结构[25]. 从二个到五个, 水分子排成环状, 但是六个水分子组成能量几乎简并的环状、笼状、棱柱状三种结构, 显示了水分子从零维团簇结构到三维体态结构的过渡.

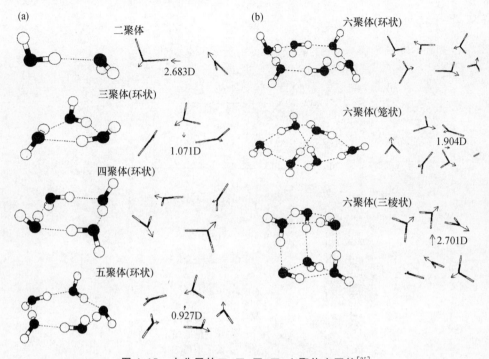

图 4.15　水分子的二、三、四、五、六聚体小团簇[25]
其中六分子聚体有环状、笼状和棱柱状三种结构.图中显示了它们的结构和二极矩

§4.5　体态水的结构

在湿度增加或温度降低时,水的小团簇会进一步凝聚形成纳米尺度到宏观尺度的小水滴.人们可以用同步辐射或中子衍射研究液态水的结构,通常测量 O,H 的径向分布函数及其随温度、压强、溶质等因素的变化.近来也常常通过测量 O 的芯电子能级变化推测该液体水分子周围的结构和成键情况.

关于液态水的精确结构,特别是其中有关氢键网络及其变化的定量描述存有很大争议.人们常用唯象的二态模型,即把液态水当作两种有不同结构性质参数的水相的混合体来描述水的体积、热容等热力学性质随温度、压强的变化.根据冰熔化时吸收的潜热,人们通常推断普通条件下的液态水中大约 5%～7% 的氢键被打断,也就是说 20%～30% 水分子有氢键断裂,剩下大约 70%～80% 的水分子仍保持着类似于冰中的四面体位形,周围形成 4 个氢键.

2004 年,通过 X 射线吸收和发射谱测量,并利用已知结构的水团簇的谱线拟合,Nilsson 等人推断出令人吃惊的结论:液态水中可能有 80% 的水分子提供并接受一个氢键,因而形成链状结构[29].

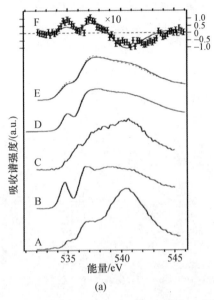

| (a) | (b) |

图 4.16　液态水的可能结构

(a)各种水结构的 X 射线吸收谱 XAS. A, Ih 体态冰(XAS 二次电子谱). B, Ih 冰表面(XAS 俄歇电子谱). C, NH3 覆盖的 Ih 冰表面. D, 室温水, 取自文献[30]. E, 25℃ 的水(实线) 和 90℃ 的水(虚线). F, 25℃ 的水和体相冰谱线差(实线), 90℃ 的水和 25℃ 的水谱线差(乘以 10 倍). (b)水中链状结构的形象化展示[31]

目前这和经典和第一性原理的分子动力学模拟结果均不相符, 如表 4.5 所示. 一些科学家认为, 该结论可能夸大了液态水中未成氢键的 OH 根数目[32], 直接测量自由 OH 的红外吸收表明, 比较合理的自由 OH 数目可能在 5% 左右[33].

表 4.5　各种方法得到的液态水中的各种类水分子的百分比例

类型	方法			
	EXP+FIT	SPC	MCYL	CPMD
25℃				
DD	15^{+25}_{-15}	70	50	79
SD	80 ± 20	27	41	20
ND	5 ± 5	3	9	1
90℃				
DD	10^{+25}_{-10}	56	39	63
SD	85^{+15}_{-20}	37	47	34
ND	5 ± 5	7	14	3

DD, 作为双质子施主的水分子; SD, 作为双质子施主的水分子; ND, 不成为质子施主的水分子. SPC 和 MCYL 为水经典模型分子动力学模拟结果. CPMD 为使用 Car-Parrinello 第一原理分子动力学模拟结果.

在低温下水凝聚成美丽的冰晶体和雪花. 随温度和压强的不同,水呈现出十几种不同的晶体相,见图 1.3,其中最常见的是六角冰 Ih,其简化的结构单元[34] 见图 4.17.雪花形貌各异,有人称"没有两片雪花是完全一样的".雪花的部分照片收集在图 4.18

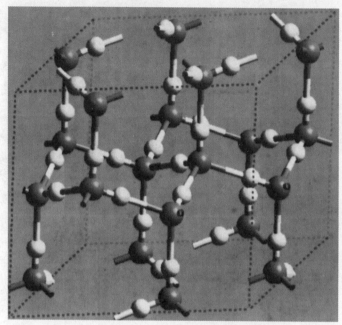

图 4.17　最常见冰相 Ih 的原子结构示意图[34]
黑色球表示氧原子,白色球表示氢原子

图 4.18　不同的雪花形貌

中. 在 50～130 K 水还形成多种无定形结构，比如高密度无定形冰（high-density amorphous，HDA）和低密度无定形冰（low-density amorphous，LDA），它们之间的相变也是一个重要的研究领域. 由于实验上在 136～232 K 之间的形成液态或无定形冰极为困难，人们对其了解甚少，因此被称为"无人区".

应当指出，在表面吸附或受限条件下，水又呈现出十多种新的冰相，水的小团簇结构及稳定性也不同于上面自由团簇的情形，进一步的介绍在以后的章节里会有所涉及.

参 考 文 献

[1] D. Vanderbilt. *Soft self-consistent pseudopotentials in a generalized eigenvalue formalism*. Phys. Rev. B **41**，7892 (1990).

[2] J. P. Perdew and Y. Wang. *Accurate and simple analytic representation of the electron-gas correlation energy*. Phys. Rev. B **45**，13244 (1992).

[3] W. Kohn and L. J. Sham. *Self-consistent equations including exchange and correlation effects*. Phys. Rev. **140**，A1133 (1965).

[4] G. Kresse and J. Hafner. *Ab-initio molecular-dynamics simulation of the liquid-metal a-morphous-semi—conductor transition in Germanium*. Phys. Rev. B **49**，14251 (1994).

[5] G. Kresse and J. Furthmüller. *Efficiency of ab-initio total energy calculations for metals and semiconductors using a plane-wave basis set*. Comput. Mat. Sci. **6**，15 (1996).

[6] G. Kresse and J. Furthmüller. *Efficient iterative schemes for ab initio total-energy calculations using a plane-wave basis set*. Phys. Rev. B. **54**，11169 (1996).

[7] W. H. Press, B. P. Flannery, S. A. Teukolsky, and W. T. Vetterting. *Em numerical recipes*. Cambridge University Press，New York，1986.

[8] W. S. Benedict，N. Gailer, and E. K. Plyler. *Rotation-vibration spectra of deuterated water vapor*. J. Chem. Phys. **24**，1139 (1956).

[9] D. W. Turner, C. Baker, A. D. Baker, and C. R. Brundle. *Molecular photoelectron spectroscopy*. Wiley-Interscience，London，1970.

[10] D. J. Singh. *Planewaves，pseudopotentials and the LAPW method*. Kluwer Academic Publishers，Boston，1993.

[11] P. E. Blöchl. *Projector augmented-wave method*. Phys. Rev. B **50**，17953 (1994).

[12] T. R. Dyke，K. M. Mack, and J. S. Muenter. *The structure of water dimer from molecular beam electric resonance spectroscopy*. J. Chem. Phys. **66**，498 (1977).

[13] J. G. C. M. van Duijneveldt-van de Rijdt and F. B. van Duijneveldt. *Convergence to the basis-set limit in ab initio calculations at the correlated level on the water dimer*. J. Chem. Phys. **97**，5019 (1992).

[14] K. Kuchitsu and Y. Morino. *Estimation of anharmonic potential constants . I. Linear XY2 molecules*. Bull. Chem. Soc. Jpn. **38**, 805 (1965).

[15] J. Hutter, *et al*. *CPMD*. Copyright IBM Zurich Research Laboratory and MPI für Festkörperforschung 1995—2001.

[16] R. N. Barnett and U. Landma. *Born-oppenheimer molecular-dynamics simulations of finite systems—structure and dynamics of* $(H_2O)_2$. Phys. Rev. B **48**, 2081 (1993).

[17] F. Sim, A. St-Amant, I. Papai, and D. R. Salahub. *Gaussian density functional calculations on hydrogen-bonded systems*. J. Am. Chem. Soc. **114**, 4391 (1992).

[18] M. J. Frisch, J. E. D. Bene, J. S. Binkley, and H. F. Schaefer III. *Extensive theoretical studies of the hydrogen-bonded complexes* $(H_2O)_2$, $(H_2O)_2H^+$, $(HF)_2$, $(HF)_2H^+$, F_2H^-, *and* $(NH_3)_2$. J. Chem. Phys. **84**, 2279 (1986).

[19] A. J. Tursi and E. R. Nixon. *Matrix-isolation study of the water dimer in solid nitrogen*. J. Chem. Phys. **52**, 1521 (1970).

[20] R. M. Bentwood, A. J. Barnes, and W. J. Orville-Thomas. *Studies of intermolecular interactions by matrix isolation vibrational spectroscopy: Self-association of water*. J. Mol. Spectrosc. **84**, 391 (1980).

[21] H. Umeyama and K. Morokuma. *The origin of hydrogen bonding: An energy decomposition study*. J. Am. Chem. Soc. **99**, 1316 (1977).

[22] W. L. Jorgensen, J. Chandrasekhar, J. D. Madura, R. W. Impey, and M. L. Klein. *Comparison of simple potential functions for simulating liquid water*. J. Chem. Phys. **79**, 926 (1983).

[23] D. A. Case, *et al*. *AMBER 6*. University of California, San Francisco, 1999.

[24] D. A. Pearlman, D. A. Case, J. W. Caldwell, W. S. Ross, T. E. Cheatham, S. Debolt, D. Ferguson, G. Seibel, and P. Kollman. *Amber, a package of computer programs for applying molecular mechanics, normal mode analysis, molecular dynamics and free energy calculations to simulate the structural and energetic properties of molecules*. Comp. Phys. Commun. **91**, 1 (1995).

[25] J. K. Gregory, D. C. Clary, K. Liu, M. G. Brown, and R. J. Saykally. *The water dipole moment in water clusters*. Science **275**, 814 (1997).

[26] N. Pugliano and R. J. Saykally. *Measurement of quantum tunneling between chiral isomers of the cyclic water trimer*. Science **257**, 1937 (1992).

[27] J. D. Cruzan, L. B. Braly, K. Liu, M. G. Brown, J. G. Loeser, and R. J. Saykally. *Quantifying hydrogen bond cooperativity in water: VRT spectroscopy of the water tetramer*. Science **271**, 59 (1996).

[28] K. Liu, M. G. Brown, J. D. Cruzan, and R. J. Saykally. *Vibration-rotation tunneling spectra of the water pentamer: Structure and dynamics*. Science **271**, 62 (1996).

[29] Ph. Wernet, D. Nordlund, U. Bergmann, M. Cavalleri, M. Odelius, H. Ogasawara, L.

A. Nalund, T. K. Hirsch, L. Ojamae, P. Glatzel, L. G. M. Pettersson, and A. Nilsson. *The structure of the first coordination shell in liquid water*. Science **304**, 995 (2004).

[30] S. Myneni, Y. Luo, L. Å. Näslund, M. Cavalleri, L. Ojamäe, H. Ogasawara, A. Pelmenschikov, Ph. Wernet, P. Väterlein, C. Heske, Z. Hussain, L. G. M. Pettersson, and A. Nilsson. *Spectroscopic probing of local hydrogen-bonding structures in liquid water*. J. Phys. Condens. Matter **14**, L213 (2002).

[31] Y. Zubavicus and M. Grunze. *New insights into the structure of water with ultrafast probes*. Science **304**, 974 (2004).

[32] J. D. Smith, C. D. Cappa, K. R. Wilson, B. M. Messer, R. C. Cohen, and R. J. Saykally. *Energetics of hydrogen bond network rearrangements in liquid water*. Science **306**, 851 (2004).

[33] K. Lin, X. G. Zhou, S. L. Liu, and Y. Luo. *Identification of free OH and its implication on structural changes of liquid water*. Chin. J. Chem. Phys. **26**, 121 (2013).

[34] D. R. Hamann. *H_2O hydrogen bonding in density-functional theory*. Phys. Rev. B **55**, R10157 (1997).

第5章 水和表面相互作用的实验研究

关于水和各类表面相互作用的实验工作非常多,本章只选取一些有基础意义并有一定代表性的工作做简要介绍,以期帮助读者了解实验工作的概貌,为进一步深入研究建立基础.

§5.1 表面上的单个水分子和小团簇

表面上的单个水分子非常难以观测,因为它的扩散势垒较小而极易扩散,通常只有在足够低的温度下(<40 K)才能观测到单个水分子存在的证据.

在最简单的过渡金属高对称性面上,Salmeron 等人用扫描隧道显微镜在 40 K 的温度下直接观测了在 Pd(111)表面上的单个水分子[1]. 在图 5.1 所示的 STM 图像中,单个水分子为一个小亮点,不能分辨其内部结构. 他们还同时观察到了单个水分子在 Pd 表面上的扩散过程. 单个水分子在扩散途径中和其他单水分子碰撞,逐渐凝聚成水的二聚体、三聚体和其他多聚体. 特别地,Salmeron 等人观察到水二聚体形成后会极其快速地扩散,其速度为单水分子的 1 万倍. 这被认为是由于二聚体中水分子氢核的量子运动在旋转过程中起了主要作用[2].

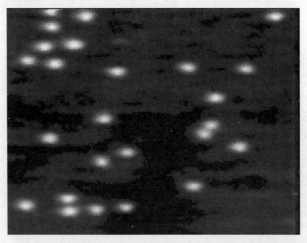

图 5.1 水在 Pd(111)表面单分子吸附的 STM 图像
扫描温度 40 K

Ertl 等人通过电子能量损失谱(EELS)谱测量得到在 Pt 上单水分子的振动谱[3]. 他们发现单个水分子与 Pt 表面垂直振动的能量为 15 meV,水分子受表面限制的转动能量为 28 meV 和 36 meV.

最近,在薄层 NaCl(001)表面上,江颖研究组[4]不仅观察到了单个水分子,而且还得到了单个水分子的内部自由度信息,即电子轨道分布信息. 这些实验观测进一步得到了基于第一性原理计算的理论支持. 首先他们在 Au(111)衬底上沉积 NaCl 薄层,得到了完美的 NaCl(001)双层结构. 进一步在其上沉积水分子,发现在低温和低覆盖度下水分子为孤立的单分子,分散吸附在表面上,如图 5.2 所示. 图中条纹状结构来自于 NaCl 薄层下 Au(111)衬底表面的重构.

仔细观察图 5.2 中的亮点,发现与直接沉积到金属表面上的亮点不同,NaCl 薄层表面上的亮点有着内部结构. 在不同的偏压下这些亮点的内部结构也在发生着变化. 细致分析表明这种内部结构对应着单个水分子的电子轨道,即最高占据分子轨道(HOMO)和最低未占据分子轨道(LUMO),或两者的混合. 在衬底为正偏压时,水分子呈现其 HOMO 轨道,其特征是电子云分布为镜像对称的两瓣,中间的暗线为对称面. 这对应于水分子的 HOMO 轨道($1b_1$),主要由 O 的 p_z 轨道构成,水分子平面为波函数节点区域. 当衬底为负偏压时,从表面法线方向看去,其特征是轨道呈现"鸡蛋形"的椭球. 这对应于水分子的 LUMO 轨道($4a_1$),椭球的大头对应于 O 原子的位置,而尖头对应于 H 原子的位置. 在某些偏压下,观察到的水分子轨道为这两种情况的混合. 这样,江颖等不仅第一次从实验上直接观测到了水分子的内部结构(也就是 OH 键的方向性),而且给出了单水分子的电子轨道信息.

在这个工作中,单个水分子的结构和轨道信息能被观察到的原因有两个:(1) 在水分子与金属衬底之间插入的 NaCl 绝缘体薄膜使得水分子与衬底退耦合,从而使得水分子的本征轨道信息能被完整地保留下来;(2) 把经过修饰后的扫描隧道显微镜针尖作为顶栅极,以皮米的精度控制针尖与水分子的距离和耦合强度,人为把水分子的前沿轨道展宽并移动到费米面附近,调控分子的轨道态密度在费米能级附近的分布,从而大大增强了成像的信噪比. 事实上,在该实验中,由于 NaCl 绝缘层的隔绝,水分子离 STM 针尖的距离比它离金属衬底的距离更近,因此水分子与针尖的耦合强度远远大于水分子与金属衬底之间的耦合,这也就是衬底为正偏压时反而观察到水分子的 HOMO 轨道的原因! 使用绝缘层减弱表面上分子与衬底间的电子耦合作用将成为观察小分子几何结构和电子结构的一种有效、独特的新方法.

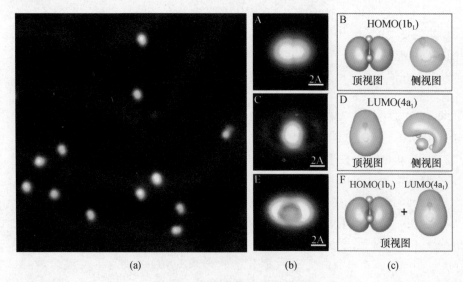

图 5.2　NaCl 薄层上的单水分子

(a)在 Au(111)表面生长的两层 NaCl 薄层上吸附的单水分子 STM 图像.(b)为不同偏压下的放大图像.A:衬底为正偏压 100 mV;B:−100 mV;C:−50 mV.(c)计算得到的水分子电子轨道形状[4]

　　将衬底的温度提高到 40 K 以上,单个水分子将开始扩散并凝聚成小的团簇.实验上对 Pt(111)表面的水二聚体直接用 STM 成像,观察到图 5.3(d)中的图像.图像为六瓣对称分布,其原因在于在成像过程中水二聚体围绕吸附其中一个位置的水分子在不停旋转.较高的水分子在旋转过程中,在周边六个 Pt 原子的顶位上停留的时间较长,因而图像呈六角对称分布.

　　另一个呈六角结构的水团簇是水的六聚体.在小团簇中,它是最稳定的结构.与气态的自由六聚体团簇呈三维立体结构不同,在表面上该团簇为环状近平面结构,每个水分子提供并接受前面水分子的一个氢键,形成对称的六元环.其图像也在图 5.3(g)中展示.

　　基于六聚体结构,水可以进一步形成更大尺寸的团簇.图 5.4 中展示了水分子形成的七聚体、八聚体、九聚体的结构.从图中看出,六聚体边缘的一个水分子与另外一个水分子形成氢键便构成了七聚体,边缘处的水分子由于其高度比六聚体中的水分子高,所以在 STM 图像中呈现为亮点.八聚体则是由六聚体边缘吸附了两个水分子构成的.水九聚体的 STM 图像中有三个亮点,粗看上去呈现三重对称的"三角"或"三聚体"结构,这说明在利用水团簇的 STM 图像进行结构判定时要非常小心.更大尺寸的水团簇也展示在图中.图 5.5 中更清晰地展示出稳定的水六聚体和三个六角连成的大团簇边缘可吸附一个或多个水分子,形成亮点.

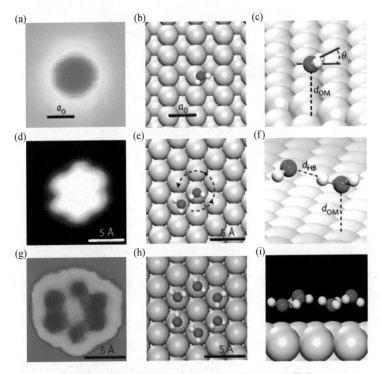

图 5.3　金属表面上的单水分子、二聚体及六聚体

(a) Cu(110)上的单水分子；(d) Pt(111)上的水二聚体；(g) Cu(111)上的水六聚体的 STM 图像.
(b),(e),(h) 对应的原子结构图顶视图；(c),(f),(i) 为侧视图[5]

　　值得注意的是，与这些较大团簇相对应的自由空间中的气态团簇的结构，人们并不知晓. 表面作用固定了水的团簇，为研究它们提供了实验手段.

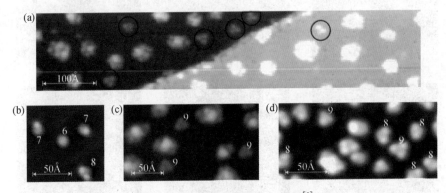

图 5.4　较大水团簇的 STM 图像[6]

水团簇附近的数字表示该团簇中水分子个数. 图(b)为 $D_2O/Ag(111)$，其他均为 $H_2O/Cu(111)$

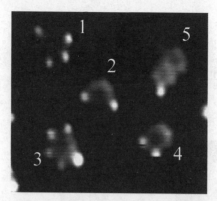

图 5.5　Ru(0001)表面上水团簇结构

团簇 1 为六聚体上连接四个水分子;团簇 2 和 4 为六聚体上连接两个水分子;团簇 3 为六聚体上连接五个水分子;团簇 5 为三个六角连成的多分子团簇边缘又连接了一个水分子.为了形成团簇先升温至 130 K,后在 50 K 下扫描

在 NaCl 绝缘薄层上,江颖等也观察到了水的团簇结构[4].在该表面上,水最容易形成四聚体结构.它具有对称的四重结构,每个水分子与周边水分子提供并接受一个氢键,因而也是一个环状结构.江颖等可以利用 STM 针尖人工操纵单个水分子从而组成一个四聚体,其操纵过程显示在图 5.6 中.由于四聚体中氢键的方向性可以为逆时针或顺时针,因此在表面上表现为不同的手性.利用高分辨的 STM 轨道成像,江颖等能够分辨这种手性,从而能直接区分这两种能量完全简并的四聚体结构,见图 5.7.

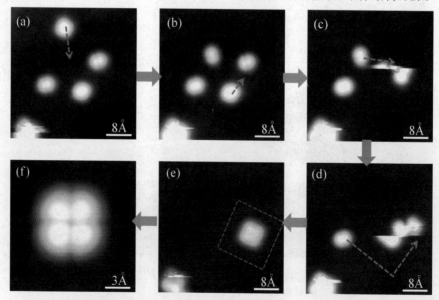

图 5.6　在 Au(111)表面的 NaCl 薄层上操纵四个水分子形成水的四聚体

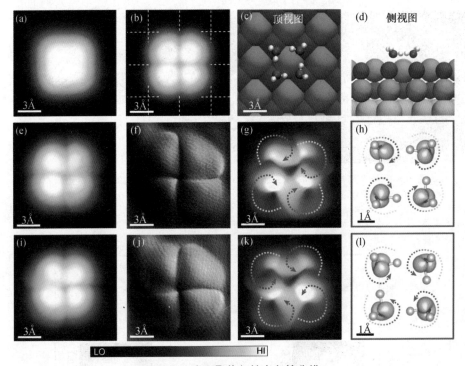

图 5.7　水四聚体氢键方向性分辨

(a),(b)为两种偏压下的水四聚体的 STM 图像.(c),(d)为原子构型图.(e),(i)为两种手性的四聚体 STM 图像;(f),(j)为微分图像;(g),(k)为更高分辨的 STM 图像.(h),(l)为计算的四聚体 HOMO 轨道分布.(e)~(h)对应于逆时针指向的氢键位形情形.(i)~(l)对应于顺时针指向的氢键位形情形

　　江颖等进一步对 NaCl(001) 表面覆盖的二维冰层进行了高分辨 STM 成像研究[7],发现这种二维冰的基本组成单元为水分子四元环团簇. 这些四元环团簇之间通过一种奇特的"桥联"机制互相联结在一起,从而形成周期性的晶格. 出乎意料的是,这种冰结构的表面存在着高密度周期性排列的缺陷与不饱和氢键,完全违背了人们普遍接受的"冰规则",从而修正和完善了人们从前对固体表面冰结构的微观认识(图 5.8).

　　高分辨的轨道成像技术不仅可以用于研究表面上水的静态氢键位形,还可以拓展到氢键动力学的研究,比如质子转移、氢键成键和断键等. 最近江颖等成功地将轨道成像技术和实时探测技术相结合,通过监测 NaCl(001) 表面上的水分子四聚体团簇的手性转换,首次在实空间观察到了质子在水分子团簇内的量子隧穿过程[8]. 他们发现这种质子隧穿过程完全不同于通常意义上的单粒子隧穿效应,而是由多个质子协同完成的,是一种全新的相干量子过程. 他们还进一步利用功能化的 STM 针尖对质子的隧穿势垒进行了人为调制,从而实现了对质子量子态的原子尺度操控(图 5.9).

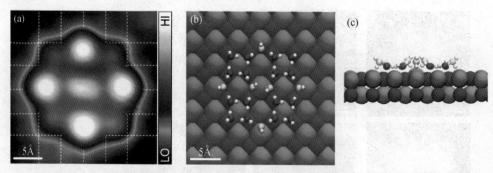

图 5.8　NaCl 薄层上由 4 个四元环和 6 个"桥联"水分子形成的二维冰团簇[7]

(a) 高分辨 STM 图像. 图中的网格线为 NaCl(001) 衬底的 Cl 晶格. (b),(c) 由第一性原理计算得到的冰团簇原子结构的顶视图和侧视图. 位于冰团簇中间的两个"桥联"水分子形成一个 Bjerrum D-type 缺陷. 在高覆盖度下,这种冰团簇可作为形核中心进一步生长为二维的冰层

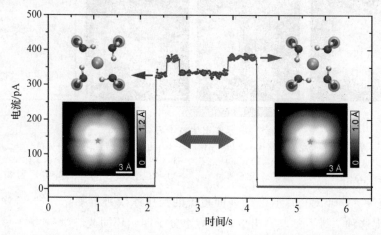

图 5.9　通过实时监测 STM 隧道电流的变化来探测水分子四聚体内质子隧穿过程[8]

高电流态(红色)和低电流态(蓝色)分别对应于水四聚体氢键网络的逆时针手性和顺时针手性

在 TiO_2,Fe_2O_3 等氧化物表面上水分子的分解吸附结构,比如 OH 和 H 的吸附,以及和水分子形成的混合吸附也有很多研究,这里不再提及.

§5.2　表面水的花瓣和带状结构

更多的水分子互相聚合可呈现出花瓣状结构. 一个例子展示在图 5.10 中. 在这些结构中,水分子在团簇内部排列成六角蜂窝状结构,表现为多个互相连接的六角形排列. 这种结构类似于体相冰 Ih 中的一个冰双层,表明水团簇逐渐过渡到大块体相结构. 在这些花瓣状团簇的边缘处出现很多亮点或亮线. 这对应着边缘处水分子中未成氢键的 OH 键. 边缘处水分子由于其 OH 悬挂键特殊的取向使其表观高度比内部的水分子要高,从而在 STM 图像中呈现为比中心处更为明亮的亮点[9].

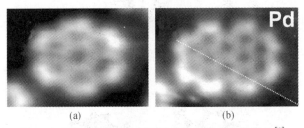

图 5.10　水分子在 Pd 表面形成的花瓣状团簇结构[9]

在增加覆盖度或进行高温退火时,这些花瓣状团簇能够连接在一起形成带状结构[10],见图 5.11.带状结构具有一定的宽度,大约相当于 1～3 个水六角形宽,中间形成一些六角星状空洞.这些无限连接着的水带结构是水形成有限大小的小团簇与无限大的二维完整薄膜之间的过渡形态.与有限大的花瓣状结构类似,这些带状结构中也是中间部分偏暗,而在边缘或空洞处出现亮点.

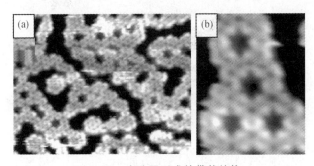

图 5.11　水分子形成的带状结构

细致分析表明,水团簇和水带中较暗的部分对应于平躺在金属表面上的水分子,而边缘处亮点对应于吸附位形为分子平面垂直于表面的水分子.由于表面上的水团簇需要优化水分子与表面的吸附作用和水分子之间的氢键作用,这两种作用的竞争使得团簇中一些水分子不得不采取与表面作用更弱的垂直位形.由于不易形成氢键,这些垂直站立着的水分子一旦出现,水分子继续凝聚形成更大的结构即被中止.因此,这些垂直站立的水分子常出现在团簇边缘处.一些特征的水分子排列结构见示意图 5.12.进一步地,Salmeron 等人发现[9],不同的表面上水-表面和氢键作用强度不一,使得两者的竞争出现不同的情形.比如在 Pd(111)表面,水-Pd 吸附作用相对较弱,水分子形成氢键更多的大团簇结构,而在 Ru(0001)表面,水-Ru 的作用更强,水更容易形成孤立的单分子或小团簇.

这里简要提及,介于零维团簇和二维薄层之间,水在金属表面上还能形成其他

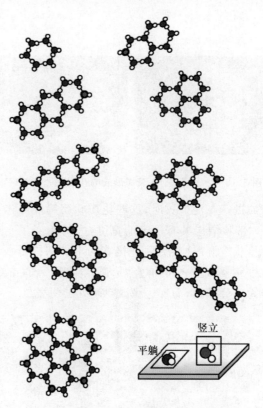

图 5.12　表面上水分子团簇结构示意图
蓝色为平躺的水分子,红色为竖立的水分子

有趣的结构,比如一维的链状结构.在这个方面,有几个著名的例子:

(1) 在 Pt(111) 表面的台阶上,水选择吸附形成了近乎单分子宽的一维水链[11].孟胜等通过计算发现,在 Pt 台阶上,水的吸附能比在平台处增加 80 meV(约为平台处吸附能的 1/4),说明水倾向于选择台阶吸附形成链状结构[12].

(2) 早在 1995 年 Held 和 Menzel 就观察到,H_2O 在 Ru(0001) 表面形成了基于 $\sqrt{3} \times \sqrt{3} R\, 30°$ 基本单元、宽度为 6.5 个表面原子周期的条纹状结构[13].这种一维带状结构在 D_2O 水层中却没观察到,所以呈现出同位素效应.不过对该表面这种一维条纹结构的后续研究比较少见.

(3) 在 78 K Cu(110) 表面上,Yamada 等人用 STM 观察到了大量的一维水链的形成[14],链的方向沿着表面[100]方向,宽度约为 6 Å,长度超过 1000 Å.细致分析表明,水链呈锯齿状结构,锯齿周期为 7.2 Å.他们同时发现,这些链之间有斥力作用,形成了几乎等间距(平均约 50 Å)的分布.Carrasco 等人的 STM 图像确认了这些发现.更重要的是,通过比较实验图像和第一性原理模拟得到的图片,他们发现这些水的链状结构并非由水分子六元环组成,而是由五元环交错组成[15],见图 5.13.这是个令人吃惊的结果,颠覆了人们通常认为的水必须形成六角形的结构才稳定的概念(比如雪花的形貌通常具有六角对称性).实际上我们早就提出用四角形、八角形的冰层结构来解释水在 SiO_2 表面和食盐表面上的吸附.这也表明了微观尺度上水的结构的多样性.

(4) 在 Cu(110) 表面上还有多种一维链状结构,形成 $(2×1)$ 等重构,链的方向却是沿 [110] 方向,这些通常都是由于大量 OH 根参与吸附的结果[16].

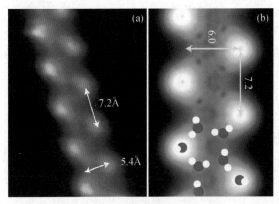

图 5.13　Cu(110)表面上由水五元环组成的链状结构的(a)
实验 STM 图像和(b)理论模拟图像及分子结构[15]

§5.3　表面上水的单层和多层结构

更大的水覆盖度下,水分子在表面上会形成完整的单层和多层结构[11],见图 5.14.经过 30 多年的细致研究,人们对表面水薄层结构已经有了不少的了解.比如,在 Pt(111) 面上,低能电子衍射实验发现,水在表面形成 $\sqrt{3}×\sqrt{3}R\,30°$ (简写为 $\sqrt{3}$)的有序周期结构,即沿与最近邻表面层原子成 $30°$ 方向每三个金属原子成一周期,吸附两个水分子,对应的覆盖度为 $2/3ML$(1 ML 意为 1 monolayer,对应于每个表面原子一个吸附物的覆盖度).对比于体相冰 Ih 的晶格结构(4.51 Å×4.51 Å×7.35 Å),人们普遍认为水分子在这种二维有序的体系中形成所谓的冰双层结构(bilayer, BL):水分子通过氢键与周围三个水分子相连,形成褶皱的六角形排列[17−20],非常类似于体态冰(Ice Ih)中的结构[21].但是,这种 $\sqrt{3}×\sqrt{3}R\,30°$ 的模式只是在表面上一些较小的区域内被观测到[19].除此之外,氢原子散射实验还发现,在较高温度(130~140 K)下可以生长另两种复杂的周期结构: $\sqrt{39}×\sqrt{39}R\,16.1°$($\sqrt{39}$)和 $\sqrt{37}×\sqrt{37}R\,25.3°$($\sqrt{37}$)[18],见图 5.14(a).LEED 实验证实在电子束辐照下或生长层数超过 5 个双层时，$\sqrt{39}$ 的结构会整个扭转方向，变为按 $\sqrt{3}$ 排列的岛. 该 $\sqrt{3}$ 多层与金属衬底形成非公度薄膜结构[20].

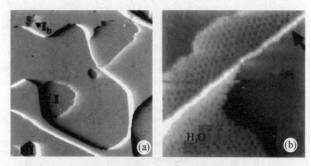

图 5.14　Pt(111) 上的冰多层与冰单层

（a) Pt(111) 表面冰多层的 STM 图像；（b) 冰单层在 Pt(111) 上的图像.
箭头所指为台阶边缘处的一维冰链[9]

最近，Nie 等使用 STM 对 HAS 和 LEED 实验中发现的 $\sqrt{39}$ 结构进行了直接的实空间成像观察[22]. 他们发现在每个 $\sqrt{39}$ 原胞中心出现了一个类似于三角形的暗区，见图 5.15. 通过细致的分析并和理论模型相比较，他们认为这一个暗区对应于全部水分子都平躺的六聚体，而这个六聚体和表面作用最强，因而 O 原子的高度最低，在 STM 成像中最暗. 另外他们发现，为了使水层内氢键作用最大化，在该六角形周边存在有几对五角至七角形结构，类似于石墨烯结构的 Stone-Waals 缺陷，这样的结构使系统总能量最低.

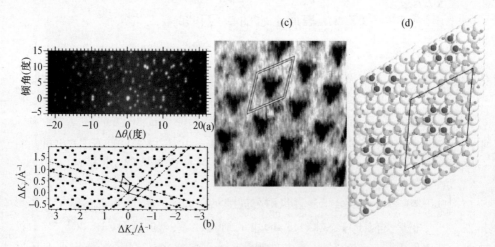

图 5.15　Pt(111) 表面水的 $\sqrt{39} \times \sqrt{39}R\,16.1°$ 结构的 He 原子散射花样、STM 图片和原子结构模型[22]

令人吃惊的是,Pt(111)表面上的$\sqrt{39}$水(单)层是疏水的. Kay 等人通过在 Pt(111)表面水层上沉积 Kr 并测量 Kr 程序升温脱附谱发现[23],在 120 K 的温度以下把水沉积在 Pt 表面上,水层完全浸润 Pt 表面,但在 135 K 以上继续在水单层上沉积水分子,水却不能浸润该单层. 在实验上,这表现为不同厚度的水层上覆盖的惰性气体 Kr 的脱附温度不同(见图 5.16):裸露的 Pt 表面上 Kr 脱附温度最高,在 65 K 左右脱附;水单层上 Kr 脱附温度次之,为 48 K 左右;随着水层增厚,Kr 受到的表面吸附势能变小,特征脱附温度降低. 水覆盖度较大时观察不到 65 K 左右的脱附峰,这表明 Pt 完全被水覆盖. 然而,不管水的覆盖度有多大,总存在有 48 K 左右的脱附峰,表明总有裸露的水单层,或者说水单层不能被完全覆盖,不能被水浸润.

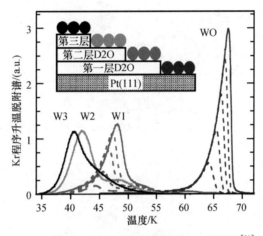

图 5.16　在 Pt(111)上形成的冰层的 Kr 脱附谱[21]

在 Ru(0001)表面上,人们很早就测量出水层形成与表面呈$\sqrt{3}$对称性的结构[21]. 后来,LEED I-V 实验测量[24]表明,Ru 表面的水层是一个结构极其被压缩的双层,两层之间的距离仅为 0.10±0.02 Å,其中两层 O 原子离表面的距离分别是 2.08 Å 和 2.23 Å,见图 5.17. 相比之下,体相冰 Ih 中冰双层的层间距离为 0.9 Å,与 Ru 表面冰层极为不同. 这个近乎平面的表面双层冰结构引起了很多困惑,直到 2002 年 Feibelman 提出一个半分解水层的模型加以解释[25]. 在 Feibelman 的模型中,如图 5.18 所示,一半水分子分解为 OH 和 H 吸附在表面上,形成的结构比未分解的水层能量要低 0.2 eV/分子,这有可能就是 Held 和 Menzel 的 LEED 实验中的结构. 后来大量的实验和理论研究表明,Ru(0001)上分解水层是由外界环境的影响而引起的,即在大量电子或光子的辐照下或在较高的温度下未分解的浸润水层受激发分解,转化为更稳定的半分解结构[26]. 但在一般条件下,完全不分解的浸润水层仍然存在. 直到今天,对于 Ru 上未分解的浸润水层结构仍缺乏定量的模

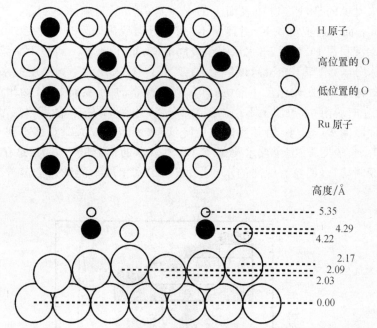

图 5.17　根据 LEED I-V 拟合得到的 Ru(0001)表面水层的原子结构示意图[24]

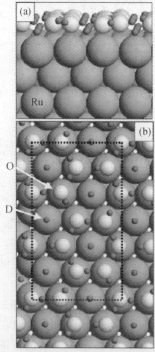

图 5.18　Feibelman 提出的 Ru(0001)表面上的水半分解结构[25]

型. Hodgson 等认为,该水层中存在全部由平躺水分子组成短链结构,这些短链结构之间的连接和分布颇为无序,因此该水层在水平方向上是平均的 $\sqrt{3}$ 结构,但在水分子高度分布上可能是一个无序的动态结构[27,28].

在 Cu(110)表面上存在有 H_2O 和 OH 混合的水层. 它们也表现为互相连接的六角形蜂窝结构,如图 5.19 所示. 但是在 STM 图中出现不规则的亮点分布[29]. 仔细的研究特别是与理论模型相比较,表明该结构中两相邻 OH 根之间形成 Bjerrum 氢键缺陷,即两 OH 基团的 H 相互指向对方,不形成氢键. 这种缺陷本身不稳定,需要能量才能形成,但由于该缺陷结构的存在使得水分子与 OH 基团之间的氢键作用大大加强,所有未分解的水分子均平躺在表面上,与表面形成强吸附作用,所以系统总能量反而比没有氢键缺陷时还要低. 表面水层可存在大量的氢键缺陷! 这也是一个令人吃惊的结果.

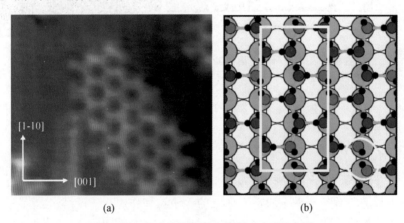

图 5.19　Cu(110)表面上的 H_2O＋OH 水层

(a) Cu(110)表面上一小块 H_2O＋OH 水层结构的 STM 图像;(b) 密度泛函理论给出的最稳定的 H_2O＋OH 混合水层对应的原子结构. 方框为计算采用的原胞. 椭圆圈标示一个 Bjerrum 氢键缺陷[29]

最近,Kay 等人在沉积在 Pt 表面的石墨烯衬底上发现水会形成一个两层结构[30]. 通过 Ar 原子脱附谱测量,他们发现不同于 Pt 表面上一层水的覆盖度即可完全覆盖表面,在石墨烯或 Pt 表面,需要两个水层的覆盖度才能覆盖整个表面,见图 5.20. 这说明水形成的特殊的两层结构. 进一步测量该冰结构的红外吸附谱,他们推断水形成了平板的两层结构,每层内每个水分子与周围三个近邻分子形成三个氢键,而每个水分子又形成一个垂直方向的氢键连接上下两层,这样每个水分子形成 4 个氢键,完全饱和,结构非常稳定. 每个水层非常平整,且没有悬挂键,这与传统类似于体相冰的两层结构非常不同. 后者每个水层均为一个 OO 厚度为 0.97 Å 的传统"双层",且有自由的 OH 分别指向冰层上、下方的真空.

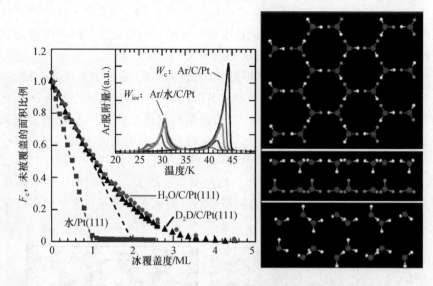

图 5.20　不同衬底上暴露的表面面积比例随水覆盖度的变化

插图是 Ar 脱附谱. 右图为对应的两层冰的原子结构顶视图和侧视图和传统的冰层结构[30]

§5.4　常温常压下表面水的结构

常温常压下表面水的结构更为重要, 但也非常复杂. 人们常常因缺乏合适的研究手段而对于通常条件下一般性表面上的水结构和作用不甚了解.

沈元壤等使用表面和频产生光谱测量了固体和液体表面冰和水振动性质, 以推测表面水的结构[31]. 对于石英-冰的界面, 测到的水振动谱如图 5.21 所示, 主要的振动峰集中在 3100 cm^{-1} 处, 这对应于体态冰中强氢键的振动. 在 2900 cm^{-1}, 3500 cm^{-1}, 3700 cm^{-1} 处有一些小的凸起. 在空气-液态水的界面处, 振动峰的形状大为不同. 主要有三个振动峰位, 分别分布在 3100 cm^{-1}, 3400 cm^{-1}, 3700 cm^{-1} 的频率处, 分别对应于液态水中形成强氢键、形成弱氢键和自由未成氢键的 OH 拉伸振动模式. 特别是后者, 强度最高、宽度最小, 表明液态水表面有大量自由的 OH 悬挂键存在, 大概为表面处总 OH 个数的 25%. 在己烷-水和石英-油-水界面水的振动情况与水-空气界面类似, 但细节有所不同. 在己烷-水界面, 形成氢键的 OH 振动频率分布更宽, 且分布更为平均, 两种强度的氢键不再能够分辨出来. 这表明与空气层不同, 己烷层的存在使界面水的结构和极性更为均匀. 在石英-油-水界面处, 不仅两种强度的氢键不再存在, 而且形成氢键的 OH 振动峰变得更为尖锐, 类似于冰中的振动谱, 只是峰位略为红移, 在 3200 cm^{-1} 左右. 但是与界面冰最大的不同在于,该表面有大量未成氢键的 OH 悬挂键存在,其强度较水-空气表面更大. 通过类似的实验技术,沈元壤等人还测量了金属 Pt(111) 表面、Al_2O_3 表面、SiO_2 表面,以及有机自组装膜表面水的结构情况,发现这些表面的存在常常诱导表面附近一到数十个水层厚度范围内水的有序分布.

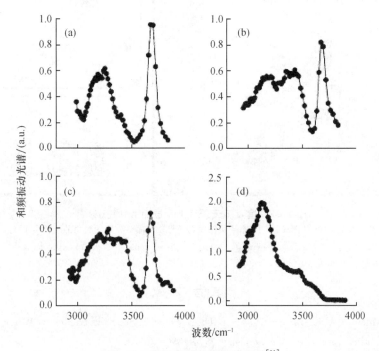

图 5.21　界面水的和频振动光谱[31]
分别来自于(a) 石英-OTS(即 $CH_3(CH_2)_{17}SiCl_3$)油-水界面,(b) 空气-水界面,(c) 己烷-水界面,(d) 石英-冰界面

通过原子力显微镜测量,胡钧等发现云母表面即使在室温下也会形成类似于冰的水结构,并把这种结构命名为室温冰[32]. 不同的湿度下水层呈现出不同的形貌. 特别是室温下这些水结构呈现出特定的形状,具有固体一样锐利的边缘,特别是这些锐利边线与云母表面晶格方向呈现一定的夹角,见图 5.22. 通过统计,发现这些夹角的数值基本上为 0°、60°,或 120°,这和固体冰 Ih 的六角晶格结构相吻合. 因此,这种室温下的水结构极有可能是类似于固体冰的结构. 光学测量也表明该结构有类似于冰的振动性质. 直到今天,这种在室温下能够存在的冰结构仍然吸引着人们的极大关注,这对于生物技术、润滑及环境问题都有重要的意义.

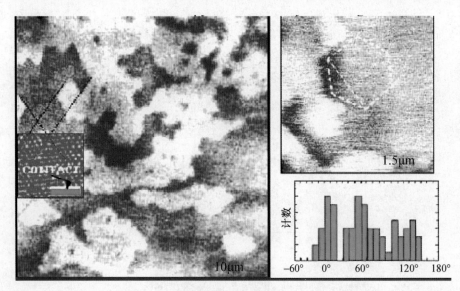

图 5.22　室温下云母片上水层的 AFM 图像[32]
右上,放大的图像.右下,水块边缘线与云母表面晶格方向的夹角的统计结果

参 考 文 献

[1] T. Mitsui, M. K. Rose, E. Fomin, D. F. Ogletree, and M. Salmeron. *Water diffusion and clustering on Pd(111)*. Science **297**, 1850 (2002).

[2] V. A. Ranea. *Water dimer diffusion on Pd{111} assisted by an H-bond donor-acceptor tunneling exchange*. Phys. Rev. Lett. **92**, 136104 (2004).

[3] K. Jacobi, K. Bedürftig, Y. Wang, and G. Ertl. *From monomers to ice—new vibrational characteristics of H_2O adsorbed on Pt(111)*. Surf. Sci. **472**, 9 (2001).

[4] J. Guo, X. Z. Meng, J. Chen, J. B. Peng, J. M. Sheng, X. Z. Li, L. M. Xu, J. R. Shi, E. G. Wang, and Y. Jiang. *Real-space imaging of interfacial water with submolecular resolution*. Nature Materials **13**, 184 (2014).

[5] J. Carrasco, A. Hodgson, and A. Michaelides. *A molecular perspective of water at metal interfaces*. Nature Materials **11**, 667 (2011).

[6] A. Michaelides and K. Morgenstern. *Ice nanoclusters at hydrophobic metal surfaces*. Nature Materials **6**, 597 (2007).

[7] J. Chen, J. Guo, X. Meng, J. Peng, J. Sheng, L. M. Xu, Y. Jiang, X. Z. Li, E. G. Wang. *An unconventional bilayer ice structure on a NaCl(001) film*. Nat. Commun. **5**, 4056 (2014).

[8] X. Meng, J. Guo, J. Peng, J. Chen, Z. Wang, J. R. Shi, X. Z. Li, E. G. Wang, Y.

Jiang. *Direct visualization of concerted proton tunneling in a water nanocluster*. Nat. Phys. , in press (2014).

[9] M. Tatarkhanov, D. F. Ogletree, F. Rose, T. Mitsui, E. Fomin, S. Maier, M. Rose, J. I. Cerda, and M. Salmeron. *Metal- and hydrogen-bonding competition during water adsorption on Pd(111) and Ru(0001)*. J. Am. Chem. Soc. **131**, 18425 (2009).

[10] J. Cerda, A. Michaelides, M.-L. Bocquet, P. J. Feibelman, T. Mitsui, M. Rose, E. Fomin, and M. Salmeron. *Novel water overlayer growth on Pd(111) characterized with scanning tunneling microscopy and density functional theory*. Phys. Rev. Lett. **93**, 116101 (2004).

[11] M. Morgenstern, T. Michely, and G. Comsa. *Anisotropy in the adsorption of H_2O at low coordination sites on Pt(111)*. Phys. Rev. Lett. **77**, 703 (1996).

[12] S. Meng, E. G. Wang, and S. W. Gao. *Water adsorption on metal surfaces: A general picture from density functional theory calculations*. Phys. Rev. B **69**, 195404 (2004).

[13] G. Held and D. Menzel. *Structural isotope effect in water bilayers adsorbed on Ru(001)*. Phys. Rev. Lett. **74**, 4221 (1995).

[14] T. Yamada, S. Tamamori, H. Okuyama, and T. Aruga. *Anisotropic water chain growth on Cu(110) observed with scanning tunneling microscopy*. Phys. Rev. Lett. **96**, 036105 (2006).

[15] J. Carrasco, A. Michaelides, M. Forster, S. Haq, R. Raval, and A. Hodgson. *A one-dimensional ice structure built from pentagons*. Nature Materials **8**, 427 (2009).

[16] J. Lee, D. C. Sorescu, K. D. Jordan, and J. T. Yates, Jr. *Hydroxyl chain formation on the Cu(110) surface: Watching water dissociation*. J. Phys. Chem. C **112**, 17672 (2008).

[17] L. E. Firment and G. A. Somorjai. *Low-energy electron diffraction studies of molecular crystals: The surface structures of vapor-grown ice and naphthalene*. J. Chem. Phys. **63**, 1037 (1975).

[18] A. Glebov, A. P. Graham, A. Menzel, and J. P. Toennies. *Orientational ordering of two-dimensional ice on Pt(111)*. J. Chem. Phys. **106**, 9382 (1997).

[19] K. Jacobi, K. Bedürftig, Y. Wang, and G. Ertl. *From monomers to ice—new vibrational characteristics of H_2O adsorbed on Pt(111)*. Surf. Sci. **472**, 9 (2001).

[20] S. Haq, J. Harnett, and A. Hodgson. *Growth of thin crystalline ice films on Pt(111)*. Surf. Sci. **505**, 171 (2002).

[21] D. Doering and T. E. Madey. *The adsorption of water on clean and oxygen-dosed Ru(001)*. Surf. Sci. **123**, 305 (1982).

[22] S. Nie, P. J. Feibelman, N. C. Bartelt, and K. Thuermer. *Pentagons and heptagons in the first water layer on Pt(111)*. Phys. Rev. Lett. **105**, 026102 (2010).

[23] G. A. Kimme, N. G. Petrik, Z. Dohnalek, and B. D. Kay. *Crystalline ice growth on*

Pt(111): Observation of a hydrophobic water monolayer. Phys. Rev. Lett. **95**, 166102 (2005).

[24] G. Held and D. Menzel. *The structure of the p ($\sqrt{3} \times \sqrt{3}$) R30° bilayer of D_2O on Ru(001)*. Surf. Sci. **316**, 92 (1994).

[25] P. J. Feibelman. *Partial dissociation of water on Ru(0001)*. Science **295**, 99 (2002).

[26] S. Meng, E. G. Wang, Ch. Frischkom, M. Wolf, and S. W. Gao. *Consistent picture for the wetting structure of water/Ru(0001)*. Chem. Phys. Lett. **402**, 384 (2005).

[27] S. Haq, C. Clay, G. R. Darling, G. Zimbitas, and A. Hodgson. *Growth of intact water ice on Ru(0001) between 140 and 160 K: Experiment and density-functional theory calculations*. Phys. Rev. B **73**, 115414(2006).

[28] M. Gallagher, A. Omer, G. R. Darling, and A. Hodgson. *Order and disorder in the wetting layer on Ru(0001)*. Faraday Discuss. **141**, 231 (2009).

[29] M. Forster, R. Raval, A. Hodgson, J. Carrasco, and A. Michaelides, *c(2×2) water-hydroxyl layer on Cu(110): A wetting layer stabilized by bjerrum defects*. Phys. Rev. Lett. **106**, 046103 (2011).

[30] G. A. Kimmel, J. Matthiesen, M. Baer, C. J. Mundy, N. G. Petrik, R. S. Smith, Z. Dohnalek, and B. D. Kay. *No confinement needed: Observation of a metastable hydrophobic wetting two-layer ice on graphene*. J. Am. Chem. Soc. **131**, 12838 (2009).

[31] Q. Du, E. Freysz, and Y. R. Shen. *Surface vibrational spectroscopic studies of hydrogen bonding and hydrophobicity*. Science **262**, 826 (1994).

[32] J. Hu, X. D. Xiao, D. F. Ogletree, and M. Salmeron. *Imaging the condensation and evaporation of molecularly thin films of water with nanometer resolution*. Science **268**, 267 (1995).

第6章　水在 Pt(111)表面上的吸附

水和固体表面的相互作用在自然界中广泛存在,它在诸如催化作用、电化学、金属腐蚀、岩石风化、冻土形成等现象中起着重要的作用.金属表面之所以常被选择作为水和固体表面作用的典型系统有两方面的原因:(1) 它具有最简单的原子结构;(2) 金属-水的接触有着广泛的技术应用,比如催化、燃料电池、汽车尾气处理、医疗植入器等.过去的二十多年里,大量的实验工作集中于水在金属表面的吸附,特别是在几种典型的贵金属和过渡金属的表面,像 Pt(111),Pd(111),Rh(111),Au(111),Ag(111),Cu(111),Ru(0001)等[1,2].其中 Pt(111)是被实验研究得最广泛的表面.由于 Pt(111)表面最具有典型的特征,更主要的,为了能够和实验数据做细致的对比,下面选取 Pt(111)面为出发点详细介绍水与固体表面的相互作用的微观图像.

当代的表面科学实验是在超高真空(ultrahigh vacuum,UHV)腔内进行的,为的是获得清洁无污染的表面.随着腔内气压、衬底温度、分子束注入量的不同,水在 Pt(111)表面可以形成各种各样不同的结构,如以单个分子和小团簇存在的吸附结构[3−6]、在台阶上的沿着台阶的准一维(1D)的水链[7]、平台上规则有序二维(2D)冰层[8−12]、数个冰层乃至三维(3D)的体材料的冰[13−19]等.

在这些结构中,水分子的位置、结构和取向是一个十分有趣的基本问题.对于单个水分子的吸附,早期的理论工作[20,21]对在 Pt(111)面的顶位还是在空位上吸附有争论.和频产生谱实验发现,在 Pt-H_2O 界面 1～30 个水层内,水分子沿法线方向统一取向,形成铁电体[22],且水分子取向可以通过表面加上电压来控制[23].低能电子衍射实验发现,水在表面形成 $\sqrt{3} \times \sqrt{3} R\, 30°$(简写为 $\sqrt{3}$)的有序周期结构[8,9,11,13,14].通常人们认为水分子在这种二维有序的体系中形成所谓的双层结构:它由褶皱的六角环排列组成,非常类似于体态冰(Ice Ih)中的结构[24].但是,这种 $\sqrt{3} \times \sqrt{3} R\, 30°$的模式只是在表面上一些较小的区域内观测到的[9].除此之外,氢原子散射实验还发现在较高温度(130～140 K)下可以生长另两种复杂的周期结构:$\sqrt{39} \times \sqrt{39} R\, 16.1°$($\sqrt{39}$)和 $\sqrt{37} \times \sqrt{37} R\, 25.3°$($\sqrt{37}$)[10].LEED 实验证实在电子束辐照下或生长层数超过 5 个双层时,$\sqrt{39}$的结构会整个扭转方向,变为按 $\sqrt{3}$排列的岛[11].然而这种转变的微观机理并不清楚.即使对于最简单的 $\sqrt{3} \times \sqrt{3} R\, 30°$的双层结构,文献中仍有争论. 孟胜等发现两种具有不同 H 指向的结构(H-up, H-down)能量接近,转化势垒很小,在实际中都有可能存在[25,26]. Ogasawara 等人结合实验和理论断定这种结构中一半水分子通过 H 原子和表面直接作用,即是 H-down 的双层[27]. 但是 Feibelman 通过比较 $\sqrt{3}$ 和 $\sqrt{39}$ 两种结构吸附能的计算结果质疑了这一看法,他指出实验中的水层应该是带有若干 H_3O^+,OH^- 基团的 $\sqrt{39}$ 的结构,而不该用 $\sqrt{3}$ 的原胞来解释实验[28]. 最近的实验和理论工作揭示 Pt(111)上的 $\sqrt{39}$ 水层结构中可能存在着大量的水五元环和七元环. 这些问题仍需进一步深入研究.

实验上常用 LEED 和 HAS 测量金属表面水层的结构周期,用 HREELS, IRAS,SFG 和 HAS 测量水层的动力学特性,即振动谱,UPS,XAS,XES 测量水分子之间、水与表面之间的电子结合状态,用 TPD 测量水层的热力学稳定性以及与表面作用的强度. 但是这些都是基于大量水分子的宏观性质,而且不能直接观察到具体的单个水分子的结构细节. 近来人们发展了用扫描隧道显微镜直接观察金属表面水层的形貌、脱附动态的方法[7],甚至观察到单个水分子和小团簇在表面上的扩散[29]、六分子团簇的外观形貌[30]等等,大大提高了我们从微观上探测、研究表面上水的结构和动态的能力. 但遗憾的是,由于分辨率的限制和实验技术本身的限制,关于水结构和作用的细节,比如键长、键角的变化,氢键指向,水结构位形,乃至水分子吸附位置都难以知晓. 而且由于表面杂质和缺陷影响,实验结果难以简单解释. 基于密度泛函理论的第一性原理计算,可以从电子成键和能量的角度细致研究每个水分子的结构和动态,整个体系的构成和稳定性,乃至水与表面作用的一般规律,因而是十分强大、非常有用的研究工具. 特别地,对比理论计算的振动谱和实验测量的振动谱,可以帮助我们识别实验中的结构在分子层次上的构成细节和作用规律,这种办法即"振动识别"[25]. 理论工具和实验数据互为补充,一起把我们带到分子层次上深入理解水的探索之路.

基于第一性原理的总能计算和分子动力学模拟,我们首先研究了各种水分子结构在 Pt(111)面的吸附,包括单个水分子、水分子的二、三、六聚体的吸附,台阶处一维水链,$\sqrt{3}$, $\sqrt{39}$, $\sqrt{37}$ 的水双层,2~6 等多个水双层的吸附,得到了它们的结构和能量,发现水在 Pt(111)上基本是分子吸附的,与实验相符. 我们还计算了这些吸附结构的振动谱,得到了和实验非常一致的结果. 这分别在本章诸节阐述. 而且通过振动识别,我们第一次发现了表面水双层结构中存在强弱不同的两种氢键,它们都可以通过 OH 伸缩振动来鉴别.

§6.1　单个水分子和水的小团簇吸附

6.1.1　单个水分子的吸附

单个水分子在表面上的吸附代表着最简单的水与表面相互作用情形,它包含着最基本的表面-水相互作用的信息. 早期的理论研究主要集中于此,但是多为基于团簇模型的计算[20,21,31]或模型势计算[32],因而很不完备. 另外早期的工作对于单个水分子吸附在 Pt(111) 面的顶位还是在空位上仍有争论[21].

我们采用 Vienna 从头计算模拟程序 VASP 来进行第一性原理计算[33—35]. 如图 6.1 所示,以一块由四层原子构成的晶板作为 Pt(111) 表面的模型,各晶板之间被 13 Å 厚的真空隔开(计算时使用的晶格常数为 3.99 Å). 水分子被放在晶板的面上. 选取 $p(3\times3)$ 的超原胞. 对于表面布里渊区,用 Monkhorst-Pack 方法[36]取 $3\times3\times1$ 个 k 点进行了积分. 平面波的能量截断为 300 eV. 对电子能级用高斯方法进行了展宽,宽度为 0.2 eV[37]. 这组参数保证总能量收敛于每个原子 0.01 eV 的水平上. 在优化结构的过程中,水分子和最上层的铂原子是同时弛豫的. 当作用于所有弛豫原子上的力小于 0.03 eV/Å 时,计算停止. 计算中采用了 Vanderbilt 的超软赝势[38]及 Perdew 和 Wang(PW91)对交换关联能的普适梯度近似[39].

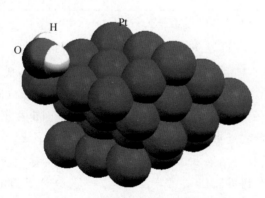

图 6.1　计算中所用的原胞(晶板模型)

进行结构优化发现水分子吸附在顶位最为稳定(表 6.1). 顶位上吸附能为 291 meV,约为桥位和空位上的 3 倍. OPt 键长为 2.43 Å,比在桥位和空位短了 0.7 Å,也说明顶位与 H_2O 的作用最强. 这里吸附能定义为衬底与单个气态水分子的能量和减去系统总能:

$$E_{ads} = (E[\text{Metal}] + n \times E[(\text{H}_2\text{O})_{gas}] - E[(\text{H}_2\text{O})_n/\text{Metal}])/n, \quad (6.1)$$

其中 n 是原胞中分子个数,此处 $n=1$. 水分子基本平躺在顶位上,分子平面与表面的夹角 θ 仅为 $13°$(图 6.2). 实验测定水在 Pd(100) 和 Cu(100) 上 $\theta = 32, 33°$,位形与此一致[40]. 与自由的水分子相比($d_{OH} = 0.972$ Å,$\angle$HOH $= 104.53°$,见表 4.1),吸附的 H_2O 键长增加($d_{OH} = 0.978$ Å),键角加宽($\angle$HOH $= 105.36°$). 在桥位上,有人提出水分子是 H 朝上垂直表面站立的[41−43],我们发现这种位形的吸附能要比平躺在桥位上低 40 meV,这在考虑水分子扩散时十分重要. 这些结果都可以用电子转移的观点来解释. H_2O 通过孤对电子与 Pt 表面的 5d 带耦合[44],导致电子从 O 转移到 Pt 上. 而在 Pt(111) 表面上由于电荷光滑化的作用,顶位电子密度相对较小,与水的孤对电子作用更强,导致顶位吸附最稳定. 由于电子的四面体分布,水分子平躺也是为了使孤对电子达到最佳耦合. 而 H_2O 的电子减少,使得 sp³ 杂化减弱,键长、键角增大. 用六层 Pt 原子的晶板和更高的平面波能量截断($E_{cut} = 400$ eV)得到的结果与以上相近,结构和能量变化很小(表 6.1). 所以这两组参数在后面都有可能用到.

表 6.1　单个水分子在 Pt(111)上的吸附位形和能量

层数	E_{cut} /eV	顶位		桥位		空位		d_{OH}	$\angle$HOH	θ
		d_{OPt}	E_{ads}	d_{OPt}	E_{ads}	d_{OPt}	E_{ads}			
4	300	2.43	291	3.11	123	3.12	121	0.978	105.36	13
6	400	2.40	304	2.89	117	3.02	102	0.980	105.62	14

除非特别说明,距离、能量、角度的单位分别为 Å, meV, 度.

为了更进一步了解吸附的水分子在表面的动态特性,图 6.2 画出了总能随 OPt 键长 d_{OPt} 和分子与平面夹角 θ 的变化关系. 总能随 d_{OPt} 成 Morse 势形式,在 2.43 Å 时取最小值. $\theta = 90°$ 对应于 H 朝上垂直站立的水分子位形,$\theta = -90°$ 对应于 H 朝下垂直站立的水分子位形. 计算中已保持 O 原子固定在平衡位置,而极角方向旋转整个 H_2O. 此二处对应的分子翻转势垒分别是 140 meV 和 820 meV. 前者比 Michaelides 等人的计算结果 190 meV 要低[45]. 这是因为他们所用的原胞 2×2 较小的缘故. 如果考虑到可以使 O 原子自由运动,H_2O 分子向上翻转的势垒仍是 140 meV,向下翻转的势垒可为 194 meV,说明水分子较难向下翻转. 另外,H_2O 沿着方位角 φ 几乎可以无阻碍地转动,其势垒小于 2 meV.

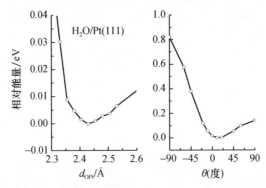

图 6.2　在 Pt(111) 表面单 H_2O 吸附的能量随 H_2O-Pt 距离 d_{OPt} 和倾斜角 θ 的变化关系

6.1.2　水分子小团簇的吸附

　　和在自由空间一样, 水分子在表面上也会形成小团簇. 小团簇的吸附非常有趣, 因为它既包含着水与表面的相互作用, 又包含着水分子间的氢键作用. 实验上也观察到了金属表面上水的小团簇的一些有趣结构[4,6,9,29,30].

　　仍用 VASP 进行计算. 对于二聚体分子(或称双分子, $(H_2O)_2$)和三聚体分子(三分子, $(H_2O)_3$)仍选取 $p(3\times3)$ 的超原胞; 对于六聚体分子(六分子, $(H_2O)_6$)则选用更大一些的原胞 $2\sqrt{3}\times2\sqrt{3}$ 来避免周期性边界的影响. 得到的最优化结构位形展示在图 6.3 中, 具体的结构参数则在表 6.2 中列出(具体到每一个 H_2O 分子).

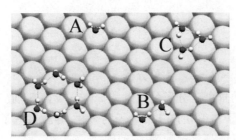

图 6.3　在金属表面单 H_2O 分子和小团簇的吸附位形

表 6.2　单个水分子和小团簇在 Pt(111) 上的吸附位形和能量

	E_{ads}	d_{OPt}	θ	d_{OH1}	d_{OH2}	$\angle HOH$	d_{OO}
H_2O	304	2.40	13.8	0.980	0.980	105.62	—
$(H_2O)_2$	433	2.26	25.1	0.978	1.012	106.72	2.70
		3.05	−41.8	0.981	0.982	103.52	—
$(H_2O)_3$	359	2.76	3.5	0.975	0.985	107.75	2.78

（续表）

	E_{ads}	d_{OPt}	θ	d_{OH1}	d_{OH2}	$\angle HOH$	d_{OO}
		2.76	3.5	0.975	0.985	107.86	2.80
		2.76	3.1	0.974	0.985	107.71	2.79
$(H_2O)_6$	520	2.32	31.1	0.997	1.001	106.22	2.99
		3.38	32.9	0.974	0.991	104.49	2.80
		2.77	−1.8	0.978	0.990	107.25	2.89
		3.35	0.3	0.975	0.988	106.88	3.01
		2.77	3.7	0.979	0.987	107.14	2.80
		3.39	32.3	0.974	0.991	104.83	2.88

单位同表 6.1.

　　一般地,在 Pt(111) 表面上水的小团簇结构与自由情形[46,47]相类似,每个水分子吸附在顶位上,并尽可能平躺以使金属和水的作用最强[48,49]. 对于 $(H_2O)_2$ 吸附的情形,两个 H_2O 分子都吸附在顶位,和表面形成两个 OPt 键,它们中间又形成一个氢键(图 6.3 中 B 处). 质子施主的吸附构型和单分子吸附构型十分相像,OPt 键长 2.26 Å,与表面夹角 $\theta=25.1°$. 受主分子离表面较远($d_{OPt}=3.05$ Å),且 H 向下朝向表面与表面成 $\theta=−41.8°$ 的角. 取这种位形,氢键与受主分子平面所成的角约为 123°,与自由二聚体分子相似($\beta=127°$,表 3.2 USPP),只是施主水分子中不形成氢键的 OH 键是朝下躺在表面上的. 两个氧原子间的距离为 2.70 Å,远小于自由 $(H_2O)_2$ 的 OO 间距,2.86 Å;氢键连着的 OH(1.012 Å)也增长了(自由双分子中为 0.985 Å). 这表明氢键由于吸附得到了加强. 根据表 6.2,人们期望在被吸附的双分子中,氢键键能在

$$(E_{ads}[双分子]−E_{ads}[单分子])\times 2 = (433−304)\times 2 = 258\,meV$$

与

$$(E_{ads}[双分子]\times 2−E_{ads}[单分子]) = (433\times 2−304) = 562\,meV$$

之间,大于计算得出的自由双分子的氢键能 250 meV(实验值为 236 ±30 meV[50]). 底层氧原子的孤对电子与 Pt 的 5d 带电子的杂化,导致了电子的转移,因而导致瞬时电偶极矩增加,这可能是氢键加强的原因.

　　吸附的三分子和六分子仍是环状结构,与自由情形相似.$(H_2O)_3$ 结构中水分子基本平躺在 Pt(111) 上(θ 约 3.5°).$(H_2O)_6$ 结构形成了一个褶皱的六角环排列,三个 H_2O 分子与表面直接作用($d_{OPt}=2.32$ Å, 2.77 Å, 2.77 Å),另三个离表面较远($d_{OPt}=3.4$ Å),通过氢键与前者相连. 这就是形成体态冰(Ice Ih, Ic)的基本单元. 有一个水分子像单个水分子吸附那样,离表面很近,而且提供两个质子形成氢键,它对于稳定整个六分子团簇的吸附是十分关键的. 由于 H_2O 增多,$(H_2O)_6$ 中 OO 平均距离要比 $(H_2O)_2$ 和 $(H_2O)_3$ 中大些. 除了六角环状结构,自由的 $(H_2O)_6$ 还

有三角柱状和笼状的结构[46,47]. 计算表明柱状 $(H_2O)_6$ 的吸附能只有 321 meV, 比环状低 200 meV, 因而很难在表面存在.

在这些小团簇中, $(H_2O)_6$ 吸附能最大, 为 520 meV, 最为稳定, $(H_2O)_3$ 吸附能最小 (359 meV), $(H_2O)_2$ 处在中间 (433 meV). 这主要反映了它们成 OPt 键和氢键数目的不同. $(H_2O)_3$ 吸附能小是因为三角形的氢键排列不能使水分子孤对电子和 H 达到最佳耦合. 与理论相符, STM 实验中最多被观察到的是六分子 $(H_2O)_6$[29,30]. Mitsui 等人也观察到通过分子扩散形成的二聚体和三聚体分子[29]. 虽然 Morgenstern 和 Nieminen 指出, 在 Ag(111) 上 $(H_2O)_6$ 的 STM 图像是上边三个 H_2O 分子形成的等边三角形[30], 但我们的计算表明, 与图中更相符的应是等腰三角形, 与单分子类似的那个 H_2O 相邻的两上层 H_2O 分子连成的边长较短. 比如在 Pt(111) 面上, 这个等腰三角形应为 (4.7 Å, 4.9 Å, 4.9 Å).

§6.2　表面台阶处的一维水链

水的一维链状结构有着重要的意义, 因为生物体中水分子是以链状连接穿过细胞膜的[51], 这是生命运动最基本、最重要的过程之一. 目前对 1D 水链的模拟研究通常是把它放在管状径向限制中, 比如碳纳米管中[52−54]. 更加实际的 1D 结构是 Pt(111) 表面台阶上的一维水链, 它已被 STM 实验[7] 观察到.

实验中支撑准 1D 水链的台阶是 ⟨110⟩/{100} 台阶. 我们也取同类型的台阶进行计算. 用 15 层 Pt(322) 表面代表这类台阶. 原胞大小如图 6.4 所示. 为了形成沿着台阶的氢键链, 水分子的一个 OH 沿台阶指向, 另外一个 OH 要么垂直向内要么垂直向外指向台阶, 这就形成了两种最简单的吸附位形: H-in(图 6.4 中 1 处) 和 H-out(图 6.4 中 2 处). 如果这两种位形的 H_2O 交错排列, 就形成了第三种 1D 水链结构: 锯齿形结构 H-mix(图 6.4). 这三种链结构的计算结果列在表 6.3 中. 为了做比较, 对单个水分子在台阶上的吸附(H-in 和 H-out)也作了计算. 最后一行里是单个分子和 1D 链在平台上的结果.

H_2O 单分子在台阶上吸附很强, 吸附能是 449 meV (H-in) 和 426 meV (H-out). 在三种水链中, 只有锯齿形的 H_2O 链是稳定的, 它的吸附能为 480 meV. H-in 和 H-out 的 1D 链吸附能分别是 431 meV 和 385 meV, 相比于单分子吸附它们是不稳定的. 在 H-mix 的锯齿形链中可以推算氢键能量约为 85 meV. 这种链最稳定是因为它使得分子间氢键和二极矩作用最强. 和平台相比, 台阶上的单分子吸附要强约 150 meV, 而一维链要稳定约 230 meV. 这表明台阶处水与衬底的作用更强. 这也解释了为什么实验中没有在平台上观测到一维水链. 这都源于台阶上电子分布较为扩展, 密度较低的缘故. 这些与实验观测也是一致的.

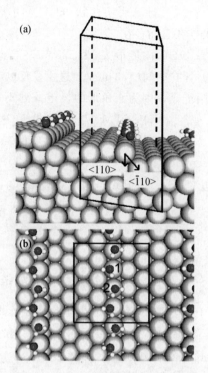

图 6.4　Pt(111)面台阶上一维 H₂O 链

（a）侧视图；（b）顶视图．黑线显示计算所用的原胞

表 6.3　单个水分子和一维链在 Pt(111)台阶上的吸附

	单 H₂O 分子		1D H₂O 链	
	d_{OPt}	E_{ads}	d_{OPt}	E_{ads}
H-in	2.22	449	2.42	431
H-out	2.25	426	2.48	385
H-mix	—	—	2.45	480
平台上	2.43	291	2.62,272	246

单位同表 6.1.

§6.3　水的双层和多层吸附

在更高的覆盖度下,水形成双层和多层的结构.双层结构和最初的几个双层最为有趣,因为它们标志着体态冰形成的初始阶段.实验上观察到了几种类型的层状结构.$\sqrt{3}\times\sqrt{3}R\,30°(\sqrt{3})$的双层冰是最为简单也最为著名的一种[8,9,11].水分子在这种二维结构中按褶皱的六角环排列,形成非常类似于体态冰(Ice Ih)的结构[24,25].

除此之外,实验还发现在较高温度(130～140 K)下可以生长另两种复杂的周期结构: $\sqrt{39}\times\sqrt{39}R\,16.1°$($\sqrt{39}$)和 $\sqrt{37}\times\sqrt{37}R\,25.3°$($\sqrt{37}$)[10]. LEED 实验证实在较高能量电子辐照下或生长层数超过 5 个双层时, $\sqrt{39}$的结构会整个扭转方向,变为 $\sqrt{3}$排列的岛(见图 6.5)[11]. 文献中关于这些结构的细节仍有争论.

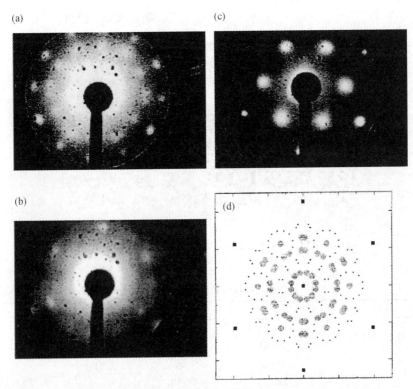

(a)　(c)　(b)　(d)

图 6.5　Pt(111)面上 $\sqrt{39}\times\sqrt{39}R\,16.1°$($\sqrt{39}$)相的 LEED 花样(a),(b),(d),
在电子辐照后变成 $\sqrt{3}\times\sqrt{3}R\,30°$($\sqrt{3}$)的岛(c)[11]

图 6.6 显示了 $\sqrt{3}$的双层结构. 每个 $\sqrt{3}\times\sqrt{3}R\,30°$的原胞中有两个水分子. 较低的 H_2O 分子直接和表面成键,而较高的 H_2O 通过氢键与邻近的下方 H_2O 分子相连,形成双层结构. 原胞中四个 OH 有三个形成氢键,剩下一个要么沿表面法线指向要么垂直指向表面,分别称为 H-up(图 6.6(a))和 H-down 双层(图 6.6(b)). H-up 和 H-down 双层中 OO 在法线方向上的垂直距离 z_{OO} 分别是 0.63 Å 和 0.35 Å(表 6.4). 和体态冰 Ice Ih 中的距离($z_{OO}=0.97$ Å)相比,这两种结构都因吸附而受压缩. 它们在能量上几乎是简并的,分别为 522(H-up)和 534 meV(H-down)(见表 6.4). 两者都可以作为在 Pt(111) 表面的双层结构的可能位形. 作为对照,我们对 Feibelman 所发现的在 Ru(0001)表面上部分分解的双层结构[55]也

进行了计算（表 6.4 最后一列），其吸附能为 291 meV，远低于分子状态双层结构的吸附能. 因此，分解结构在 Pt(111) 表面 $\sqrt{3}$ 的结构中是不占优势的. 分子状态的双层结构原先是根据高分辨电子能量损失谱[15]和紫外光发射谱[16]测量提出的，后来又被 X 射线吸收谱证实[27]，得出的结果支持这些实验.

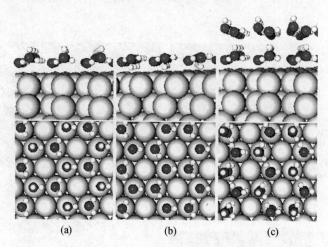

图 6.6　Pt(111) 面上二维 $\sqrt{3} \times \sqrt{3} R\, 30° (\sqrt{3})$ 的双层冰结构
(a) H-up；(b) H-down；(c) 2 个双层

表 6.4　吸附于 Pt(111) 表面上的水双层结构和能量

	z_{OO}	z_{OPt1}	z_{OPt2}	E_{ads}
H-up 双层	0.63	2.70	3.37	522
	(0.64)	(2.69)	(3.38)	(505)
H-down 双层	0.35	2.68	3.14	534
	(0.33)	(2.71)	(3.15)	(527)
部分分解结构	0.06	2.12	2.23	291

括号中是高能量截断的计算结果. 单位同表 6.1.

由于这两种位形结构相似、能量相当，考察它们的转化关系是有趣的. 采用轻推弹性带方法（nudged elastic band, NEB）[56]可以算出，从 H-up 的位形到 H-down 的位形有一个高为 76 meV 的势垒. 它们之间的最小能量路径（minimum energy path, MEP）如图 6.7 所示. 过渡态（鞍点）的位形也在图中画出. 整个路径主要决定于上方水分子在分子平面内的转动. 当自由的 OH 从与表面法向成 0°角转到成 33°角时，就到达鞍点（saddle point）. 76 meV 的势垒远小于 Michealides 等人在 Ru(0001) 上的相应的计算结果[57]，即 300 meV，但和自由二聚体分子中的相应的结构转换势垒 78 meV 相当（文献[58]的图 2 中结构 1 和 9 的能量差）. 这说明 Pt(111) 对这种转化的影响很小. 那是因为双层冰中上层 H_2O 分子基本不受表面影响.

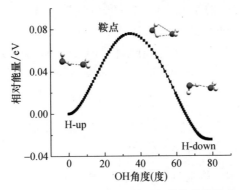

图 6.7　H-up 和 H-down 的双层结构转化势垒

我们还研究了 $\sqrt{39}$ 和 $\sqrt{37}$ 的两种周期结构[26]. 取 3 层 Pt(111)面做衬底, 原胞中分别有 32 和 26 个 H_2O 分子. 它们整体上与 $\sqrt{3}$ 相差不大, 也是褶皱的六角环结构(图 6.8). 与体态冰相比, 三种 2D 结构的格子分别扩张了 7.2%($\sqrt{3}$), 4.3%($\sqrt{37}$), 或压缩了 3.3%($\sqrt{39}$). 由于冰层原胞压缩和原胞取向的影响, $\sqrt{39}$ 结构中的原子排列较为无序. 图 6.8 右边也画出了 O 原子和 H 原子沿表面法向(z)的密

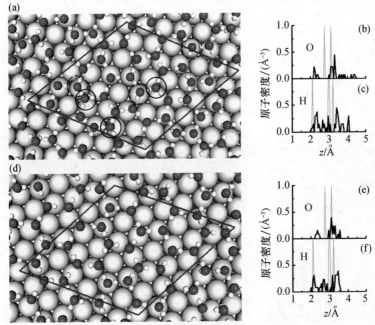

图 6.8　Pt(111)面上 $\sqrt{39}\times\sqrt{39}R\,16.1°$($\sqrt{39}$, (a))和 $\sqrt{37}\times\sqrt{37}R\,25.3°$($\sqrt{37}$, (d)) 的冰结构
右边是原子沿表面法线方向的密度分布. 实线圈和虚线圈分别表示 H_3O 和 OH 的位置

度分布.其中灰线对应于$\sqrt{3}$结构,用来做比较.从图中看到,$\sqrt{39}$结构中原子密度分布的峰很宽,有些原子离表面很远.最近的 O 原子离表面只有 2.10 Å,最远的却达到 4.4 Å.所以这一冰层厚 2.3 Å.这种结构与 Ogasawara 等人提出的上层水分子与下层水分子的垂直距离仅有 0.25 Å 的平板结构[27]相差甚远.$\sqrt{37}$结构中原子分布也比$\sqrt{3}$无序,但比$\sqrt{39}$要规则.最大的 O-Pt 距离为 3.58 Å,和$\sqrt{3}$中相近:3.37 Å(H-up)或 3.14 Å(H-down).这因为$\sqrt{3}$和$\sqrt{37}$都是拉伸结构.与它们不同的特征还有,$\sqrt{39}$冰相中有少量 H_2O 分子分解了[28].

为了研究冰层结构和能量对覆盖度的依赖关系,我们计算了$\sqrt{3}$周期中 2 个双层(图 6.6c)到 6 个双层冰在 Pt(111)表面的吸附(表 6.5).两个邻近的双层之间的 OO 距离为 2.75~2.83 Å.随着覆盖度的增加,最下方双层的底层 H_2O 分子与表面的距离逐渐减少.在 1 到 6 个双层的结构里,距离分别是 2.69 Å,2.63 Å,2.56 Å,2.49 Å,2.52 Å,2.47 Å,而上层 H_2O 分子离表面的距离始终维持在 3.25±0.02 Å.这表明在双层和多层结构中,只有最底层的水分子直接与表面键合,而上层的 H_2O 分子几乎不受影响,说明水-金属相互作用是相当局域的.

表 6.5　各种吸附结构在 Pt(111)上的吸附能(E_{ads})和氢键能(E_{HB})

种类	原胞	n	E_{ads}	$N_{H_2O\text{-}Pt}$	N_{HB}	E_{HB}
H_2O	3×3	1	304	1	0	—
$(H_2O)_2$	3×3	2	433	2	1	258
$(H_2O)_3$	3×3	3	359	3	3	55
$(H_2O)_6$	$2\sqrt{3}\times2\sqrt{3}$	6	520	3	6	368
1 BL	$\sqrt{3}\times\sqrt{3}$	2	505/527	1	3	235
2 BL	$\sqrt{3}\times\sqrt{3}$	4	564	1	7	312
3 BL	$\sqrt{3}\times\sqrt{3}$	6	579	1	11	303
4 BL	$\sqrt{3}\times\sqrt{3}$	8	588	1	15	307
5 BL	$\sqrt{3}\times\sqrt{3}$	10	593	1	19	307
6 BL	$\sqrt{3}\times\sqrt{3}$	12	601	1	23	320
1 BL	$\sqrt{37}\times\sqrt{37}$	26	597	13	39	297
1 BL	$\sqrt{39}\times\sqrt{39}$	32	615	16	48	309
2 BL	$\sqrt{39}\times\sqrt{39}$	64	582	16	112	275
3 BL	$\sqrt{39}\times\sqrt{39}$	96	572	16	176	276

原胞中的分子个数(n)和成键个数(N)也一并列出.单位同表 6.1.

图 6.9 中比较了$\sqrt{3}$,$\sqrt{37}$和$\sqrt{39}$冰层的能量.图中显示,一个双层时$\sqrt{39}$比$\sqrt{3}$吸附能大一些(80 meV),分别为 615 和 534 meV,而$\sqrt{37}$的能量处在中间,为

597 meV. 随着覆盖度的增加, 在 3BL 时, $\sqrt{3}$ 相变得比另两种相更加稳定. 这与实验发现一致. 实验中 $\sqrt{39}$ 的冰层大概在 5BL 时转化为 $\sqrt{3}$ 的结构[11]. 这是因为 $\sqrt{39}$ 和 $\sqrt{37}$ 的结构在 z 方向上比较不规则, 不利于多层结构的形成.

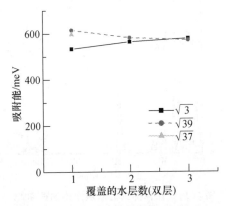

图 6.9　$\sqrt{3}$, $\sqrt{37}$, $\sqrt{39}$ 结构的能量比较

§6.4　表面上水结构的振动识别

为了进一步确认这些结构, 我们计算了单分子、双分子和双层结构的振动谱 (表 6.6). 这些振动谱是通过从头计算分子动力学模拟得到的速度自关联函数做傅里叶变换得出的. 采取微正则系综, 模拟总时间为 2 ps, 时间步长为 0.5 fs, 温度约为 90 K[25,49]. 单 H_2O 分子吸附时, HOH 的剪切运动频率很低, 为 190 meV. 这是由于电子从 O 转移到 Pt 表面的缘故, 与以前的分析一致[59]. 双分子吸附 OH 振动频率降低是由于氢键的影响.

表 6.6　H_2O/Pt(111) 结构的振动能量(以 meV 为单位)

	$T_{//}$	T_2	T_3	L_3	L_4	L_5	δ_a	δ_b	δ_{HOH}	ν_{O-Hb}	ν_{O-H}
4	16		40	61	89	113	121	190		440	
$(H_2O)_2$	8	20	32	44	65	85	105	133	198	347	432,452
H-up	4	18	32	53	69	87	107	119	198	388,432	467
H-down	6	16	34	57	69	91	111	119	196,202	384,424	438
实验	5.85	16.5	33	54	65	84	115	129	201	424	455

我们对 H-up 和 H-down 的双层结构都进行了模拟. 振动谱(见图 6.10)的左边在 4(6) meV 处有一个尖锐的峰, 在 18(16) meV, 32(34) meV, 53(57) meV, 69(69) meV 和 87(91) meV 处还有另外 5 种振动模. (圆括号内的数字代表 H-down 的情形). 在 HREELS 谱中, 在 16.5 meV, 33 meV, 54 meV, 65 meV 和

84 meV 处已经观察到了类似的振动峰(图 6.11). 它们被认为是顶层 H_2O 分子的

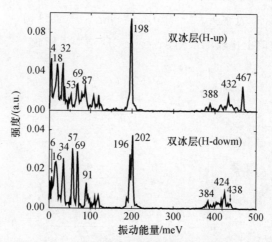

图 6.10　计算得到的双层结构的振动谱

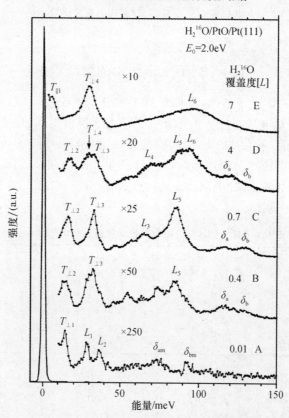

图 6.11　**$H_2O/Pt(111)$ 结构的 HREELS 谱**[9]

Pt-OH$_2$垂直振动(32 meV)和底层水分子的 Pt-OH$_2$垂直振动(16 meV)(图 6.12),
以及受抑制的转动模和摆动模 (54 meV, 69 meV, 87 meV). Pt-OH$_2$振动模的能量
通常被认为在 68 meV 附近[15,17]. Jacobi 等所做的实验[9]指出,这些模式应当与在
16.5 meV 和 33 meV 处的强能量损失峰相对应. 分子动力学模拟支持这一新看法.
在氦原子散射实验中观测到双层结构的受抑制的平动模为 5.85 meV[6],而在 4(6)
meV 的锐峰与这一测量数据很接近. 能量更高的振动模与分子内部运动有关,
也就是说,在 198 meV 处的是 HOH 弯曲模,在 380~470 meV 范围内的是 OH 伸
缩振动模. 根据图 6.10 和表 6.6,很明显,对于双层结构,无论是 H-up 还是
H-down 的位形,计算所得出的振动频率都与实验数据吻合得很好.

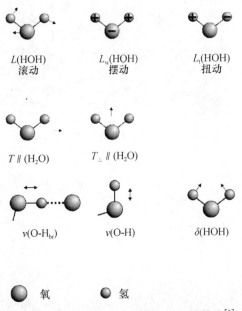

L(HOH)　　　　L_w(HOH)　　　　L_t(HOH)
滚动　　　　　　摆动　　　　　　扭动

$T \parallel$ (H$_2$O)　　　　$T_\perp \parallel$ (H$_2$O)

ν(O-H$_\mathrm{br}$)　　　　ν(O-H)　　　　δ(HOH)

氧　　　　　氢

图 6.12　水在 Pt(111)表面的各种振动模式[9]

更为有趣的是振动谱右边的 OH 相对振动模. 这些模式对分子之间的相互
作用很敏感,尤其是对氢键的形成很敏感. 在图 6.10 中,位于 388(384) meV,
432(424) meV 和 467(438) meV 处的三种模式是可以区别开来的. 与气相时的 OH
相对振动频率 454 meV(对称)和 466 meV(不对称)[60]相比,可以认为图 6.10 中的高
频模就是不形成氢键的 OH 相对振动模,而位于 388(384) meV 和 432(424) meV 的两
个较低频率的模式就对应于双层结构内的 OH 伸缩振动. 由于形成了氢键,后者明
显出现了红移. 这些模式直接反映了双层结构的位形. 如图 6.13 所示,顶层的水分
子贡献了一个氢原子,和邻近的水分子形成了一个氢键(图 6.13 中的黑线),而底
层的水分子贡献了两个氢原子和邻近的水分子形成了两个氢键(灰线). 因此顶层

的一个氢键强得多,导致有较大的红移,而底层的两个氢键相对较弱,因而红移也
较小.

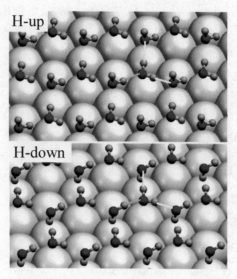

图 6.13 水在 Pt(111) 表面的 $\sqrt{3}$ 双层结构
黑线和灰线分别表示强氢键和弱氢键

上述解释可以通过 OH 伸缩振动的轨迹来证实.图 6.14 给出了 H-up 的双层
结构中,所有四种 OH 键的振幅与时间的函数关系.上面一幅图给出了自由 OH 键
和形成强氢键的 OH 键的情形.自由 OH 键键长最短,振动频率最高,而形成强氢
键的 OH 键振动频率最低,但键长最长.下面一幅图给出了形成弱氢键的两种 OH

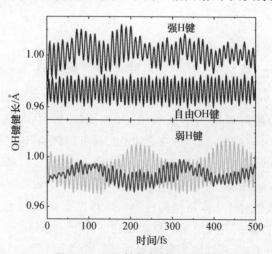

图 6.14 OH 键长与时间的关系

键的情形,它介于上面一幅图的两种情形之间. 对于自由的、形成弱氢键和形成强氢键的 OH 键,振动的平均键长分别为 0.973 Å,0.987 Å 和 1.000 Å. 对图 6.14 中的曲线进行傅里叶变换,得到的频率很接近 467 meV,432 meV 和 388 meV,这进一步证实了上面确定的振动模式的正确性. 图 6.10 和图 6.14 清楚地表明了双层结构中 OH 振动对氢键形成的敏感性.

与实验相对照,位于 424 meV 和 455 meV 的振动模已经在 HREELS 谱[9]中观测到了. 它们和图 6.10 右侧的两种模式相对应. 其他实验也在 360~400 meV 范围内发现了一个峰[1,2]. 然而,这个峰首先被认为是 OH-Pt 朝向表面的振动[4]. 形成强氢键的峰在 H_2O 吸附于 Pt(111)表面上得到的 HREELS 谱中无法分辨出来[9,15,17],但出现在 D_2O 吸附于 Pt(111)表面得到的红外反射吸收谱中[4]. 在后一种情形中,在 2200 cm^{-1} 处可看到一个较宽的峰. 乘以同位素因子 1.35 后,这个峰对应于 H_2O 的约 3000 cm^{-1}(370 meV)的能量. 这个值与形成强氢键的 OH 振动模的能量 384(388)meV 可以比拟. 后来 Denzler 等人在 D_2O/Ru(0001)的实验中也证实了我们的发现[61]. 图 6.14 中 OH 伸缩振动模的频率同样也能很好地与冰 Ih 中的 OH 伸缩振动模频率,即 390 meV 和 403 meV 相比拟[1]. 这样,双层结构的所有振动特征模式都已经被鉴别出来了.

通过振动谱证实的这两种类型的氢键的物理根源在于表面的成键性质. 图 6.15 给出了自由的水的双分子(图 6.15(a))、被吸附的双分子(图 6.15(b))和水的双层结构(图 6.15(c)~(f))由于形成了氢键而引起的电荷的重新分布. 水平轴通过 O—H···O 键,而竖直轴沿表面法向方向. 对于自由的双分子(图 6.15(a)),氢键的形成导致在成键区域内,电子从质子施主(左边分子的虚线)向受主转移. 这种电荷的重新分布在被吸附的双分子中更为显著(图 6.15(b)),表明在吸附状态中,氢键得到加强,正如总能计算所揭示的那样. 对于双层结构中的强氢键(H-up 的情形见图 6.15(c),H-down 的情形见图 6.15(d)),电荷的重新分布与被吸附的双分子十分类似. 然而,对于底层分子的弱氢键(图 6.15(e)和图 6.15(f))电荷的重新分布就没有这么显著. 这种差别再次证实了上面的发现,即双层结构中的氢键有两种类型:一个强的氢键加上两个弱的氢键. 这种由于吸附引起的氢键的加强与通常的吸附物之间的相互作用图像有极大的不同. 根据泡令原理,通常的图像是,在表面上吸附物与其他的原子成键之后,吸附物之间的相互作用会减弱. 前面的结论是仅对水成立,还是对其他氢键系统也普遍适用,以及这种反常行为的根源是什么还有待于进一步的研究.

概括说来,本章研究了单个水分子、水分子的小团簇、台阶处一维水链、水双层、2~6 等多个水双层在 Pt(111)的吸附. 结构优化发现水分子吸附在顶位最为稳定,分子平面与表面的夹角仅为 13°. 一般说来,在 Pt(111)表面上水的小团簇结构

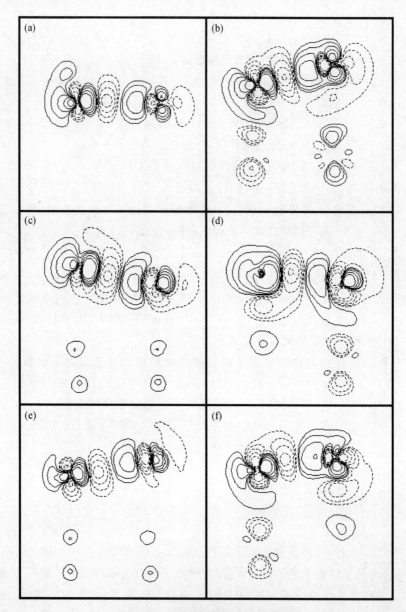

图 6.15　氢键的电荷转移密度图

(a) 水的自由双分子；(b) 在 Pt(111)表面吸附的双分子；(c) H-up 的双层结构的强氢键；(d) H-down 的双层结构的强氢键；(e) H-up 的双层结构的弱氢键；(f) H-down 的双层结构的弱氢键. 电子转移的密度定义为：对于自由双分子，$\Delta\rho = \rho\,[(H_2O)_2] - \rho\,[H_2O_{(1)}] - \rho\,[H_2O_{(2)}]$；对于其他情形，$\Delta\rho = \rho[2(H_2O)/Pt] - \rho[H_2O_{(1)}/Pt] - \rho[H_2O_{(2)}/Pt] + \rho[Pt]$. 图中等密度线取为 $\Delta\rho = \pm 0.005 \times 2^n\ e/Å^3$，其中 $n = 0,1,2,3,4$. 实线和虚线分别相应于 $\Delta\rho > 0$ 和 $\Delta\rho < 0$ 的情形

与自由情形相类似. 每个水分子吸附在顶位上, 并尽可能平躺以使金属和水的作用最强. H_2O 在台阶上吸附很强, 且形成稳定的锯齿形的一维 H_2O 链. 这些都是因为 H_2O 通过孤对电子与 Pt 表面的 5d 带耦合, 导致电子从 O 转移到了 Pt 上.

在更高的覆盖度下, 水形成双层和多层的结构. $\sqrt{3}\times\sqrt{3}R\,30°(\sqrt{3})$ 相有两种能量上几乎简并的结构: H-up 和 H-down. 它们之间的势垒仅有 76 meV. $\sqrt{39}\times\sqrt{39}R\,16.1°(\sqrt{39})$ 和 $\sqrt{37}\times\sqrt{37}R\,25.3°(\sqrt{37})$ 的结构整体上与 $\sqrt{3}$ 相差不大, 也是褶皱的六角环结构, 但是 $\sqrt{39}$, $\sqrt{37}$ 结构中的原子在表面法向上的排列较为无序. 随着覆盖度的增加, 最下方双层的底层 H_2O 分子与表面的距离逐渐减少, 说明在双层和多层结构中, 只有最底层的水分子直接与表面键合, 而上层的 H_2O 分子几乎不受影响. 这表明水-金属相互作用是相当局域的. 在 3 BL 时, $\sqrt{39}$ 相转变为 $\sqrt{3}$ 的相, 与实验发现一致.

我们发现水在 Pt(111) 上基本上是分子吸附的, 与实验相符, 并计算了各种吸附结构的振动谱, 得到的峰位可以和实验一一对应. 为了弥补实验上对分子结构和作用细节缺乏了解的不足, 我们提出了 "振动识别" 的办法. 应用这种方法, 我们第一次发现了表面上水双层结构中存在强弱不同的两种氢键: 顶层的水分子贡献了一个氢原子, 它和邻近的水分子形成了一个氢键, 因而较强; 底层的水分子贡献了两个氢原子和邻近的水分子形成了两个氢键, 因而较弱. 它们都可以通过 OH 伸缩振动来鉴别. 这种方法可以成为一种识别氢键网络结构的有前途的普适方法.

参 考 文 献

[1] P. A. Thiel and T. E. Madey. *The interation of water with solid surfaces: Fundamental aspects*. Surf. Sci. Rep. **7**, 211 (1987).

[2] M. A. Henderson. *The interation of water with solid surfaces: Fundamental aspects revisited*. Surf. Sci. Rep. **46**, 1 (2002).

[3] H. Ogasawara, J. Yoshinobu, and M. Kawai. *Water adsorption on Pt(111): From isolated molecule to three-dimensional cluster*. Chem. Phys. Lett. **231**, 188 (1994).

[4] H. Ogasawara, J. Yoshinobu, and M. Kawai. *Clustering behavior of water (D₂O) on Pt(111)*. J. Chem. Phys. **111**, 7003 (1999).

[5] M. Nakamura, Y. Shingaya, and M. Ito. *The vibrational spectra of water cluster molecules on Pt(111) surface at 20 K*. Chem. Phys. Lett. **309**, 123 (1999).

[6] A. L. Glebov, A. P. Graham, and A. Menzel. *Vibrational spectroscopy of water molecules on Pt(111) at submonolayer coverages*. Surf. Sci. **427**, 22 (1999).

[7] M. Morgenstern, T. Michely, and G. Comsa. *Anisotropy in the Adsorption of H₂O at low coordination sites on Pt(111)*. Phys. Rev. Lett. **77**, 703 (1996).

[8] M. Morgenstern, J. Muller, T. Michely, and G. Comsa. *The ice bilayer on Pt(111):
Nucleation, structure and melting.* Z. Phys. Chem. **198**, 43 (1997).

[9] K. Jacobi, K. Bedürftig, Y. Wang, and G. Ertl. *From monomers to ice—new vibrational
characteristics of H₂O adsorbed on Pt(111).* Surf. Sci. **472**, 9 (2001).

[10] A. Glebov, A. P. Graham, A. Menzel, and J. P. Toennies. *Orientational ordering of
two-dimensional ice on Pt(111).* J. Chem. Phys. **106**, 9382 (1997).

[11] S. Haq, J. Harnett, and A. Hodgson. *Growth of thin crystalline ice films on Pt(111).*
Surf. Sci. **505**, 171 (2002).

[12] S. K. Jo, J. Kiss, J. A. Polanco, and J. M. White. *Identification of second layer ad-
sorbates: Water and chloroethane on Pt(111).* Surf. Sci. **253**, 233 (1991).

[13] L. E. Firment and G. A. Somorjai. *Low-energy electron diffraction studies of molecular
crystals: The surface structures of vapor-grown ice and naphthalene.* J. Chem. Phys.
63, 1037 (1975).

[14] L. E. Firment and G. A. Somorjai. *Low energy electron diffraction studies of the sur-
faces of molecular crystals (ice, ammonia, naphthalene, benzene).* Surf. Sci. **84**, 275
(1979).

[15] B. A. Sexton. *Vibrational spectra of water chemisorbed on Platinum (111).* Surf. Sci.
94, 435 (1980).

[16] G. B. Fisher and J. L. Gland. *The interaction of water with the Pt(111) surface.* Surf.
Sci. **94**, 446 (1980).

[17] F. T. Wagner and T. E. Moylan. *A comparison between water adsorbed on Rh(111) and
Pt(111), with and without predosed oxygen.* Surf. Sci. **191**, 121 (1987).

[18] W. Ranke. *Low temperature adsorption and condensation of O₂, H₂O, and NO on
Pt(111), studied by core level and valence band photoemission.* Surf. Sci. **209**, 57
(1989).

[19] N. Materer, U. Starke, A. Barbieri, M. A. Van Hove, G. A. Somorjai, G.-J. Kroes,
and C. Minot. *Molecular surface structure of ice(0001): Dynamical low-energy electron
diffration, total-energy calculations and molecular dynamics simulation.* Surf. Sci. **381**,
190 (1997).

[20] M. A. Leban and A. T. Hubbard. *Quantum mechanical description of electrode reac-
tions. II. Treatment of compact layer structure at platinum electrodes by means of the ex-
tended Huckel molecular orbital method. Pt (111) surfaces.* J. Electroanal. Chem. **74**,
253 (1976).

[21] A. B. Anderson. *Reactions and structures of water on clean and oxygen covered Pt(111)
and Fe(100).* Surf. Sci. **105**, 159 (1981).

[22] X. Su, L. Lianos, Y. R. Shen, and G. A. Somorjai. *Surface-induced ferroelectric ice on
Pt(111).* Phys. Rev. Lett. **80**, 1533 (1998).

[23] M. S. Yeganeh, S. M. Dougal, and H. S. Pink. *Vibrational spectroscopy of water at*

liquid/solid interfaces: Crossing the isoelectric point of a solid surface. Phys. Rev. Lett. **83**, 1179 (1999).

[24] D. Doering and T. E. Madey. *The adsorption of water on clean and oxygen-dosed Ru(001)*. Surf. Sci. **123**, 305 (1982).

[25] S. Meng, L. F. Xu, E. G. Wang, and S. W. Gao. *Vibrational recognition of hydrogen-bonded water networks on a metal surface*. Phys. Rev. Lett. **89**, 176104 (2002).

[26] S. Meng, L. F. Xu, E. G. Wang, and S. W. Gao. *Vibrational recognition of hydrogen-bonded water networks on a metal surface—reply*. Phys. Rev. Lett. **91**, 059602 (2003).

[27] H. Ogasawara, B. Brena, D. Nordlund, M. Nyberg, A. Pelmenschikov, L. G. M. Pettersson, and A. Nilsson. *Structure and bonding of water on Pt(111)*. Phys. Rev. Lett. **89**, 276102 (2003).

[28] P. J. Feibelman. *Comment on "Vibrational recognition of hydrogen-bonded water networks on a metal surface"*. Phys. Rev. Lett. **91**, 059601 (2003).

[29] T. Mitsui, M. K. Rose, E. Fomin, D. F. Ogletree, and M. Salmeron. *Water diffusion and clustering on Pd(111)*. Science **297**, 1850 (2002).

[30] K. Morgenstern and J. Nieminen. *Intermolecular bond length of ice on Ag(111)*. Phys. Rev. Lett. **88**, 066102 (2002).

[31] G. Estiu, S. A. Maluendes, E. A. Castro, and A. J. Arvia. *Theoretical study of the interaction of a single water molecule with Pt(111) and Pt(100) clusters: Influence of the applied potential*. J. Phys. Chem. **92**, 2512 (1988).

[32] K. Raghavan, K. Foster, K. Motakabbir, and M. Berkowitz. *Structure and dynamics of water at the Pt(111) interface: Molecular dynamics study*. J. Chem. Phys. **94**, 2110 (1991).

[33] G. Kresse and J. Hafner. *Ab-initio molecular-dynamics simulation of the liquid-metal amorphous-semi—conductor transition in Germanium*. Phys. Rev. B **49**, 14251 (1994).

[34] G. Kresse and J. Furthmüller. *Efficiency of ab-initio total energy calculations for metals and semiconductors using a plane-wave basis set*. Comput. Mat. Sci. **6**, 15 (1996).

[35] G. Kresse and J. Furthmüller. *Efficient iterative schemes for ab initio total-energy calculations using a plane-wave basis set*. Phys. Rev. B. **54**, 11169 (1996).

[36] H. J. Monkhorst and J. D. Pack. *Special points for Brillouin-zone integrations*. Phys. Rev. B **13**, 5188 (1976).

[37] M. Methfessel and A. T. Paxton. *High-precision sampling for Brillouin-zone integration in metals*. Phys. Rev. B **40**, 3616 (1989).

[38] D. Vanderbilt. *Soft self-consistent pseudopotentials in a generalized eigenvalue formalism*. Phys. Rev. B **41**, 7892 (1990).

[39] J. P. Perdew and Y. Wang. *Accurate and simple analytic representation of the electron-gas correlation energy*. Phys. Rev. B **45**, 13244 (1992).

[40] S. Andersson, C. Nyberg, and C. G. Tengstål. *Adsorption of water monomers on*

Cu(100) and Pd(100) at low temperatures. Chem. Phys. Lett. **104**, 305 (1984).

[41] J. E. Müller and J. Harris. *Cluster study of the interaction of a water molecule with an Aluminum surface*. Phys. Rev. Lett. **53**, 2493 (1984).

[42] M. W. Ribarsky, W. D. Luedtke, and U. Landman. *Molecular-orbital self-consistent-field cluster model of H_2O adsorption on copper*. Phys. Rev. B **32**, 1430 (1985).

[43] S. Izvekov and G. A. Voth. *Ab initio molecular dynamics simulation of the Ag(111)-water interface*. J. Chem. Phy. **115**, 7196 (2001).

[44] H. P. Bonzel, G. Pirug, and J. E. Müller. *Reversible H_2O adsorption on Pt(111)+K: work-function changes and molecular orientation*. Phys. Rev. Lett. **58**, 2138 (1987).

[45] A. Michaelides, V. A. Ranea, P. L. de Andres, and D. A. King. *General model for water monomer adsorption on close-packed transition and nobel metal surfaces*. Phys. Rev. Lett. **90**, 216102 (2003).

[46] K. Liu, J. D. Cruzan, and R. J. Saykally. *Water clusters*. Science **271**, 929 (1996).

[47] J. K. Gregory, D. C. Clary, K. Liu, M. G. Brown, and R. J. Saykally. *The water dipole moment in water clusters*. Science **275**, 814 (1997).

[48] S. Meng, E. G. Wang, and S. W. Gao. *A molecular picture of hydrophilic and hydrophobic interactions from ab initio density functional theory calculations*. J. Chem. Phys. **119**, 7617 (2003).

[49] S. Meng, E. G. Wang, and S. W. Gao. *Water adsorption on metal surfaces: A general picture from density functional theory calculations*. Phys. Rev. B **69**, 195404 (2004).

[50] L. A. Curtiss, D. L. Frurip, and M. Blander. *Studies of molecular association in H_2O and D_2O vapors by measurement of thermal conductivity*. J. Chem. Phys. **71**, 2703 (1979).

[51] D. Zahn and J. Brickmann. *Molecular dynamics study of water pores in a phospholipid bilayer*. Chem. Phys. Lett. 352, **441** (2002).

[52] G. Hummer, J. C. Rasaiah, and J. P. Noworyta. *Water conduction through the hydrophobic channel of a carbon nanotube*. Nature **414**, 188 (2001).

[53] C. Dellago, M. M. Naor, and G. Hummer. *Proton transport through water-filled carbon nanotubes*. Phys. Rev. Lett. **90**, 105902 (2003).

[54] D. J. Mann and M. D. Halls. *Water alignment and proton conduction inside carbon nanotubes*. Phys. Rev. Lett. **90**, 195503 (2003).

[55] P. J. Feibelman. *Partial dissociation of water on Ru(0001)*. Science **295**, 99 (2002).

[56] H. Jonsson, G. Mills, and K. W. Jacobsen. *Nudged elestic band method for finding minimum energy paths of transitions*, in *Classical and quantum dynamics in condensed phase simulations*. Eds. B. J. Berne, G. Ciccotti, and D. F. Coker. World Scientific, singapove, 1998.

[57] A. Michaelides, A. Alavi, and D. A. King. *Different surface chemistries of water on Ru{0001}: From monomer adsorption to partially dissociated bilayers*. J. Am. Chem.

Soc. **125**，2746 (2003).

[58] B. J. Smith，D. J. Swanton，J. A. Pople，and H. F. Schaefer III，and L. Radom. *Transition structure for the interchange of hydrogen atoms within the water dimer*. J. Chem. Phys. **92**，1240 (1990).

[59] R. H. Hauge，J. W. Kauffman，and J. L. Margrave. *Infrared matrix-isolation studies of the interactions and reactions of Group 3A metal atoms with water*. J. Am. Chem. Soc. **102**，6005 (1980).

[60] F. Sim，A. St. Amant，I. Papai，and D. R. Salahub. *Gaussian density functional calculations on hydrogen-bonded systems*. J. Am. Chem. Soc. ，**114**，4391 (1992).

[61] D. N. Denzler，Ch. Hess，R. Dudek，S. Wagner，Ch. Frischkorn，M. Wolf，and G. Ertl. *Interfacial structure of water on Ru(0001) investigated by vibrational spectroscopy*. Chem. Phys. Lett. **376**，618 (2003).

第7章　水在金属表面上吸附的一般规律

在细致地研究了水在 Pt(111) 表面的各种结构、动态和作用规律之后，我们考虑水和一般的金属表面，特别是过渡金属和贵金属的表面发生相互作用的本质和一般规律. 这些研究也有助于我们理解水和氧化物等一般的固体表面的相互作用.

决定吸附水的结构和稳定性的基本因素有两个，即水和金属表面的键合形式以及水分子间的氢键强度. 通常二者互相耦合，因而难以确切区分. 在大多数金属表面上，这两种作用的大小相当. 这两者的竞争，造成了表面上丰富多样的吸附结构和运动方式. 过去的二十多年里，由于在催化、燃料电池、汽车尾气处理、医疗植入器等方面的广泛的技术应用，大量的超高真空(UHV)实验工作集中于水在几种典型的贵金属和过渡金属的密堆积面上的吸附，像 Pt(111)，Pd(111)，Rh(111)，Au(111)，Ag(111)，Cu(111)，Ru(0001)等[1,2]. 总结实验结果，人们发现，在金属表面生长冰层与体态冰中的成键规律(BFP 规则)略有不同，要遵守表面处的 BFP 规则[3]：

(1) 水通过 O 原子的孤对电子与金属表面键合.

(2) 即使在二维团簇或不完整的冰层中，水分子仍然保持四面体的结合位形.

(3) 每个水分子至少形成两个键(包括 O 与表面的成键和水分子间的氢键).

(4) 所有自由的孤对电子被限制在基本和金属衬底垂直的方向上.

通常人们认为，与氧化物表面上的分解吸附不同，在洁净金属表面上水以分子状态的双层结构存在，除非表面上沾有自由的 O 原子或其他污染物[1]. 然而，近来 Feibelman 在水吸附在 Ru(0001) 表面上的研究[4,5]中提出，双层结构中的一半水分子是部分分解的，即其中没有与其他分子形成氢键的 OH 键断裂了. 这种半分解的结构在能量上比分子状态的双层结构要低 0.2 eV/分子. 其他表面的情形如何? 在 Ru(0001) 上，Denzler 等人利用和频产生(SFG)的办法测量了 $D_2O/Ru(0001)$ 的振动谱，测量的结果和分子吸附状态相符，于是他们否定了 Feibelman 一半水分子分解吸附的提议[6]. 理论和实验的矛盾仍需要更多的研究来解决. 扫描隧道显微镜(STM)实验在观察单个水分子和小团簇分子在 Pd(111) 表面的扩散时也发现了有趣的现象：二、三聚体分子比单分子扩散速度快 3~4 个数量级[7].

本章试图从第一性原理计算的角度揭示水与金属表面相互作用的普遍规律并解释实验中的现象. 基于原子和电子作用的观点, 我们首先研究了单个水分子和水双层在 Ru, Pd, Au 等表面的吸附, 并表明水和衬底相互作用本质上是由 O 孤对电子和这些金属的 d 带耦合造成的. 通常地, 这将引起电子从 O 向衬底原子的转移, 使得这个水分子提供 H 而形成氢键加强. 比较这些表面上水层中的水-金属作用 (O-M) 和氢键作用, 我们从微观上解释了亲水性和疏水性的差别, 得到了与实验一致的表面浸润次序. 最后, 我们研究了金属表面上水结构的振动、转化、分解、质子传输和扩散等各种动态现象.

§7.1　水在 Ru, Pd, Au 等金属表面的吸附

我们研究了水在 Ru(0001), Rh(111), Pd(111), Au(111) 上的吸附. 这些表面与 Pt(111) 面的差异在于: (1) 元素化学活性不同; (2) 晶格常数不同, 从而与体态冰层周期的匹配不同, 影响氢键强度. 前者主要决定了水-金属作用的强度, 特别是在单 H_2O 分子吸附的情况下, 而且它与晶格匹配效应一起影响吸附结构中的氢键. 因此我们研究了两种典型的吸附情形: 单个水分子和水的双层的吸附. 这使得我们可以清楚地认识吸附结构中水-表面作用和氢键作用.

7.1.1　单个水分子的吸附

和水在 Pt(111) 上一样, 我们也从单个分子吸附开始研究. 取 $p(3 \times 3)$ 的原胞, 用 Vienna 从头计算模拟程序 VASP 来进行计算. 计算中所用的理论晶格常数如表 7.1 所示, 它们与实验符合得很好. 计算所用的参数与 §6.1 中基本相同: 平面能量截断取为 300 eV, 真空厚度约 13 Å, 水分子放在晶板的一边.

表 7.1　某些 hcp(Ru) 和 fcc(Rh, Pd, Pt, Ag, Au) 金属材料的晶格常数 (单位为 Å)

	Ru	Rh	Pd	Pt	Ag	Au
理论	2.72	3.83	3.96	3.99	4.17	4.18
实验	2.71	3.81	3.89	3.92	4.09	4.08

单个分子吸附在这些表面的位形和在 Pt(111) 上基本一致[8] (图 7.1). H_2O 分子选择在顶位吸附, 与表面夹角为 6°~24°. 吸附通常造成 OH 键长增加, HOH 键角加宽. 这表明从 O 的孤对电子轨道到金属表面发生了电荷转移, 与在 Pt 表面上的分析一致. 具体的结构和能量在表 7.2 中列出.

图 7.1　单个水分子在密排金属表面吸附的典型位形

表 7.2　单个水分子在金属表面的吸附位形和能量

表面	层数	顶位		桥位		空位		d_{OH}	HOH	θ
		d_{OM}	E_{ads}	d_{OM}	E_{ads}	d_{OM}	E_{ads}			
Ru(0001)	5	2.28	409	2.55	92	2.56	67	0.981	105.66	16
Rh(111)	4	2.32	408	2.57	126	2.70	121	0.978	105.95	24
Pd(111)	4	2.42	304	2.74	146	2.77	130	0.977	105.63	20
Pt(111)	4	2.43	291	3.11	123	3.12	121	0.978	105.36	13
Au(111)	7	2.67	105	2.80	32	2.80	25	0.977	105.04	6

距离、能量、角度的单位分别为 meV，Å，度(°)．

从表中看出，水在 Ru 和 Rh 表面吸附能最大，作用最强，在 Pd 和 Pt 表面次之，在 Au 表面的吸附最弱．这表明水与金属的耦合强度从大到小排列次序为 Ru＞Rh＞Pd＞Pt＞Au．有趣的是，水-金属原子距离（d_{OM}），极角 θ 和 HOH 键角也呈现同样的次序，更加证实了我们的结论．这种结合强度的次序与元素的化学活性相符很好．在元素周期表中，Ru，Rh，Pd 同属第五行元素，且从左向右相邻排列，Pt，Au 在第六行中也是从左向右相邻的，且 Pt 和 Pd 属于同一列．因此它们的活性次序也是 Ru＞Rh＞Pd＞Pt＞Au．Michaelides 等人细致地研究了单个水分子在金属表面的吸附[9]．我们的结果基本上与其一致，但细节上略有差别．比如他们得到的吸附能的次序为 Rh＞Ru＞Pd＞Pt＞Au．但实际在 Rh 和 Ru 上，Pd 和 Pt 上水分子的吸附能相差很小．另外，他们得到的 H_2O 分子极角 θ 没有一定的次序，这可能源于极角较小时计算误差偏大和他们所用的原胞(2×2)较小的缘故.

7.1.2 水双层的吸附

我们还计算了 Ru,Rh,Pd,Pt 和 Au 面上$\sqrt{3}\times\sqrt{3}R$ 30° 水双层(双层冰)结构. 这种结构多次为实验证实[1,2]. 其中水与表面的作用、水分子之间的氢键作用同时存在,为我们研究这两种作用的竞争和混合提供了方便.

计算得到的结构参数和能量在表 7.3 中列出. 对 H-up,H-down 的双层位形都作了计算. 和在 Pt(111)上情形类似,这些表面上的双层冰也是褶皱的六角环排列起来的网络结构. 下层水分子的吸附高度 z_{OM1} 按 Ru, Rh, Pd, Pt, Au 的次序逐渐增加,而上层水分子的高度基本保持水平,即在 H-up 结构中保持在 3.40 Å,在 H-down 结构中保持在 3.20 Å. 因此 OO 垂直距离(z_{OO})也按此顺序递减. 这些关系在图 7.2 中表现得更为明显. 图中画的是 H-up 双层中这些结构参数(z_{OM1},z_{OM2},z_{OO})随元素序数改变的规律(H-down 的双层结构与此类似). 这些普遍的结构规律再一次表明金属和水的作用是相当局域的,基本上限制于底层水分子,而上层分子几乎不受影响.

表 7.3 吸附于紧排金属表面上的水双层结构和能量

表面	双层	$z_{OO}/$Å	$z_{OM1}/$Å	$z_{OM2}/$Å	$E_{ads}/$(meV/H_2O)
Ru(0001)	H-up	0.86	2.46	3.42	531
	H-down	0.42	2.69	3.22	533
	半分解	0.05	2.09	2.16	766
Rh(111)	H-up	0.79	2.50	3.40	562
	H-down	0.42	2.52	3.12	544
	半分解	0.04	2.09	2.16	468
Pd(111)	H-up	0.60	2.78	3.45	530
	H-down	0.36	2.66	3.18	546
	半分解	0.07	2.09	2.20	89
Pt(111)	H-up	0.63	2.70	3.37	522
	H-down	0.35	2.68	3.14	534
	半分解	0.06	2.12	2.23	291
Au(111)	H-up	0.46	2.90	3.38	437
	H-down	0.29	2.85	3.25	454
	半分解	0.14	2.20	2.43	-472

3
2
1
0
E_{HB}/E_a
距离/Å
Z_{OO}
Z_{OM1}
Z_{OM2}
Ru
Rh
Pd
Pt
Au

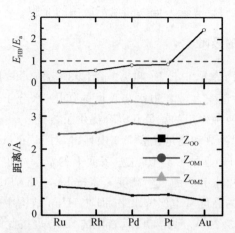

图 7.2 金属表面上水双层(H-up)的结构参数和浸润能力比较

金属表面上双层冰的这种结构上的规律性和这些金属元素的 d 电子能带占据规律是一致的. 根据元素周期表, d 带填充的顺序即是 Ru＜Rh＜Pd＝Pt＜Au(图 7.3). 众所周知, d 带填充的多少会影响 O、H 等原子的吸附, 乃至金属表面的一般活性. 图 7.2 和 7.3 明确表明了水-表面的作用与表面元素 d 带占据直接相关. 我们相信从 Ru(2.75 Å)到 Au(2.95 Å), 表面晶格常数的增加对水与表面的相互作用的影响要小得多.

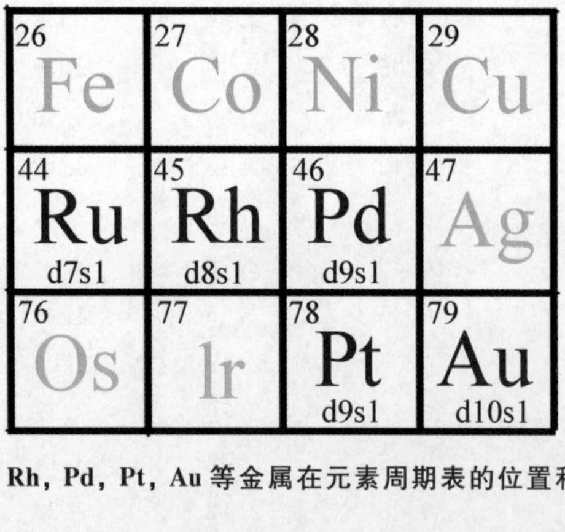

26 Fe
27 Co
28 Ni
29 Cu
44 Ru d7s1
45 Rh d8s1
46 Pd d9s1
47 Ag
76 Os
77 Ir
78 Pt d9s1
79 Au d10s1

图 7.3 Ru, Rh, Pd, Pt, Au 等金属在元素周期表的位置和 d 电子数目

除了$\sqrt{3}\times\sqrt{3}R\ 30^\circ$的水双层, 我们还计算了 Feibelman 提出的一半水分子分解的结构在这些表面上的吸附. 通常地, 两个 OM 吸附键长分别在 2.10 Å 和 2.20 Å 左右(除了 Au 上), 比分子状态的双层吸附中 OM 键长要小得多. 它是一个非常平整的结构($z_{OO}\approx 0.05$ Å). 但是我们发现它仅在 Ru(0001)表面上才是能量稳定的, 而在 Au(111)表面吸附能为负, 水层与表面排斥.

至于实际的水双层结构是什么样子,在 Pt(111)[10] 和 Ru(0001)[6] 上所做的实验似乎倾向于 H-down 的双层结构. 在 Pt(111) 上的计算结果与之相符,虽然 H-down 的结构在能量上仅仅低了十几 meV. 有趣的是,我们的计算显示在 Rh(111) 上 H-up 的双层冰结构将比 H-down 更稳定,这尚有待于实验证实.

§7.2　水在 Cu(110) 等开放金属表面的吸附

7.2.1　单个水分子吸附在 Cu(110) 表面

我们系统研究了水在 Cu(110)、Ag(110)、Au(110)、Pd(110)、Pt(110) 上的吸附[11,12]. 首先考虑单个水分子在 Cu(110) 表面的吸附. 我们选取 $c(2 \times 2)$ 的原胞,利用 Vienna 从头计算模拟程序 VASP 进行计算. 计算所用的参数为:晶格常数选取实验值 3.6149 Å,平面能量切断取为 400 eV,真空厚度超过 23 Å,水分子只放在晶板的一边.

单个水分子在开放体系 Cu(110) 表面上主要的吸附位包含顶位、桥位和空位(图 7.4). 相对于其他吸附位形,水分子更倾向于平躺吸附在顶位,主要取决于该位形拥有最短的 CuO 间距和最强的 CuO 键相互作用. 计算表明较多的电荷从 O 原子转移到 Cu 原子上,这样弱化了水的 OH 键. 水分子选择顶位吸附也与在其他金属表面 Pt(111)、Pd(111)、Rh(111)、Ru(0001)、Cu(100)、Cu(111) 和 Cu(211) 等上的结果相一致.

实验观测到,水分子即使在很低的温度下也容易在金属表面扩散. 我们计算发现:在 Cu(110) 表面,单个水分子沿着 [110] 和 [001] 方向的扩散势垒分别为 0.12 eV 和 0.23 eV. 这样,H_2O 分子更容易沿着 [110] 方向扩散. 不对称的势能面和水分子的吸附位置决定了其

图 7.4　单个水分子在开放体系 Cu(110) 表面的典型吸附位形

(a) 顶位;(b) 沿 [110] 的桥位;(c) 沿 [001] 的桥位;(d) 空位. 红球、白球、橙球分别代表 O、H 和 Cu 原子

在不同方向上的扩散行为. 同时,较小的扩散势垒也有利于水团簇的形成.

基于 H_2O 分子顶位吸附的结构,图 7.5 描述了单个水分子的分解路径和相应

的分解势垒.单个水分子从顶位（初态）逐渐向桥位（过渡态）移动.伴随着这个过程,O 原子的位置接近[110]方向上的桥位,一个 OH 键长增加到 1.55 Å.从图 7.5 可知,单个水分子的分解势垒为 0.94 eV.相对于 0.38 eV 的吸附能和脱附能,单个水分子很能在 Cu(110)表面分解.单个水分子分解后,OH 键占据着[110]上的桥位,断开的 H 原子则居于 Cu 原子间的沟壑处,整个体系的能量也随之大大降低.而且,单个水分解的过程是一个放热过程.

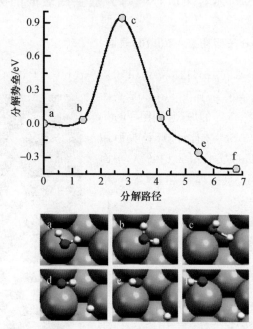

图 7.5　单水分子在 Cu(110)上的分解势垒及分解路径上的几个代表位形

7.2.2　水双层的吸附

我们还计算了水双层（即表面 Cu 原子 与 H_2O 分子个数的比例为 1：1）在 Cu(110) 表面上几种典型的吸附结构（图 7.6）：分子吸附（图 7.6(a)～(d)）和半分解吸附（图 7.6(e)）.计算得到氢向下（H-down）结构（图 7.6(a)）的吸附能为 0.554 eV/H_2O,远大于氢向上（H-up）结构（图 7.6(b)）的 0.514 eV/H_2O,表明前者比后者更稳定.这一结果与 X 射线吸收实验观测到在 Pt(111) 表面上形成 H-down 水双层的结构相吻合.在 Cu(110)上,链状水双层结构（图 7.6(c)）的吸附能只比 H-down(图 7.6(a))低了 6 meV,也比较稳定,而在 Ru(0001)上,链状的水双层结构最为稳定,吸附能比 H-down 的结构大 0.13 eV[13].我们研究发现,不同 H 的位置和指向会导致一些能量的差异（<18 meV）,但不足以改变 H-down 和链状水结构在 Cu(110)的稳定性.相对于前三种完整吸附的位形（图 7.6(a)～(c)),

类方形的水结构(图 7.6(d))最不稳定(吸附能为 0.442 eV/H$_2$O).其他一些的位形也不稳定,通过结构优化最终转变为 H-down 的水结构.因此,完整吸附在Cu(110) 上,水双层结构的稳定性是 H-down>链状结构>H-up>类方形结构.

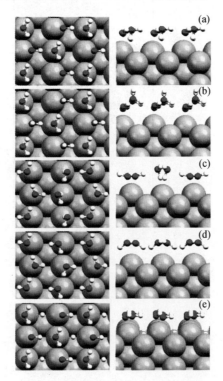

图 7.6　水双层吸附在 Cu(110) 表面的原子结构图
完整吸附(a) H-down,(b) H-up,(c) 链状,(d) 类方形位形以及半分解吸附(e)

但是,没有形成 H 键的 OH 键一旦断裂,水层将会在 Cu(110) 表面上形成稳定的半分解结构(图 7.6(e)),这与之前 Feibelman 提出的 Ru(0001) 上水会半分解的情况相吻合.在 Cu(110) 上,半分解结构的吸附能达到了 0.632 eV/H$_2$O,与完整不分解的吸附位形相比,能量稳定性非常接近[14].以上结果均是基于 c(2×2) 的小原胞计算得到的,在实际体系中各原胞瞬态结构不一定完全相同.若取更大的原胞计算,Michaelides 等人发现水在 Cu(110) 表面上取 H$_2$O：OH=2：1 的比例并有一定的氢键缺陷(Bjerrum defects)的结构最稳定[15].

从 H-down 和半分解两种结构的电荷密度图(图 7.7)来看,水分子和 Cu(110) 的相互作用主要通过 O 的孤对电子和 Cu 原子的 p_z 轨道发生耦合,导致 1π 态的累加和 Cu 的 d_{z^2} 态的损耗.沿着表面法线方向 z 轴对电荷密度做积分,我们发现[11]:对于 H-down 水双层,有 0.17e/原胞的电荷从 H$_2$O 转移到 Cu(110) 上;对于半分解结构,则有 $0.14e/$原胞的电荷从 Cu 转移到了 H_2O 分子上.

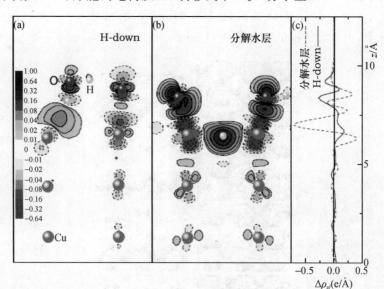

图 7.7　水结构吸附造成的电荷密度重新分布图

黑色、灰色分别表示电荷密度的增加和减少区域,等密度线的单位是 $e/Å^3$. (a) H-down 的水层结构;
(b) 分解水层结构;(c) 在表面法线方向的一维电荷密度变化

考虑其他贵金属(110)表面,包括 Ag、Au、Au(1×2)、Pd、Pt、Pt(1×2),单个水分子在顶位的吸附次序为 Pt>Pt(1×2)>Pd>Cu>Ag>Au>Au(1×2)(图7.8 上图).总的来说,吸附能都非常接近.同族元素 Cu、Ag、Au 的吸附能次序也与各自表面的化学反应活性相一致.一旦水分子的 OH 键被打断,OH+H 与 Ag 和 Au 表面产生相互排斥的作用,暗示了这两种表面抗水腐蚀能力较强.虽然在 Pt 上单个水分子能够被分解,但实际上 Pt(1×2) 的结构相对更为稳定.因此,只有 Cu(110) 表面有利于单个水分子的分解.对于水双层的吸附,我们比较了较稳定的 H-down 完整吸附结构和半分解结构在这些贵金属(110)表面上(图 7.8 下图).对于 H-down 的结构,水双层的吸附次序为 Pt>Pd>Pt(1×2)>Cu>Ag>Au>Au(1×2).水层半分解后,H_2O 分子和分解后的 OH 几乎在同一层,说明分解后的水层是平的.与完整吸附的位形相比,除了 Cu 表面,其他贵金属表面上的吸附能都减少了,其吸附能总的趋势[12]为 Cu>Pt>Pd>Pt(1×2)>Ag>Au>Au(1×2).尤其在 Au 表面上,分解的水层非常不稳定.考虑到大部分的金属表面,比如 Na 和 Fe 都易于水的吸附,而水双层在 Cu(110)上的完整吸附和半分解吸附都有中等大小的结合能,这揭示了 Cu(110) 表面是水层分解的分界线.

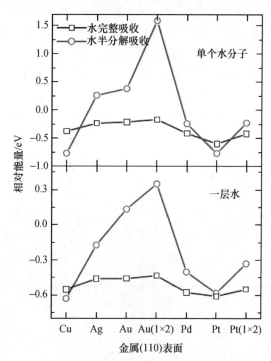

图 7.8　在不同金属的 (110) 开放表面上水完整吸附和半分解吸附对应的相对能量

综上所述, 单个水分子选择 Cu(110) 的顶位吸附, 并容易在表面上发生扩散, 但很难分解. 而对于水双层来说, 它倾向于 H-down 的完整吸附位形. 但一旦水分子被分解后, 将在 Cu(110) 上形成更加稳定的半分解结构. 与其他贵金属 (110) 表面 (Ag、Au、Pd、Pt) 上的结果相比较, 我们发现, Cu(110) 是水双层完整吸附和分解吸附的分界线.

§7.3　水和金属衬底相互作用的本质: 电子观点

通过以上对水在 Ru(0001), Rh(111), Pd(111), Pt(111), Au(111) 表面上吸附的研究, 我们总结了水和过渡金属、贵金属表面相互作用的本质和一般规律. 水分子通过电子耦合与表面接触. 吸附结构清楚地显示作用强度、位形规律与表面电子态的占据密切相关. 文献中尚未给出统一的、明确的水与表面作用的电子图像. 我们试图从电子作用的观点研究水与这些金属表面相互作用的本质和规律, 这些规律对于理解水与一般表面的相互作用也是有启示的.

图 7.9 展示了 Pt(111) 上单 H_2O 分子 (a)、$(H_2O)_2$ (b)、H-up(c) 和 H-down(d) 双层结构中由吸附引起的差电荷密度分布. 水平轴是表面 [110] 方向, 同时也基本沿

着一个 OH 基的方向. 竖直轴沿着表面的法向. 图中显示在所有情况下 Pt 原子附近极化电荷的分布都呈现 d_{xz} 和 d_{z^2} 的特征. 这表明 Pt(111) 表面的 d 电子带, 特别是 d_{xz} 和 d_{z^2} 带参与了 H_2O-Pt 的作用, 造成从水分子到表面大约 0.02 个电子的转移. 前面所观察到的 HOH 键角的扩大和 OH 键长的伸长都是由于 O 原子上电子减少了的缘故. 这种图像和以前对单个水分子吸附在表面上的研究是一致的.

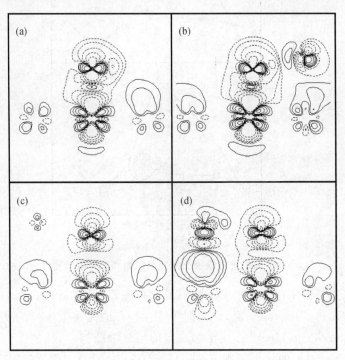

图 7.9　金属表面(Pt)与水作用电荷转移密度图

(a) 单个水分子; (b) 双分子; (c) H-up 的双层; (d) H-down 的双层结构. 差电子密度定义为 $\Delta\rho = \rho[(H_2O)_n/Pt] - \rho[(H_2O)_n] - \rho^{[Pt]}$. n 是原胞中的 H_2O 分子数. 图中等密度线取为 $\Delta\rho = \pm 0.005 \times 2^k \, e/\text{Å}^3$, 其中 $k = 0, 1, 2, 3, 4$. 实线和虚线分别相应于 $\Delta\rho > 0$ 和 $\Delta\rho < 0$ 的情形

水分子主要有四个的已占据的价电子轨道 $2a_1, 1b_2, 3a_1, 1b_1$ 和两个未被占据的轨道 $4a_1, 2b_2$ (见图 1.6), 它们决定了水与外界的相互作用. 细致的分析表明, 和金属原子相混合的轨道主要是 $3a_1, 1b_1$, 它们也是组成孤对电子轨道的主要成分 (和 $2a_1$ 一起). 图 7.10 给出了单个 H_2O 分子在 Pt(111) 吸附时 $3a_1, 1b_1$ 态密度和相应轨道的电荷分布. 单分子吸附在 Ru(0001) 上时各轨道上电荷的空间分布也是相似的 (图 7.11). 这说明水分子通过 O 的孤对电子 ($3a_1, 1b_1$ 轨道) 与金属衬底作用的图像是普遍的, 存在于各种水-表面系统.

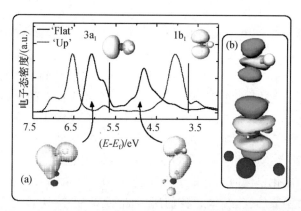

图 7. 10　Pt(111)上单 H_2O 分子平躺位形(Flat)和直立位形(Up)吸附时
电子态密度和轨道的空间分布[9]

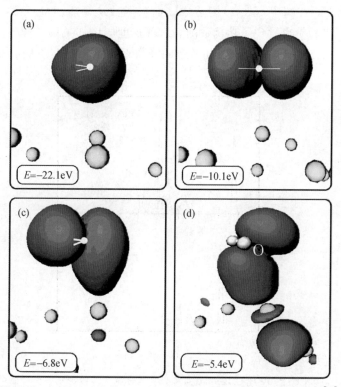

图 7. 11　Ru(0001)上单 H_2O 分子吸附时各电子轨道的空间分布[16]

图 7.9 也表明水与表面的相互作用是相当局域的. 在双分子吸附(b)乃至双层吸附(c),(d)时,极化电荷主要分布在底层水分子和与之直接接触的衬底原子上. 双层结构中上层 H_2O 分子和表面原子耦合很小. 图 7.12(a)画出了双层结构(H-up)中两个水分子的电子态密度(在 Ru(0001)上). 下层水分子的 $1b_1$ 能级明显低于上层分子. 也表明只有下层分子与表面耦合较强. 而在半分解(Half-disso.)的结构中由于两个分子(H_2O 和 OH)都与表面直接接触,它们都与表面有较强的混合(图 7.12(b)). 这些指导我们得到以下的结论:金属表面上的水结构通过 O 的孤对电子和衬底电子,特别是表面态电子,形成化学键,这种水和表面的作用是相当局域的,主要集中于与表面直接成键的底层水分子. 虽然水与各个表面的作用强度大小有别,这种水-表面相互作用的图像是普遍适用的.

水和表面形成化学键时常伴随着电荷转移. 图 7.13 显示了水吸附在 Pt(111) 表面时造成的功函数的变化. 根据我们所用的原胞,单个 H_2O 分子、$(H_2O)_2$ 和双层吸附分别对应于 $1/9, 2/9$ 和 $2/3$ ML 的覆盖度(1 ML 相当于每个表面原子上吸附一个水分子),其中双层结构的结果对 H-up 和 H-down 两种位形做了平均. 为了比较,吸附能也画在图中. 水的吸附造成表面功函数从裸表面的 5.8 eV 降到双层时的 5.0 eV. 实验中也发现了功函数随着水覆盖度的增加单调递减的规律,且在 1 个双层时降低了 $0.7 \sim 0.8$ eV[17]. 功函数的降低直接意味着电子从水转移到表面,这和图 7.9 中的电荷差密度分布是一致的.

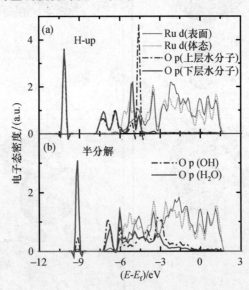

图 7.12　Ru(0001)上(a) H_2O H-up 双层和(b) 半分解结构投影到表面和体中 Ru 原子的 d 轨道和 O 的 p 的轨道的电子态密度

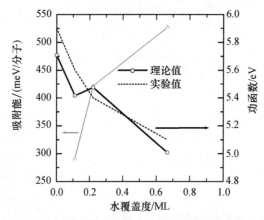

图 7.13　水吸附造成 Pt(111)功函数随覆盖度的变化

§7.4　表面吸附氢键增强？

　　研究氢键如何受表面吸附的影响是非常有趣的问题. 按照 Pauling 原理, 人们通常认为, 水分子间形成氢键会减弱单个分子与衬底的作用, 同样地, 与表面成键也会造成水分子间的氢键减弱, 但是这种图像从未在氢键吸附系统中仔细地检查过. 原则上说, 表面处的氢键和水与表面的作用是相混合的, 难以严格分离, 但是关于表面处氢键的定性图像仍是有趣且必要的. 通过认真考虑水结构在过渡金属和贵金属密排面上吸附的能量变化和电荷转移, 我们得到的结论是, 水在表面的吸附通常造成氢键增强.

　　首要的问题是什么因素影响表面处的氢键的强度？最主要的两个因素是底层水分子-金属表面的耦合以及表面上水分子与周围水分子形成氢键, 氢键的数目和位形会引起氢键强度的自动调节. 这两者都是造成表面处形成较强的氢键的原因.

　　表面上最简单的氢键系统是双水分子$(H_2O)_2$. 对$(H_2O)_2$在表面吸附的计算已经表明, 吸附的$(H_2O)_2$中的氢键比自由的$(H_2O)_2$中的氢键强得多. 如表 7.2 所示, 单分子在 Pt(111)上吸附能为 304 meV, 而双分子吸附能为 433 meV/H_2O. 如§6.2 所述, 可以估计$(H_2O)_2$中的氢键能量在 258 meV 到 562 meV 之间. 仔细的计算(单个 H_2O 分子分别固定在$(H_2O)_2$分子中相应吸附位形上的吸附能是 282 meV 和 134 meV)表明, 这个氢键能大略是 $433 \times 2 - 282 - 134 = 450$ meV, 比自由的$(H_2O)_2$中的氢键(250 meV)要强得多. 差电荷密度分布(图 7.14(b))也表明了电荷的重新分布比自由情形要更为强烈(图 7.14(a)).

　　这种吸附造成的氢键增强源自于水和表面之间的电荷转移. 如图 7.9(b)所示, O 的孤对电子与表面 d 带耦合, 导致电子从 O 转移到 Pt, 紧接着 O 通过 OH 键从 H 俘获更多的电子以弥补孤对电子的损失,这导致了 H 的电正性增加和 O 对 H 的束缚减弱,两者都导致该 H 原子与相邻水分子形成更强的氢键. 这就是表面吸附导致氢键增强的原因. 同理,我们可以推测若是接受氢键的水分子与表面耦合,即形成强 OM 键,则这个氢键不会增强,反而会减弱. 对这样的 $(H_2O)_2$ 位形的计算显示,吸附能为 $230\,meV/H_2O$,氢键约为 $40\sim160\,meV$,氢键较自由情形为弱. 但是表面吸附时自然选择的最稳的位形往往是氢键增加的位形,见图 6.3 中 B 处.

这种图像在水的小团簇和双层、多层结构中同样适用. 在六分子 $(H_2O)_6$ 吸附的位形中,最低的水分子与表面耦合最强,它提供 H 形成的两个氢键由于吸附而增强. 同样地,在双层和多层结构中下层水分子提供氢而形成的氢键也因吸附而增强.

但是,吸附在表面处的小团簇和层状结构中还会因吸附造成的环境变化自动调节氢键强度. 比如因为存在着一些悬挂(即未成氢键)的 OH 基而调整水结构中的氢键强度. 一般地,一个 H_2O 中若只有一个 OH 形成氢键而另一个 OH 悬空,那这个氢键要比提供两个 H 而形成的两个氢键要强. 同样地,一个 H_2O 中若接受两个 H 形成氢键,那它提供 H 而形成的氢键比只接受一个 H 要强. 总之,水分子提供越少的 H 形成氢键,接受越多的氢键,它提供 H 而形成的那些氢键就越强. 这同样可以从氢键造成的电荷转移的角度来解释. 形成氢键的 H 得电子,O 失电子. 水分子提供越少的 H,分子中 O 通过 H 得到的电子越少,对 H 的束缚越小,而接受越多的氢键,O 通过氢键失去的电子越多,对该分子的 H 束缚越小,这都使该分子提供 H 形成的氢键变强. 这在水双层结构和多层结构最上双层中表现得最明显. 在双层中,上方 H_2O 分子提供一个 H,接受两个氢键,下方 H_2O 分子提供两个 H,接受一个氢键. 因此,上方 H_2O 分子提供 H 形成的那个氢键比下方 H_2O 分子提供 H 形成的两个氢键都要强. 它们即分别是双层结构中的强氢键和弱氢键. 也可以从电荷转移图 6.15 和振动频谱图 6.14 中鲜明地看出它们强度的差别.

同样地,水结构自动调节氢键时氢键的键长(OH$\cdots$O 距离)、键角($\angle$OH$\cdots$O)和两分子平面的夹角对氢键绝对强度的影响也很大. 粗略地讲,键长越接近于 2.6$\sim$2.7 Å,键角越接近于 $180°$,分子平面越接近于垂直,氢键就越强.

表面处 H 指向的无序对氢键强度影响不大. 在表面上生长 $\sqrt{3}\times\sqrt{3}R\,30°$ 的两个双层结构时,相对于底下的第一个双层,第二双层有两种氢键指向,如图 7.14 中所示. 如此上下两双层间形成的氢键的受主 H_2O 分子(在上方)的 H 指向不同,该氢键在两结构中是两种不同 H 指向的氢键. 这两种结构的吸附能相差 $2\,meV/H_2O$,参与氢键的 OH 振动频率相差 $2\,meV$,可以认为两氢键在同一强度. 这与李济晨等人认为的体材料的冰中这两种位形的氢键强度不一的观点不同,也许表明中子散射实验中的两个峰位($27\,meV$ 和 $36\,meV$)的来源需要新的解释[18].

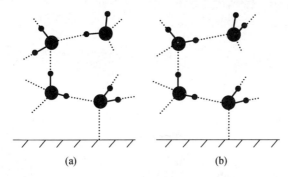

图 7.14　表面上生长两个 $\sqrt{3}\times\sqrt{3}R\,30°$ 的水双层, 第二双层会形成两种不同的 H 指向
点线表示 OM 键或氢键

§7.5　表面浸润的微观判据

亲水和疏水是日常最常见的现象之一. 水和表面接触时, 有些表面黏附水, 称为亲水表面, 有些排斥水, 称为疏水(或憎水)表面. 亲水和疏水性在生活、生产和生命活动中都起着重要作用, 比如润滑、清洁、DNA 合成和蛋白质折叠等等. 宏观地讲, 亲水性的差别可以用浸润角 θ 表示[19], 即液滴切面与表面所成的角. $\theta<90°$ 是亲水表面, $\theta>90°$ 是疏水表面, 如图 7.15 所示. 但这种图像是宏观的且只适合于液体. 如何从分子尺度上来理解表面亲疏水性的差别呢?

图 7.15　亲疏水作用和浸润角示意图

最近的低温脱附实验[20,21]给我们以有益的启示, 如图 7.16 所示. 实验细致测量了几种表面上的薄冰层和团簇的脱附动力学. 比较它们的不同表现发现, 表面的亲水性的次序是 Pt(111) > 石墨 > Au(111), 特别地 Pt(111) 是亲水表面, 而 Au(111) 是疏水表面. 这提醒我们可以从能量的角度微观地研究表面处的亲水现象, 特别地可以考虑其中的原子和电子作用.

首先我们取 Pt(111) 和 Au(111) 两种表面作对比研究. 表 7.4 列出了 Pt, Au 上各种结构的吸附能和氢键能. 其中 Pt(111) 面上的水结构与能量是和表 6.5 中一样的. 氢键能的定义如下:

$$E_{HB} = \begin{cases} (E_{ads}\times n - E_{ads}[\text{monomer}]\times N_{M\text{-}H_2O})/N_{HB}, & \text{(团簇或一个双层时)} \\ (E_{ads}[m\,BL]\times 2m - E_{ads}[(m-1)BL]\times 2(m-1))/4, & (m\ \text{个双层时}, m>1) \end{cases}$$

$$(7.1)$$

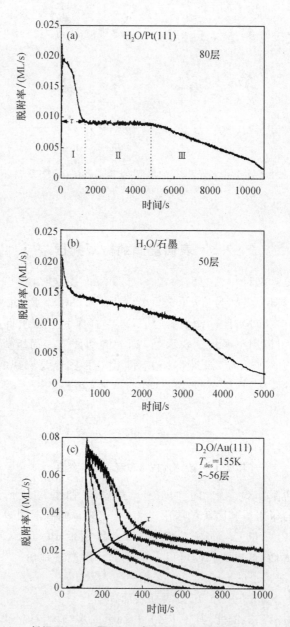

图 7.16 低温下 Pt、石墨和 Au 表面上冰层脱附速率和时间的关系
显示亲水性次序 Pt＞石墨＞Au
整理自文献[20]和[21]

其中 E_{ads} 是各结构的吸附能,$N_{M\text{-}H_2O}$,N_{HB} 分别是原胞中表面-水成键个数和氢键个数.

表 7.4　各种吸附结构在 Pt(111)和 Au(111)上的吸附能(E_{ads})和氢键能(E_{HB})的对比
（原胞中的分子个数(n)和成键个数(N)也一并列出）

种类	原胞	n	E_{ads}(Pt)	E_{ads}(Au)	$N_{H_2O\text{-}M}$	N_{HB}	E_{HB}(Pt)	E_{HB}(Au)
H_2O	3×3	1	304	105	1	0	—	—
$(H_2O)_2$	3×3	2	433	259	2	1	258	308
$(H_2O)_3$	3×3	3	359	283	3	3	55	178
$(H_2O)_6$	$2\sqrt{3}\times 2\sqrt{3}$	6	520	402	3	6	368	350
1 BL	$\sqrt{3}\times\sqrt{3}$	2	505/527	437/454	1	3	235	256
2 BL	$\sqrt{3}\times\sqrt{3}$	4	564	489	1	7	312	271
3 BL	$\sqrt{3}\times\sqrt{3}$	6	579	508	1	11	303	271
4 BL	$\sqrt{3}\times\sqrt{3}$	8	588	520	1	15	307	279
5 BL	$\sqrt{3}\times\sqrt{3}$	10	593	532	1	19	307	290
6 BL	$\sqrt{3}\times\sqrt{3}$	12	601	545	1	23	320	305

能量单位: meV

从表中看出:(1) Pt(111)上单分子的吸附能(304 meV),几乎是 Au(111)上的 3 倍(105 meV).说明 Pt 表面与水的吸附作用要比 Au 强.除此之外,在表中各种覆盖度下,Pt 表面上的吸附能要高 50～200 meV.(2) 由于结构和配位数的很大改变,吸附能在小团簇结构中变化很大.但在 1 到 6 BL 的薄层结构中,吸附能平稳地增长.

从电子图像上看,这些能量上的差别源自于电子结构的不同.图 7.17 画出了单个水分子吸附在 Pt(111)(图 7.17(a),(b))和 Au(111)(图 7.17(c),(d))上的总电荷密度和差电荷密度分布.水平轴是[110]方向,竖直轴是表面法线方向.Pt(111)面上极化电荷呈现 d_{xz} 和 d_{z^2} 的特征(图 7.17(b)),但 Au(111)面上却是 s+p_z 的特征(图 7.17(d)),而且水在 Pt(111)面上的吸附造成的电荷转移比 Au(111)上强得多.这是因为 Au 的 5d 电子已经占满,且位于费米能级以下 3～10eV 处,不参与表面作用,而 Pt(111)上费米能级附近却有充足的 d 带.因此,Pt(111)和 Au(111)表面吸附水时的基本不同点在于 d 电子参与或者不参与吸附作用.对于小团簇和薄层水,这个图像同样成立,因为如前所述,水-表面的相互作用主要局限于底层分子与金属的作用,类似于单分子吸附情形.图 7.18 进一步展示了五个双层在这两种表面吸附时二维平面上差电荷分布(图 7.18(a),(b))和沿法线的一维差电荷密度分布(图 7.18(c)).我们看到除了占主要地位的局域的电荷转移的效应,薄层中还存在着长程的极化作用.这种长程极化作用主要来自于表面势场的影响.

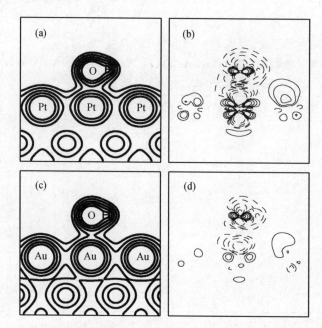

图 7.17　单个水分子吸附在 Pt(a,b)和 Au(c,d)上的总电荷密度和差电荷密度

差电荷密度定义为 $\Delta\rho=\rho[H_2O/Metal]-\rho[H_2O]-\rho[Metal]$. 图中等密度线取为 $\rho=0.1\times2^k\,e/Å^3$, $\Delta\rho=\pm0.005\times2^k\,e/Å^3$, 其中 $k=0,1,2,3,4$. 实线和虚线分别相应于 $\Delta\rho>0$ 和 $\Delta\rho<0$ 的情形

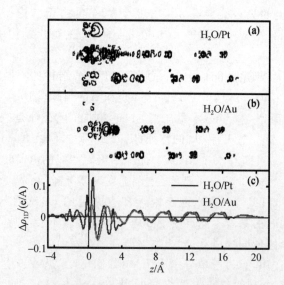

图 7.18　五个冰双层薄膜在 Pt(a)和 Au(b)上的吸附时极化电荷分布

(c)中显示沿法线的一维差电荷密度. 图中等密度线取法同图 7.17

现在我们来从能量的角度讨论表面亲疏水作用[22]. 一般地讲,宏观尺度上通过结构和几何形状表现出来的亲疏水现象在微观上取决于两种能量参数:水和表面的耦合强度与水分子间的氢键强度. 这两个参数决定了界面处水的结构位形和稳定性,即到底是形成更多的水-金属键还是更多的氢键才能获得最稳定的结构? 水分子更容易吸附在与水耦合强度大于氢键强度的清洁表面上,而不是表面处的冰层上,这种表面即呈现亲水特性. 反之,与水耦合较弱的表面呈现疏水特性. 但不幸的是,这两种作用混合在一起,对吸附能都有贡献,无法严格区分. 而且,表 7.4 中吸附能的变化主要反映了成键数目和配位数的变化,而不直接反映两种作用的强度大小,所以不能用来直接描述表面亲疏水性. 为了区分这两种作用的相对大小,做恰当的简化和近似是必要的. 我们采用公式(7.1)来估计表面吸附结构中的氢键强度,其中单个水分子吸附能被用来作为代表水-金属键强度的普适参数. 这是因为即使在团簇和双层结构中,它也能很好地描述水与表面耦合的强度.(这可以通过如下步骤证实:如果我们保持双层结构中的一个 H_2O 分子位置不变而去掉另一个分子,得到的两个吸附能加起来是 270 meV(H-up 双层)和 340 meV(H-down 双层),接近于一个 H_2O 分子的吸附能(304 meV). 同样的结论对 $(H_2O)_2$ 也成立.)式(7.1)中定义的氢键反映了一个吸附的水结构中氢键的平均强度. 特别地,在多层结构中,它反映着最上边的双层中的氢键强度.

表 7.4 中的氢键能(E_{HB})作为覆盖度的函数画在了图 7.19 中. 覆盖度定义为原胞中 H_2O 分子数与表面原子数的比值. 1 ML 意味着 Pt(111)或 Au(111)上 1×1 的表面覆盖度,数值乘以 3/2 才是以双层(BL)为单位的覆盖度,乘以 3 才是以水层为单位的覆盖度. 小团簇的覆盖度是定性化的,它源于我们在计算中使用了周期性原胞来描述这些零覆盖度的体系,但这些并不影响后面的物理上的讨论. 从图中看出,氢键强度在小团簇中变化很大,这是由于小团簇结构变化剧烈的缘故. 从第一个双层到 6 个双层,氢键能稳定地增加到 320 meV(Pt)和 305 meV(Au). 这和体态冰中氢键强度大小基本一致(315 meV),意味着此时金属表面的影响已经很小. 比较图 7.18 和图 7.19,我们发现氢键能量和界面处的电子结构密切相关. Pt 上相当局域的电荷转移造成氢键能量 E_{HB} 在覆盖度等于 4/3 ML(2 BL)时的跳跃和紧接其后的平缓区域(4/3～4 ML). 但是在 Au(111)上因为电荷转移很少,长程极化作用变得比较重要,导致 E_{HB} 在 2/3～4 ML 的范围内缓慢增加. 即使在 4 ML(6 BL)的覆盖度下,Au 上水层的氢键能仍然低于 Pt 上水层. 这说明即使对这个厚度(～20 Å)的冰薄层,表面的作用仍然不可完全忽略. 另外,冰层和表面间晶格不匹配也会对这个差别有影响. 冰(Ice Ih)表面水分子最近邻距离是 2.61 Å,而 Pt(111)表面晶格常数是 2.82 Å(相差 8%),Au(111)的晶格常数是 2.95 Å(13%). Pt 上晶格匹配得更好,可能导致氢键能量大些.

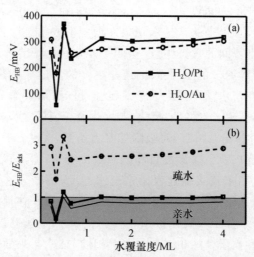

图 7.19　(a)氢键能量(E_{HB})和(b)浸润能力(E_{HB}/E_{ads})随水覆盖度的变化

我们定义了一个反映表面亲疏水能力的量，$\omega = E_{HB}/E_{ads}$，它是氢键能量与（单分子）吸附能的比值. 如前所述，后者较好地代表了水结构中表面与水分子结合的强度. 定性地说，$\omega = 1$ 是亲水区域与疏水区域的粗略分界线. 我们看到，虽然小团簇中 ω 是震荡的，H_2O/Au 对应的曲线（虚线）仍位于 $\omega \gg 1$ 的区域，说明 Au(111) 是疏水的. 然而，H_2O/Pt 对应的曲线（实线）位于 $\omega \leqslant 1$ 的区域，说明 Pt(111) 是亲水的. 这与实验理解是一致的. 如果考虑到零点能的修正，即把氢键能量减去冰中一个氢键的零点能 60 meV，Pt 所对应的曲线（细实线）就完全落入 $\omega < 1$ 的区域. （零点能修正不改变 H_2O/Au 的曲线 $\omega \gg 1$ 的特征）这两条曲线间大的间隙表明了两个表面亲水性的重大区别.

推广这项研究，我们还计算了 Ru(0001)，Rh(111)，Pd(111) 表面的一个双层冰中的 ω，如图 7.2 中上幅图所示. 图中显示 $\omega_{Ru} \leqslant \omega_{Rh} < \omega_{Pd} \leqslant \omega_{Pt} \leqslant \omega_{Au}$，表明表面浸润能力的次序是 Ru>Rh>Pd>Pt>Au. Ru，Rh，Pd，Pt 表面是亲水表面，而 Au 是疏水表面. 这种差别主要来源于不同表面上单分子吸附能的差异，因为氢键能的变化是有限的. 这种结果说明了一个一般的结论：微观上讲，表面浸润能力（亲水性）决定于水-表面吸附作用和氢键作用的相互竞争，如图 7.20 所示. 水-表面作用强于氢键作用时表面表现为亲水性，而且水-表面作用越强表面的亲水性越强. 反之，水-表面作用弱于氢键作用的表面为疏水表面. 在我们的例子中，Pt、Rh 等表面上水-表面的吸附作用赢得了竞争，为亲水表面，而 Au(111) 上水分子间的氢键获胜，表现为疏水性. 这也表明亲疏水性与单分子在表面上的吸附能的大小直接相关. 基于模型势的蒙特卡罗模拟[23]表明，石墨表面上的水滴接触角与事先设定的单分子吸附能成线性关系. 这就证实了我们用"无人工参数"的第一性原理计算得到的结论.

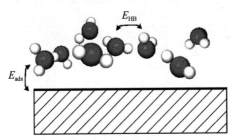

图 7.20   亲疏水性决定于水-表面吸附作用和氢键作用的竞争

§7.6   表面上水结构的振动、转化、分解和扩散

这一节里我们来讨论水在表面上的各种有趣的动态过程. 不管是在实际生活生产中还是在低温下超高真空腔内的表面科学实验中, 水分子实际上是"动"的, 它会振动、转动、扩散, 在特殊情况下还会分解, 水的不同结构间也会互相转化. 这为我们在分子尺度上深入理解水与表面的作用提供了舞台和挑战.

7.6.1   水在表面的振动

像在 Pt(111) 表面上一样, 水分子在小团簇和双层结构中也有着各种分子间振动、分子转动和平动模式, 类似于图 6.10 中情形. 我们通过第一性原理的分子动力学方法模拟了 Ru, Rh 等表面上水的振动过程, 并得到了它们的振动谱. 振动谱可以和实验数据直接比较, 帮助我们识别表面和界面处的分子尺度结构.

表 7.5 中列出了计算得到的各吸附结构的振动谱: Pt(111) 上的单分子、双分子和双层(H-up 和 H-down); Pd(111), Rh(111), Au(111) 上的双层(H-up 和 H-down); Ru(0001) 上 H-up, H-down 和半分解的双层. 通常这些谱峰可以分为 3 个区域: (1) 120 meV 以下的低能区, 主要对应于水分子的转动和平动; (2) 200 meV 附近, 对应于 HOH 剪切运动; (3) 350~470 meV 的高能区, 对应于 OH 伸缩振动. 和已有的实验相比较, 计算得到的 Pt(111) 上和 Au(111) 上的 $\sqrt{3} \times \sqrt{3} R\, 30°(\sqrt{3})$ 双层冰的振动谱和 HREELS, HAS 实验符合很好, 说明计算发现的位形就是实验中的结构. 在 Ru(0001) 表面上, H-up 的振动谱似乎和实验符合最好, 意味着实验中可能不是 Feibelman 提出的半分解的结构. 这一点在 7.6.4 节中会更详细地讨论.

表 7.5　吸附于密排金属表面上的水结构的振动能量(单位为 meV)

表面	双层	平动和转动						δ_{HOH}	ν_{O-Hb}	ν_{O-H}
Ru(0001)	H-up	34	40	50	67	87	119	200	378,424	462
	H-down	20	48	61	73	89	111,129	196	347,440	440
	半分解	20	32	53	77		117,129	186,196	300~380,428	
	实验值[a]		48		69	87	114	189	364,422,442	457
	实验值[b]								384,427	457
Rh(111)	H-up	18	44		61	89	111,129	198	349,422	466
	H-down	20	44		75	89	133	200	347,420	440
Pd(111)	H-up	14	40	53	67	89	109,117	198	374,424	466
	H-down	20	42	57	71	89	111,123	202	380,426	444
Pt(111)	单体	16		40	61	89	113,121	190		440
	二聚体	20	32	44	65	85	105,133	198	347	432,452
	H-up	18	32	53	69	87	107,119	198	388,432	467
	H-down	16	34	57	69	91	111,119	196,202	384,424	438
	实验值[c]	17	33	54	65	84	115,129	201	424	455
Au(111)	H-up	17	36				108	201	400,444	466
	H-down	18	36		77		105	202	402,436	468
	实验值[d]		31				104	205	409	(452)[e]

[a] 文献[19].
[b] 文献[6]. 为了反映 H_2O,已经把 D_2O 的振动能乘以了同位素因子 1.35.
[c] 文献[20].
[d] 文献[21].
[e] 文献[22]. 在 Ag(111)上的数据.

　　根据计算得出振动谱数据就可以估计原子零点运动给吸附能带来的影响. 对在 Pt(111)上的第一个双层来说,估计出来的零点振动能($E_{zp} = \sum_i \hbar\bar{\omega}_i/2$)约为 90 meV,而体态冰 Ice Ih 中的零点能为 120 meV[28],所以零点能修正会使双层更加稳定 30 meV(相对于体态冰). 对其他表面上的不同水结构同样可以估计出零点能的贡献,大都在 40~100 meV.

7.6.2　水结构在表面上的转化

　　如前所述,水在表面上有着丰富的结构. 这些结构都有一定的稳定性. 当条件发生改变时,它们可能会转化为别的结构. 比如极低温度(<20 K)和低覆盖度下,水分子在金属表面能以单分子状态吸附[7,29—31]. 温度稍微升高,这些孤立的水分子就会通过扩散聚居成团,形成双分子、三分子、四分子、五分子、六分子等小团簇[32,33]. 六分子团簇已经具有体态冰中褶皱六角环的特征[34]. 再进一步升高温度和增加覆盖度,会形成$\sqrt{3}$的双层冰岛,甚至是一到上百个双层的薄冰结构[35,36].

如果考虑到 H 原子的指向,$\sqrt{3}$ 的双层起码有 H-up 和 H-down 两种结构.它们都有可能在实际中存在.在 Pt(111) 上,计算出的从 H-up 到 H-down 转化的能量势垒为 76 meV.因此这两种结构的相互转化可能会因热力学涨落、表面势或 STM 探针的影响而轻易地发生.另外,生长多层时,为了有效地连接上下两个双层,最下双层中朝下指向表面的 H 也可能会转成朝上指向.十分有趣的是,如果我们能有效地控制 H-up 和 H-down 两种状态的转化,并能有效地保持它们的状态,那这是不是真正基于单个小分子的记录仪器呢?因为 H-up 和 H-down 的 H 指向可以分别对应于二进制中的 '1' 和 '0' 状态.让我们大胆地设想,如果有一天我们获得某种技术可以方便对 H-up 和 H-down 编排而成的数据进行读取、写入和计算,那这将是真正的分子计算机——冰计算机(ice computer)!

在 Pt(111) 上还有 $\sqrt{39} \times \sqrt{39} R\, 16.1°$($\sqrt{39}$)和 $\sqrt{37} \times \sqrt{37} R\, 25.3°$($\sqrt{37}$)的另外两种双层结构.它们在较高些的温度下(135 K)生长而成[32,33].我们的计算表明,大概在 3 BL 时 $\sqrt{39}$ 的双层会转化成 $\sqrt{3}$ 的结构.实验中也发现电子束照射或生长到 5 BL 时会发生这一转变[33].

进一步升高温度(150 K)会使多层脱附,170 K 左右的温度下 Pt(111) 面上只剩下单个双层[39,40].温度若再升高,水双层也会脱附掉,表面上可能留下单分子和小团簇,而且它们很可能大都在表面缺陷位置附近存在.在台阶上可能会形成一维水链结构[41].

水结构转化过程中有些分子可能会分解.在 Ru(0001) 上,整个层状结构也可能转化为半分解层结构.我们的计算表明这个转化的势垒不是很小,为 0.62 eV.在低温实验中较高的势垒可能会阻止这种转变的发生.

7.6.3　表面处的质子传输

前面提及,在 Pt(111) 上 $\sqrt{39}$ 结构中会有少量水分子分解,生成类似 H_3O^+ 和 OH^- 的分子.我们发现在第一个 $\sqrt{39}$ 双层的原胞中,32 个 H_2O 分子里有 3 个(9%)分解了.所有分解的水分子来自于和表面直接作用的下层水分子,形成离表面 2.1 Å 的 OH^- 和在上层的 H_3O^+.在膜变厚时,分解的水分子减少.在两个 $\sqrt{39}$ 双层的结构中,64 个分子里只有 2 个(3%)分解了.而在三个双层中,96 个 H_2O 中仅有 1 个分子(1%)分解了.分解的 H_2O 分子在 $\sqrt{37}$ 和 $\sqrt{3}$ 的结构中没有出现.$\sqrt{39}$ 中少量 H_2O 分子分解来源于表面作用的影响和水平方向上冰结构所受的周期性压缩的影响[42,43].

$\sqrt{39}$ 冰相中少量水分子分解为 H_3O^+ 和 OH^- 离子,造成表面上丰富的质子传输过程.表面上的质子传输与体态水中不一样,因为体态中水分子通过氢键与近邻

4 个分子相连[44,45]，而表面处每个 H_2O 分子只与 3 个近邻分子以氢键相连. 通过分子动力学模拟，我们观察到 130 K 下 $\sqrt{39}$ 双层结构中 4 种典型的质子传输过程[46]：(1) H_3O^+ 的输运；(2) OH^- 离子的输运；(3) H_3O^+ 和 OH^- 离子的结合；(4) H 在两分子间不停地跳跃. 这些过程都来源于一个 H 沿着氢键方向从一个 H_2O,H_3O^+ 或 OH^- 分子转移到另一个 H_2O,H_3O^+ 或 OH^- 分子.

图 7.21 记录了模拟中的 OH 键长随时间的变化. 上边显示的是 H_3O^+ 的输运的动态过程. 一开始，$H_3O_A^+$ 和 H_2O_B 是 $\sqrt{39}$ 冰双层中的两个近邻分子. 它们通过氢键而共用的质子(H_A) 在 0.5 ps 时从靠近 O_A 的位置跳到靠近 O_B 的位置. 于是生成了 $H_3O_B^+$ 和 H_2O_A，相当于水合离子 H_3O^+ 从 A 位输运到 B 位. 但是这个新生成的 $H_3O_B^+$ 处于亚稳态. 它接着在 0.8 ps 的时刻释放了自己的一个质子(H_B) 给近邻的 O_CH^- 分子(图 7.21 下图). 于是 $H_3O_B^+$ 和 O_CH^- 分子合成为两个 H_2O 分子. 我们还观察到 H 在两个近邻的 O 原子间不断地跳跃，造成水分子一会儿分解为 H_3O^+ 或 OH^- 分子，一会儿又重新合成(图 7.22). 从这些过程我们发现：(1) 当质子传输过程发生时，两个近邻 O 的距离一般为 2.5 Å，与其他的计算[44,45]和实验[47,48]一致；(2) 质子传输过程很快，一般在 0.2～0.5 个 ps 就可完成. 这可由我们分子动力学模拟中发现的很小的传输势垒(约 40 meV) 证实. 如果考虑到 H 的量子运动过程，这个势垒还要更低.

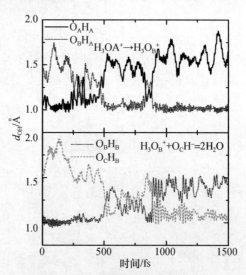

图 7.21　OH 键长随着模拟时间的变化
显示 H_3O 的传输和 H_2O 的合成过程

图 7.23 反映的是 OH^- 的传输过程：H 从一个 H_2O 分子转移到一个 OH^- 上. 我们发现表面参与了这个过程. 两个分子(起初是 H_2O_A 和 O_BH^-) 中 Pt-O 和 O-H

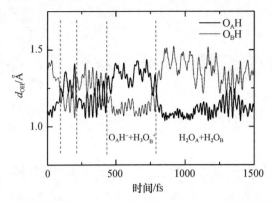

图 7.22　OH 键长随着模拟时间的变化，显示 H 在两分子间不停地跳跃的过程

的距离随时间的变化如图中所示. 在 1.1 ps 时，质子从 O_A 跳到 O_B 处，形成新的 O_BH 键. 同时，O_A（现在在 $O_A H^-$ 里）已经靠近表面，被表面紧紧束缚在 2.1 Å 处的平衡距离. 所以金属表面通过结合和支持这些分子，在表面处的质子传输过程中发挥着独特的作用.

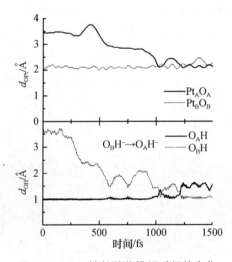

图 7.23　OH 键长随着模拟时间的变化
显示 OH 的传输，表面参与了这个过程

7.6.4　水在 Ru(0001) 上分解？

Feibelman 发现 Ru(0001) 上 $\sqrt{3}$ 的冰相中，一半水分子分解的结构比分子状态的双层结构（H-up 和 H-down）（图 7.24）具有更低的能量，且 O 原子的位置与 LEED 实验相符较好[4]. LEED 实验中测定两个 O 原子在表面法向上的距离非常小(0.1Å),形成几乎平整的 D_2O 分子层.然而最近的 SFG 振动谱测量实验[6]否定了 Feibelman 的提议,认为在 Ru(0001)上是分子状态的双层.

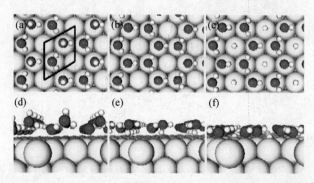

图 7.24　Ru(0001)上(a) D-up,(b) D-down,和(c) 半分解的 D_2O 水层结构(顶视图)

(d),(e),(f)是相应的侧视图.$\sqrt{3}$的原胞也在图中显示出来

我们基于分子动力学方法模拟了 Ru(0001)上三种结构(D-up, D-down,半分解)的振动谱[49],如图 7.25 所示.我们看到对于半分解的结构没有位于 336 meV 处的自由 OH 振动峰,而在实验中生长一个 BL 层时已经出现了这个振动峰[6],因此实验中结构可能不是 Feibelman 提出的半分解的结构.细致的分析表明,在整个振动能量范围,与实验数据吻合最好的是 D-up 的双层结构.

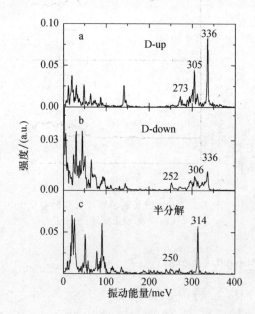

图 7.25　Ru(0001)上(a) D-up,(b) D-down,和(c)半分解的 D_2O 水层振动谱

　　水在 Ru(0001) 上没有分解,其原因可能如下:我们计算得到的分子状态的双层结构分解为半分解结构的能量势垒为 0.62 eV,然而分子状态的双层结构的吸附能却为 0.53 eV,因而,虽然半分解结构的吸附能要低得多,在水分子还未达到分解的状态时它们已经从表面上脱附掉了,导致实验中没有观察到半分解的水层结构[49].这个过程在图 7.26 中得到了清楚的阐述.

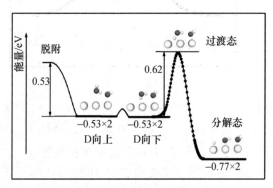

图 7.26　Ru(0001) 上水结构的能级图
分解势垒和脱附势垒也已在图中标示出

7.6.5　水在表面上的扩散

　　水在表面上的扩散是非常重要和有趣的问题.通常水分子通过扩散形成各结构.长期以来人们以为在金属表面上水的单分子的扩散势垒非常低(在 Pt(111) 上为 30 meV[50]),但是最近的 STM 实验通过测量水在 Pd(111) 上的扩散速率发现,水分子在 Pd(111) 上的扩散势垒不是很低,为 126 meV[7].我们关于单个 H_2O 分子在 Pd(111) 上的扩散势类的计算结果是 150 meV,比实验结果略大.计算发现扩散的路径(最低能量路径,minimum energy pathway, MEP)为通过桥位的路径,如图 7.27 中所示.这说明水分子扩散势垒可以近似地由顶位和桥位上的吸附能差来估计.在 Pd(111) 上,这个能量差是 $304-146=158$ meV.同样地,在 Ru(0001) 上计算得到的单分子扩散势垒是 308 meV,与顶位和桥位上的能量差 $409-92=317$ meV 相差很小.如此,我们还可以从顶位和桥位能量差估计出其他表面的单分子扩散势垒:Rh(111) 上为 282 meV,Pt(111) 上为 168 meV,Au(111) 上为 73 meV.

　　STM 实验中发现了有趣的扩散现象[7].水双分子在 Pd(111) 的扩散比单分子快 4 个数量级,对应的扩散势垒约为 92 meV.由于双分子 $(H_2O)_2$ 在表面上吸附时一个 H_2O 离表面很近,另一个稍远,所以 $(H_2O)_2$ 的扩散可以分为两个过程,一是上面水分子的旋转,二是底下水分子的旋转.对于前一个过程,计算出的势垒非常小,约为 5 meV.而对于第二个过程,计算出的势垒与单分子扩散相差不大,为

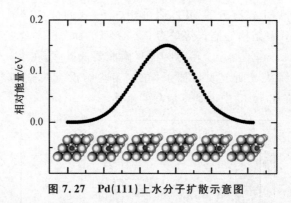

图 7.27　Pd(111)上水分子扩散示意图

157 meV. 两分子同时扩散到下一个吸附位的势垒也是如此,这与实验中的估计不一致. 我们考虑到如果上下两个分子能够轻易地交换相对于表面的位置,那么双分子可能通过以下路径扩散:先上分子旋转,再上下交换位置,再上分子(即原来的下分子)旋转. 可是计算得到的上下分子交换势垒为 220 meV,比下分子直接旋转的势垒还要高. 这种实验和理论的不一致可能要求我们在用密度泛函理论处理双水分子扩散时考虑到其他的物理过程,像 H 的量子运动的影响.

　　这一章里,我们用第一性原理密度泛函理论系统地研究了水在过渡金属和贵金属的密堆积面的吸附和各种相关问题. 从计算结果中我们得到如下的结论:

　　(1) 水和金属表面的相互作用主要是通过水分子的孤对电子和表面态形成化学键来实现的. 因此水和表面的成键是相当局域的,主要集中于直接和表面接触的底层分子上,像双分子中的下分子,双层中的下层分子. 的确还存在着长程极化作用,但是影响较小.

　　(2) 不管在小团簇还是在层状结构中,水分子之间的氢键作用通常通过吸附加强了. 这和 Pauling 原理是不一致的. 电荷转移和成键环境的改变是表面处氢键加强的原因. 这种增强可能是氢键系统的独特性质.

　　(3) 吸附状态下水的结构基本保持类似于气态和体态中的相应状态. 但水分子在吸附时会调整它的结构特征,比如 OH 键的伸长和 HOH 键角的加宽. 在与水有较强相互作用的表面,像 Ru(0001),Rh(111) 等,这种调整较明显;在弱相互作用的表面像 Au(111),则调整很小. 这主要源于表面和水、水与水两种基本作用的竞争.

　　(4) 从微观角度看,表面亲疏水作用决定于是表面和水的作用还是水与水的作用赢得竞争. 更进一步地,从电子作用的角度,它们最终决定于局域的电荷转移和长程的电荷极化作用. 应用这种图像,我们得到的表面亲水性次序是 Ru＞Rh＞Pd＞Pt＞Au,和它们 d 带电子填充的次序是一样的. 这直接说明了局域的电荷耦合对表面亲水特性的影响.

（5）一般来讲,计算得到的振动谱证实了以上的结构和相互作用图像. 振动谱,特别是 OH 振动频率,为以后的实验验证这些结构提供了数据.

（6）表面上的质子传输过程与体态中不同,不要求 H_2O 分子与 4 个近邻分子以氢键相连. 表面上每个水分子通过氢键只连着三个近邻分子,共用质子通过氢键在 0.2～0.3 ps 内完成传输过程. 表面也会参与质子传输过程.

（7）Ru(0001)上 D-up 结构的分子双层的振动谱和实验数据符合最好,表明半分解的结构可能在一些实验中不存在,原因在于分解势垒高于脱附势垒,水分子在分解之前就已经从表面脱附. 只有在较强的探测光束或电子束的照射下,水才可能因辐照损伤而分解. 同样地,在代表性开放表面 Cu(110)上有类似结论.

（8）在 Pd(111)上计算出的单个水分子扩散势垒为 150 meV,比实验测量结果 (127 meV)稍大. 但双分子扩散势垒与实验不符. 水分子在表面上的扩散势垒可以由顶位和桥位上的吸附能量差估计出来.

密度泛函理论给我们提供了水和表面相互作用的原子尺度甚至电子尺度上的理解. 我们相信这种理解可以推广到一般的材料表面.

参 考 文 献

[1] P. A. Thiel and T. E. Madey. *The interation of water with solid surfaces: Fundamental aspects*. Surf. Sci. Rep. **7**, 211 (1987).

[2] M. A. Henderson. *The interation of water with solid surfaces: Fundamental aspects revisited*. Surf. Sci. Rep. **46**, 1 (2002).

[3] D. Doering and T. E. Madey. *The adsorption of water on clean and oxygen-dosed Ru(001)*. Surf. Sci. **123**, 305 (1982).

[4] P. J. Feibelman. *Partial dissociation of water on Ru(0001)*. Science **295**, 99 (2002).

[5] P. J. Feibelman. *Vibration of a water adalayer on Ru(0001)*. Phys. Rev. B **67**, 035420 (2003).

[6] D. N. Denzler, Ch. Hess, R. Dudek, S. Wagner, Ch. Frischkorn, M. Wolf, and G. Ertl. *Interfacial structure of water on Ru(0001) investigated by vibrational spectroscopy*. Chem. Phys. Lett. **376**, 618 (2003).

[7] T. Mitsui, M. K. Rose, E. Fomin, D. F. Ogletree, and M. Salmeron. *Water diffusion and clustering on Pd(111)*. Science **297**, 1850 (2002).

[8] S. Meng, E. G. Wang, and S. W. Gao. *Water adsorption on metal surfaces: A general picture from density functional theory calculations*. Phys. Rev. B **69**, 195404 (2004).

[9] A. Michaelides, V. A. Ranea, P. L. de Andres, and D. A. King. *General model for water monomer adsorption on close-packed transition and nobel metal surfaces*. Phys. Rev. Lett. **90**, 216102 (2003).

[10] H. Ogasawara, B. Brena, D. Nordlund, M. Nyberg, A. Pelmenschikov, L. G. M. Pettersson, and A. Nilsson. *Structure and bonding of water on Pt(111)*. Phys. Rev. Lett. **89**, 276102 (2002).

[11] J. Ren and S. Meng. *Atomic structure and bonding of water overlayer on Cu(110): The borderline for intact and dissociative adsorption*. Journal of the American Chemical Society **128**, 9282 (2006).

[12] J. Ren and S. Meng. *A first-principles study of water on copper and noble metal (110) surfaces*. Phys. Rev. B **77**, 054110 (2008).

[13] S. Haq, C. Clay, G. R. Darling, G. Zimbitas, and A. Hodgson. *Growth of intact water ice on Ru(0001) between 140 and 160 K: Experiment and density-functional theory calculations*. Phys. Rev. B **73**, 115414 (2006).

[14] I. Hamada and S. Meng. *Water wetting on representative metal surfaces: Improved description from van der Waals density functionals*. Chem. Phys. Lett. **521**, 161 (2012).

[15] M. Forster, R. Raval, A. Hodgson, J. Carrasco, A. Michaelides. *c(2×2) water-hydroxyl layer on Cu(110): A wetting layer stabilized by bjerrum defects*. Phys. Rev. Lett. **106**, 046103 (2011).

[16] A. Michaelides, A. Alavi, and D. A. King. *Different surface chemistries of water on Ru{0001}: From monomer adsorption to partially dissociated bilayers*. J. Am. Chem. Soc. **125**, 2746 (2003).

[17] I. Villegas and M. J. Weaver. *Infrared spectroscopy of model electrochemical interfaces in ultrahigh vacuum: Evidence for coupled cation-anion hydration in the Pt(111)/K⁺, Cl⁻ System*. J. Phys. Chem. **100**, 19502 (1996).

[18] J. Li and D. K. Ross. *Evidence for two kinds of hydrogen bond in ice*. Nature **365**, 327 (1993).

[19] P. G. de Gennes. *Wetting: Statics and dynamics*. Rev. Mod. Phys. **57**, 827 (1985).

[20] S. Smith, C. Huang, E. K. L. Wong, and B. D. Kay. *Desorption and crystallization kinetics in nanoscale thin films of amorphous water ice*. Surf. Sci. **367**, L13 (1996).

[21] P. Löfgren, P. Ahlström, D. V. Chakarov, J. Lausmaa, and B. Kasemo. *Substrate dependent sublimation kinetics of mesoscopic ice films*. Surf. Sci. **367**, L19 (1996).

[22] S. Meng, E. G. Wang, and S. W. Gao. *A molecular picture of hydrophilic and hydrophobic interactions from ab initio density functional theory calculations*. J. Chem. Phys. **119**, 7617 (2003).

[23] T. Werder, J. H. Walther, R. L. Jaffe, T. Halicioglu, and P. Koumoutsakos. *On the water—carbon interaction for use in molecular dynamics simulations of graphite*. J. Phys. Chem. B **107**, 1345 (2003).

[24] P. A. Thiel, R. A. De Paola, and F. M. Hoffmann. *The vibrational spectra of chemisorbed molecular clusters: H₂O on Ru(001)*. J. Chem. Phys. **80**, 5326 (1984).

[25] K. Jacobi, K. Bedürftig, Y. Wang, and G. Ertl. *From monomers to ice—new vibrational*

characteristics of H_2O adsorbed on Pt(111). Surf. Sci. **472**, 9 (2001).

[26] G. Pirug and H. P. Bonzel. *UHV simulation of the electrochemical double layer: Adsorption of $HClO_4/H_2O$ on Au(111)*. Surf. Sci. **405**, 87 (1998).

[27] A. F. Carley, P. R. Davies, M. W. Roberts, and K. K. Thomas. *Hydroxylation of molecularly adsorbed water at Ag(111) and Cu(100) surfaces by dioxygen: Photoelectron and vibrational spectroscopic studies*. Surf. Sci. **238**, L467 (1990).

[28] E. Whalley, in *The hydrogen bond*. Eds. P. Schuster, G. Zundel, and C. Sandorfy. North-Holland, Amsterdam, 1976.

[29] S. Andersson, C. Nyberg, and C. G. Tengstål. *Adsorption of water monomers on Cu(100) and Pd(100) at low temperatures*. Chem. Phys. Lett. **104**, 305 (1984).

[30] H. Ogasawara, J. Yoshinobu, and M. Kawai. *Water adsorption on Pt(111): From isolated molecule to three-dimensional cluster*. Chem. Phys. Lett. **231**, 188 (1994).

[31] M. Nakamura and M. Ito. *Monomer and tetramer water clusters adsorbed on Ru(0001)*. Chem. Phys. Lett. **325**, 293 (2000).

[32] H. Ogasawara, J. Yoshinobu, and M. Kawai. *Clustering behavior of water (D_2O) on Pt(111)*. J. Chem. Phys. **111**, 7003 (1999).

[33] M. Nakamura, Y. Shingaya, and M. Ito. *The vibrational spectra of water cluster molecules on Pt(111) surface at 20 K*. Chem. Phys. Lett. **309**, 123 (1999).

[34] K. Morgenstern and J. Nieminen. *Intermolecular bond length of ice on Ag(111)*. Phys. Rev. Lett. **88**, 066102 (2002).

[35] M. Morgenstern, J. Muller, T. Michely, and G. Comsa. *The ice bilayer on Pt(111): Nucleation, structure and melting*. Z. Phys. Chem. **198**, 43 (1997).

[36] N. Materer, U. Starke, A. Barbieri, M. A. van Hove, G. A. Somorjai, G.-J. Kroes, and C. Minot. *Molecular surface structure of ice(0001): Dynamical low-energy electron diffration, total-energy calculations and molecular dynamics simulation*. Surf. Sci. **381**, 190 (1997).

[37] A. Glebov, A. P. Graham, A. Menzel, and J. P. Toennies. *Orientational ordering of two-dimensional ice on Pt(111)*. J. Chem. Phys. **106**, 9382 (1997).

[38] S. Haq, J. Harnett, and A. Hodgson. *Growth of thin crystalline ice films on Pt(111)*. Surf. Sci. **505**, 171 (2002).

[39] S. K. Jo, J. Kiss, J. A. Polanco, and J. M. White. *Identification of second layer adsorbates: Water and chloroethane on Pt(111)*. Surf. Sci. **253**, 233 (1991).

[40] G. B. Fisher and J. L. Gland. *The interaction of water with the Pt(111) surface*. Surf. Sci. **94**, 446 (1980).

[41] M. Morgenstern, T. Michely, and G. Comsa. *Anisotropy in the adsorption of H_2O at low coordination sites on Pt(111)*. Phys. Rev. Lett. **77**, 703 (1996).

[42] S. Meng, L. F. Xu, E. G. Wang, and S. W. Gao. *Vibrational recognition of hydrogen-bonded water networks on a metal surface—reply*. Phys. Rev. Lett. **91**, 059602 (2003).

[43] S. Meng, E. Kaxiras, Z. Y. Zhang. *Water wettability of close-packed metal surfaces*. J. Chem. Phys. **127**, 244710 (2007).

[44] D. Marx, M. E. Tuckerman, J. Hutter and M. Parrinello. *The nature of the hydrated excess proton in water*. Nature **397**, 601 (1999).

[45] M. E. Tuckerman, D. Marx, and M. Parrinello. *The nature and transport mechanism of hydrated hydroxide ions in aqueous solution*. Nature **417**, 925 (2002).

[46] S. Meng. *Dynamical properties and the proton transfer mechanism in the wetting water layer on Pt(111)*. Surf. Sci. **575**, 300 (2005).

[47] F. Bruni, M. A. Ricci, and A. K. Soper. *Structural characterization of NaOH aqueous solution in the glass and liquid states*. J. Chem. Phys. **114**, 8056 (2001).

[48] A. Botti, F. Bruni, S. Imberti, M. A. Ricci, and A. K. Soper. *Solvation of hydroxyl ions in water*. J. Chem. Phys. **119**, 5001 (2003).

[49] S. Meng, E. G. Wang, Ch. Frischkorn, M. Wolf, S. W. Gao. *Consistent picture for the wetting structure of water/Ru(0001)*. Chem. Phys. Lett. **402**, 384 (2005).

[50] A. B. Anderson. *Reactions and structures of water on clean and oxygen covered Pt(111) and Fe(100)*. Surf. Sci. **105**, 159 (1981).

第 8 章　水在非金属表面上的吸附规律

在细致地研究了水在各类金属表面吸附的结构、动态和作用规律之后,我们开始考虑更一般的情形,即水在 SiO_2、石墨、食盐等模型固体表面上的吸附和相互作用的一般规律.

有大量的研究集中在水在氧化物等非金属固体表面上的吸附.代表性的氧化物包括 TiO_2,MgO,云母,SiO_2,Fe_3O_4,$SrTiO_3$ 等等[1−6].较传统的表面分析手段比如低能电子衍射、紫外光电子谱、电子能量损失谱大量地用于这些研究体系,近来由于实空间成像技术比如扫描隧道显微镜和薄膜样品制备技术的发展,也有许多研究集中于水吸附在(弱)导电性的氧化物表面和导电衬底上的氧化物薄层上.由于盐溶解的特殊性,我们把它放入第 11 章来讨论,本章我们只讨论一些氧化物和石墨层上水的吸附规律.

§8.1　简单氧化物表面上水的吸附

氧化物一般以强化学键(共价键和离子键)结合.对称性破缺导致氧化物表面呈现出暴露的金属离子或未饱和悬挂键和表面缺陷,一般认为水与氧化物表面的相互作用较强,大于水和金属的相互作用.这种强相互作用常导致水以解离状态吸附[7],但人们对于在何种情况下、有多少比例的水分子解离常常有争论[8−10].在比较惰性的氧化物表面上,水可以吸附在其表面上而不分解.强相互作用导致表面水结构更加有序,呈现与体态不同的性质.比如早在 1995 年,胡钧等就用 AFM 发现云母表面上的水在室温下仍呈现出冰的行为,称为"室温冰"[5].这一现象引起了大家的极大兴趣,后来在不同的表面体系中都发现类似行为.

即使是最简单的氧化物体系,水的分解仍然是有争议的话题.在完美无缺陷的 $MgO(001)$ 表面上,Giordano 等通过密度泛函理论发现[3],单个水分子不会分解,但是在水分子铺满整个 MgO 表面的情形下,有 2/3 的水分子 OH 键长被极大拉长,约为 $1.05\,\text{Å}$,和气态水分子中 OH 键长 $0.963\,\text{Å}$ 相比,已经呈现出分解特性.近来,水在 MgO 薄膜及它与金属的界面体系上的吸附与分解行为得到了广泛关注.Kawai 等人利用 STM 等细致研究了单个水分子在热激发和电子激发下不同的分解行为.研究表明热激发使得水分子部分分解为 OH 和 H,然而隧穿到水分子 LUMO 态上的电子可使它完全分解,变为吸附的 O 原子和 H 原子[4].

TiO$_2$ 表面是人们极为重视的表面体系. TiO$_2$ 广泛存在, 价格合理, 同时也是一种环境友好材料, 可以通过调节氧的含量来调节其电子结构. 在各种条件下, 包括光照、溶液和有机溶剂中, TiO$_2$ 化学性质稳定、光催化活性强. 早在 1972 年, Fujishima 和 Honda 就发现太阳光中的紫外部分照射 TiO$_2$ 能够使水分子分解, 在其表面产生氧气, 金属 Pt 电负极产生氢气[1]. 这大大激发了人们利用太阳光分解水制氢, 从而可持续地生产清洁能源的兴趣. 1976 年, Carey 发现 TiO$_2$ 在光照条件下可非选择性氧化 (降解) 各类有机物, 并使之彻底矿化, 生成 CO$_2$ 和 H$_2$O[2]. 前一个发现指向能源问题的解决方案, 而后一个发现指向污染分解和环境治理的方案. 因此四十年来人们对 TiO$_2$ 表面水的吸附和化学反应行为进行了极为细致的研究[7-12].

最早对 TiO$_2$ 表面进行 STM 研究是 Diebold 等人[13,14], 他们发现 TiO$_2$(110) 表面是明暗相间的链状结构, 其中暗条对应氧链, 亮条对应 Ti 链. 这个表面上另一个显著的特征是暗线上经常有一些亮点, 他们认为是氧空位缺陷. 但随后 Suzuki 等人发现这些缺陷可以使用电子束轰击表面来消除, 因此不可能对应氧空位, 而应该对应于氧链上吸附真空中的残余氢原子[15]. 随后丹麦的 Schaub 等人发现表面上有两种亮点, 认为一种对应氧空位, 一种对应 H 原子[16]. 可惜他们错误地将对应关系搞反了. 这个错误引起了这个领域几年的混乱, 直到 2006 年才由 Bikondoa 等人给出了正确的对应关系[17]. 随后, 人们对水在 TiO$_2$ 表面的吸附和分解有了较为清晰的认识.

与 MgO 表面情形类似, 有些人认为低覆盖度下水在 TiO$_2$ 不分解, 而高覆盖度下水会分解[7,8], 但是即使对于单个水分子在金红石 TiO$_2$(110) 表面是否分解人们也有极大地争议. 部分原因在于水分子分子吸附和分解吸附两种状态能量接近, 在密度泛函计算中与表面层晶厚度等参数选取密切相关, 因而出现各样结果[10]. 人们对于水在 TiO$_2$ 表面的分解反应过程, 反应产物 O 和 H 的扩散、释放都有着细致的研究. 人们发现水分子之间能形成氢键的链. 水分子在氧空位的作用下容易分解, 氧原子填补空位, 而氢原子吸附在氧原子上形成一对 OH. 近来, 通过 STM 实空间观察和超快光谱实验相结合, 人们也开始研究在光照条件下水和甲醇等小分子在 TiO$_2$ 表面上的分解机理和过程[18]. 目前需解决的问题包括光催化反应机理、低转换效率、使用寿命和转换效率之间的矛盾等.

同样, ZnO 表面水的吸附和动态行为也引发了人们广泛的研究兴趣. 比如 Meyer 等发现 ZnO 表面的水链呈现水分子不断分解和结合的动态行为[19]. 作为实例, 下面我们着重介绍杨健君等关于水在常见的 SiO$_2$ 表面上的吸附研究[20-23]. SiO$_2$ 表面是日常最常见的表面——玻璃的一个简单模型.

§8.2　二氧化硅表面水层新结构

二氧化硅是生活中常见的氧化物,是石英、沙子、玻璃的主要成分.它存有无定形和结晶体两种结构.虽然无定形较为常见,若论其表面局域结构,也均有一定规则次序,所以常用特定取向晶体表面的混合来代表无定形表面.二氧化硅的晶体有很多种结构相,比如 α 石英、β 石英、α 方石英、β 方石英、鳞石英、八面沸石等十多种相.因其结构相对简单且具有正方晶体结构,杨健君等首先研究水在 β 方石英表面上的吸附[20,21].

β 方石英(100)表面原胞呈正方形,O 或 Si 原子暴露于表面,带有悬挂键,在水汽或空气的环境下这些悬挂键被 H 或 OH 根饱和,所以只考虑表面完全被 OH 饱和的表面结构,如图 8.1 所示.由于 β 方石英(100)表面存有大量 OH 基团,水分子在表面吸附主要通过氢键与这些表面基团相互作用.图 8.1 呈现了水分子可能的几种吸附模式,A,B,C 位形分别是水分子通过三个、二个和一个氢键与 SiO$_2$ 表面作用.

在 A 位形中,水分子提供一个 H 键给表面 OH 基团(水为氢键施主),同时接受表面分别连接两个 Si 原子的两个 OH 基团提供的氢键(水为氢键受主),形成三 H 键位形.水分子中未成 H 键的 OH 基团垂直并指向远离表面的方向,这就提供了在水覆盖度很高或多层水吸附时的吸附位.由于氢键数目的差别,杨健君等发现三 H 键位形为该表面水吸附最为稳定的位置.密度泛函计算得到的吸附能高达 622 meV,平均到每个氢键上为 207 meV.这比在顶桥位(位形 B,两 OH 根同属一个表面 Si 原子)吸附的双氢键位形(吸附能 509 meV)要稳定得多.邻桥位(两 OH 基团分属两个不同的表面 Si 原子)上的双 H 键吸附要稍微弱一些,吸附能仅有 422 meV.这说明同属同一 Si 原子间的两 OH 基团的内部相互作用,会增加对外来水分子的吸附.这些都比在 OH 顶位上吸附的单 H 键位形(位形 C)要稳定,单 H 键位形只具有 339 meV 的吸附能,因而不能稳定存在.另外,注意 SiO$_2$ 表面的 OH 基团作 H 键施主更为稳定,得到的氢键较表面作 H 键受主更强.吸附的水分子与表面 O 原子形成的氢键长度(OO 距离)在 2.82~3.04 Å 之间,比体相冰 Ih 中氢键长度 2.76 Å 要长.吸附后,水分子结构变化不大,键长基本不变,键角略有增加(从 104.9°到 105°~106°).

水二聚体在 β 方石英(100)表面吸附作用非常强.水二聚体吸附在表面 Si 原子间的桥位,除自身的 H 键外,每个水分子与表面 OH 基团形成两个氢键,其中二聚体中的氢键受主水分子提供两个 H 键,氢键施主水分子则接受两个 H 键.吸附

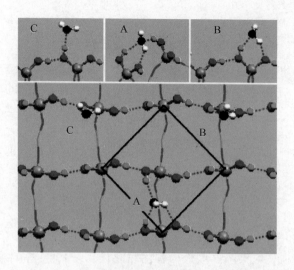

图 8.1 β方石英(100)表面上单个水分子的吸附

A,B,C 是三种水分子吸附位形.大图是顶视图,上图是侧视图.黑色正方形框表示表面原胞

位形如图 8.2 所示.氢键施主与表面的作用更强,其离表面的高度较氢键受主低 0.5 Å,这与水二聚体在金属表面上的吸附类似.由于多个氢键的存在和氢键之间的协同作用,吸附的水二聚体间的 H 键被大大加强,它的 OO 键长仅为 2.53 Å,比气态的自由水二聚体中氢键(2.98 Å)要短很多.水二聚体非常稳定,吸附能为每个水分子 748 meV.

在半满层覆盖度下(即水分子与表面 Si 原子比例为 0.5),水可以以分离的二聚体形式吸附(图 8.2(a)),也可以形成一条条隔开的水分子链(图 8.2(b)).密度泛函理论计算表明,孤立的水二聚体吸附更为稳定,形成水链的吸附能约比二聚体小 100 meV/水分子.

更为有趣的是,在满覆盖的情形下,水分子在 β方石英(100)表面自组装形成一个非常稳定的新的表面结构,见图 8.3.在这种结构中,水分子形成四角和八角两种环状结构,四角环和八角环交错排列,形成奇特的如同地板表面铺装的方格子图案.这种表面冰结构称为"镶嵌冰"[20].它的发现说明表面作用的限制可形成不同于体相冰的新结构,具有新的水聚合性质.

在镶嵌冰中,所有的水分子与表面 OH 基团形成一个氢键,水分子之间形成三个氢键,所以所有的氢键都已饱和.吸附能为每个水分子 712 meV,这接近于体相冰的结合能(720 meV).事实上,考虑到零点能修正后,镶嵌冰中水的结合能比体相还要大 30 meV 左右.

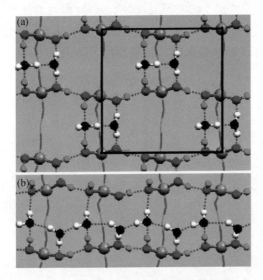

图 8.2　水二聚体在 β 方石英(100)表面上的吸附

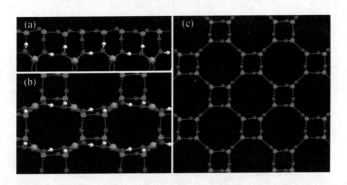

图 8.3　满覆盖水层在 β 方石英(100)表面形成的"镶嵌冰"结构

　　由于其独特的成键结构,镶嵌冰中的氢键强度是不一样的.分析表明,四边形内部中的氢键作用很强,而连接四边形的氢键较弱.这也可以通过两种氢键的键长看出来:前一种氢键 OO 键长为 $2.82 \sim 2.96$ Å,而后一种氢键键长为 $3.16 \sim 3.30$ Å.这两种不同强度的氢键可以通过红外光谱鉴别出来:红外谱中 OH 振动能在 400 meV 左右的对应于四边形内部强氢键,而 450 meV 左右的 OH 振动峰则对应于连接四边形的弱氢键.

　　由于镶嵌冰具有很高的结合能,它呈现出非同寻常的稳定性.分子动力学模拟表明,该镶嵌冰相在室温下仍保持其冰结构而不熔化.这可能意味着表面镶嵌冰具有比室温更高的熔点,从而有助于生物科技、浸润、催化等应用.最近的实验工作暗示[24,25],水在 SiO_2 表面上具有有序结构,可能就是镶嵌冰结构.

　　水在 α 方石英(100)表面的吸附与 β 方石英(100)表面极为类似.其区别在于 α 方石英晶格常数较小,水分子的吸附能比在 β 方石英(100)表面一般小 20～30 meV.但是水吸附能随覆盖度变化的趋势与 β 方石英上的水吸附情形一致[22].见图 8.4.

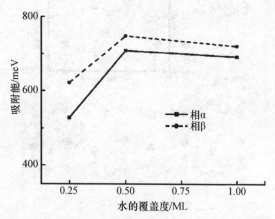

图 8.4　在 α 和 β 方石英(100)表面上水吸附能与覆盖度的变化关系

　　在 β 方石英(111)表面上,表面晶格呈六角结构,水分子吸附在三个 OH 根之间的空位上,与这三个 OH 分别形成一个氢键,水分子为其中两个氢键的受主,第三个氢键的施主,见图 8.5.由于表面 OH 基团间距较远,三个氢键中只有两个较强.水分子吸附能为每分子 701 meV.与冰表面晶格常数(4.52 Å)相比,β 方石英(111)的晶格常数很大(10.2 Å),因此在该表面的第一层水不形成冰结构,而以分立的水分子形式存在,任何两个水分子间不形成氢键.这也是一种比较独特的表面水层结构.

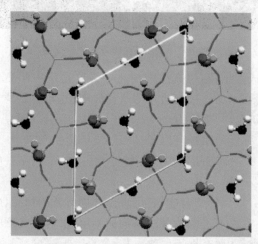

图 8.5　满覆盖度时水在 β 方石英(111)表面上的吸附

§8.3　石墨烯表面水吸附的严格计算

石墨和水之间的相互作用非常重要. 很多碳材料诸如富勒烯、碳纳米管、碳纳米锥、石墨等, 都可以看作由单层石墨, 即石墨烯卷曲或重叠而成. 所以单层石墨常常被作为研究碳材料的原型. 人们常通过计算物质与石墨烯的相互作用提取出适合的经验参数, 用以计算其他碳材料的性质. 因此石墨烯与水的相互作用代表了一大类碳材料和水的相互作用. 它关系到很多现象, 比如浸润、冰的异质成核、水分子在尘埃上的生成、碳纳米材料在生物介质中的性质和功能、水在纳米尺度的结构和相变行为等. 举例来说, 大气中雨水的形成一般是水分子在凝结核附近积聚形成水滴, 当水滴比较大以后就落下来形成雨水. 石墨正是凝结核的一个模型. 火箭喷嘴一般也是由碳材料构成的, 而水正是一种普遍的燃烧产物, 水与这些碳材料的相互作用对于火箭喷嘴的腐蚀是很重要的.

人们通过很多方法对石墨上水的接触角进行了测量[26,27]. 1940 年, Fowkes 测量出接触角为 86°. Morcos 也得到了类似的结论, 测得的接触角是 84°. Schrader 则得到了一个相对比较小的接触角, 为 42°±7°. Luna 等人则测量出接触角最多不超过 30°. 这些截然不同的结论, 可能来源于石墨表面上的杂质以及吸附物. 最近, Li 等人确认空气中的有机物吸附极大地影响了石墨烯的浸润角, 使之从本征的 40°～50°增加到 90°左右[26]. 理论计算方面, Werder 等人利用基于经验势的分子动力学方法, 模拟了水滴在石墨上的吸附行为, 计算出了水滴的接触角[27]. 由于使有各种不同的模型势描述水, 且描述水分子与碳相互作用的 Lennard-Jones 势也存在各种不同的参数, 经过一系列的分子动力学模拟水滴的平衡形状, Werder 等人发现水滴在石墨上的接触角与单个水分子在石墨上的吸附能量成线性关系[27]. 这个工作架起了从微观到宏观的一个桥梁.

8.3.1　水分子和苯环的相互作用

想弄清楚石墨与水的相互作用, 一个办法就是从石墨的最简单构成单元——苯环与水的相互作用开始研究. 马杰等使用密度泛函方法首先计算了模型体系——单个水分子和苯环的作用[28]. 使用 PBE, BLYP, 以及混合部分严格交换能的交换关联函数 PBE0, B3LYP0 等, 得到的吸附能量与吸附距离的曲线如图 8.6 所示. 为了便于比较, 图中同时画出了用 ΔCCSD(T) 方法得到的精确吸附能量曲线. 从图中可以看出, PBE 低估了吸附能量: 在平衡位置附近大约低估了 50 meV, 而在距离为 2.8 Å 处则低估了将近 90 meV. 有趣的是, 虽然 PBE 严重低估了吸附能量, 但是它却给出了正确的吸附距离. 也就是说, PBE 能定性的给出结果, 但不能定量. 它的混合泛函版本 PBE0 给出几乎完全相同的吸附能量曲线. 与 PBE 相比, BLYP 更加严重地低估了吸附能量, 而且吸附结构也不能正确给出. 与之相比, 它的混合泛函版本 B3LYP 的表现要稍好一些, 但是仍不能正确地定性描述该系统. 总的来讲, 这些交换关联都低估了相互作用能, 不能正确地描述这个系统, 这在弱相互作用系统中是非常典型的. 混合交换关联比起原本的 GGA 版本只给出了很少的提高, 甚至完全没有提高. 这是因为本质上密度泛函理论中现有的交换关联形式都不能正确的描述范德瓦尔斯力等较弱的相互作用. 混合泛函只是改进了交换能部分, 然而范德瓦尔斯力等弱相互作用完全是关联效应, 因此混合泛函没能改进传统的 GGA 的表现.

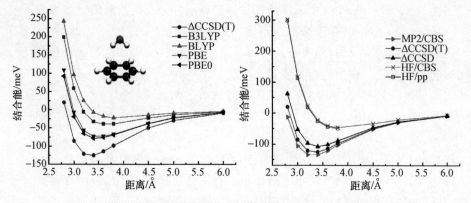

图 8.6　不同方法计算得到的水分子与苯环相互作用的能量-距离曲线
插图表示水分子与苯环作用的位形

作为比较, 图中也给出了几种量子化学方法, 包括 Hartree-Fock, MP2, CCSD 方法的表现. 其中 Hartree-Fock 和 MP2 方法都选取完备基矢极限下的吸附能量曲线进行讨论, 而 CCSD 方法由于计算量太大, 因此使用和 ΔCCSD(T) 方法类似的 ΔCCSD 吸附能量曲线进行讨论. 所有这些吸附能量曲线, 以及作为参照标准的 ΔCCSD(T) 曲线都描绘在图 8.6 中. 首先从图中看出, 与 BLYP 和 B3LYP 类似, Hartree-Fock 方法也严重低估了系统的吸附能量. 无论是定性上还是定量上, 它都没有办法正确的描述这个系统. 考虑到 Hartree-Fock 方法没有关联效应, 这个结果并不使人感到意外. 对于 MP2 和 CCSD 方法, 这两种方法的吸附能量曲线与真实的参考曲线非常接近, 也就是说它们可以较好地描述这个系统. 但是这两种方法也都有各自的误差. 与其他方法类似, 它们的误差都随着水与苯分子距离的增大而减小. MP2 方法高估了吸附能量, 在平衡位置附近高估了大约 9 meV, 而在 2.8 Å 处则高估了大约 32 meV. 与此相反, CCSD 方法则低估了整条吸附能量曲线, 在平衡位置附近低估了大约 18 meV, 而在 2.8 Å 处则低估了大约 42 meV. 这说明在耦合团簇 (coupled cluster) 方法中三重激发还是很重要的, 尤其是在水与苯分子相互距离比较近时是不可以忽略的. 总体来讲, MP2 方法的误差比 CCSD 方法更小, 计算精度更高. 这个现象在其他氢键相互作用系统中也有类似结果. 造成这个现象的原因应该是 MP2 方法中存在误差相消, 使得最终的结果更接近真实值. 最后使用扩散蒙特卡罗方法, 发现它不但可以给出正确的吸附能量和吸附距离, 而且整个曲线的形状也能正确的描述出来. 因此量子蒙特卡罗方法既可以定性也可以定量的精确描述这个系统. 由于这个体系相对比较小, 量子蒙特卡罗方法统计误差约为 4 meV, 得到的吸附能量曲线在平衡位置附近以及相互距离较远处都与 CCSD(T) 曲线高度吻合, 故在图中略去. 在水与苯分子之间距离比较近的地方, 如 2.8 Å 处, 两种方法给出了大约为 20 meV 的误差. 扩散蒙特卡罗方法给出了一个过于陡峭的排斥壁. 总的来讲, 虽然做了很多近似, 如 fixed-node 近似、赝势、单 Slater-Jastrow 试探波函数等, 扩散蒙特卡罗方法还是非常准确的, 特别是在平衡位置附近.

8.3.2　水分子与石墨烯的相互作用

2000 年, Feller 和 Jordan 利用 MP2 方法计算了水在不同尺寸的碳六元环团簇上的吸附能量, 并外推到无穷大团簇情况[29]. 由于 MP2 方法一般只是用于计算孤立团簇系统, 近些年来虽然也发展出了能够处理周期性固体的版本并引入了 k 空间抽样, 但是它从理论本质上还不能处理诸如石墨烯这样的零能隙的金属或半金属系统. 一般情况下, 人们只能选取一些的聚合苯环团簇 (fused-benzene cluster) 来模拟石墨烯 (见图 8.7), 并通过不同尺寸的团簇的吸附能量来外推出无限大团簇, 即石墨烯上的水分子吸附能量. 他们选取了 aug-cc-pVxZ, x＝D, T, Q, 并外推到完备基矢极限. 水分子的吸附结构是通过对较小的团簇进行结构优化得到的单腿结构. 最终得到的吸附能量为大约 250 meV. 一般认为, 由于基矢和团簇尺寸的原因, 吸附能量可能被高估. 单腿吸附结构也只是小团簇的最稳定结构, 对于大的团簇这只是一个亚稳态.

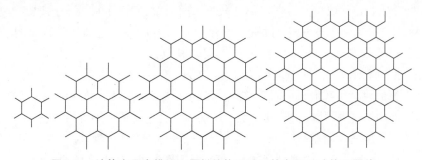

图 8.7　计算中用来模拟石墨烯结构而采用的有限尺寸的石墨片

Lin 等人用 MP2 方法在 aug-cc-pVDZ 基矢下对较大的团簇进行了结构优化，发现双腿结构比单腿更为稳定[30]. 由于 MP2 方法计算量太大，因此他们同时也采用了 DFTB-D 方法. 这两种方法都给出非常接近的吸附能量，大约为 120 meV，远小于上一篇文献的结果. 但是这里使用的基矢相对较小，而且没有外推到完备基矢极限，选取的团簇尺寸也有限.

上面的两个工作都是采用分子团簇来模拟石墨烯. 由于在团簇边缘处碳原子有一个悬挂键，因此需要用氢原子来饱和. Sudiarta 和 Geldart 提出团簇边缘处的氢原子会对计算结果有影响[31]. 他们采用氢和氟两种元素分别对团簇边缘处的碳原子进行饱和，并改进了外推到无限大团簇的方法，尽量排除了边缘处饱和原子对吸附能量的影响. 他们认为边缘处的影响主要来源于静电相互作用和范德瓦尔斯相互作用，将这两项贡献排除后再外推到无限大团簇下可以得到较为精确的相互作用能. 利用这一方法，氢饱和与氟饱和的团簇分别外推得到的吸附能量非常接近，说明边缘处的影响被消除掉了. 最终他们得到了大约为 100 meV 的吸附能量. 他们使用的基矢为 6～31G($d=0.25$)，这是一个比较小的基矢，MP2 能量不一定可靠.

使用 MP2 方法计算水和石墨烯吸附作用时，由于团簇尺寸、基矢大小以及外推方法不尽相同，得到的相互作用能量从 100 meV 变化到了 250 meV，相差约两倍. 还有一些人采用了其他的方法计算了这个系统. Sanfelix 等人采用密度泛函方法，选取了 PW91 这种交换关联形式，利用周期性原胞对石墨烯和水分子的相互作用进行了计算[32]. 但由于传统密度泛函方法不能正确描述范德瓦尔斯相互作用，不能正确描述水和石墨烯的弱相互作用，得到的吸附能量应该接近于 Ruuska 和 Pakkanen 则采用了 Hartree-Fock 方法[33]. 他们研究的对象依然是分子团簇. 由于 Hartree-Fock 方法没有关联能，也不能正确描述这个系统. 最终他们得到的吸附能量仅为约 30 meV，而且水分子的吸附高度比前面 MP2 的结果高了大约 0.8 Å，这也是典型的 Hartree-Fock 方法的行为. Xu 等人采用了混合方法来研究比较大的团簇. 他们对中心区域与水分子距离比较近、作用比较重要的碳原子采取密度泛函理论 B3LYP 交换关联形式进行描述，而对周围的与水分子距离比较远、作用不那么重要的碳原子则采用 DFTB 的方法. 为了弥补范德瓦尔斯作用，他们采用了经验的修正. 他们得到的吸附能量大约为 90 meV.

从上面的讨论中我们可以看到，理论计算上由于各种各样的原因，不同计算会给出截然不同的结论，吸附能量从几十毫电子伏到几百毫电子伏不等. 在实验上对于吸附能量的测量也非常困难. 这主要是因为在实验中水分子很容易通过氢键相互作用而形成团簇，那么一般实验测量到的是水分子团簇脱附成为水分子的能量而并不是单个水分子脱附的能量. 此外，如此弱的相互作用的测量本身也是十分麻烦的.

因此通过高精度的第一性原理理论计算来确定单个水分子在石墨烯上的吸附能量和结构变得必要. 马杰等采用扩散量子蒙特卡罗方法, 使用 CASINO 软件包, 试探波函数设为 Slater-Jastrow 型进行研究[34]. 在进行虚时薛定谔方程的演化时, 时间步长选取为 0.0125 a. u.. 赝势选取为 Dirac-Fock 类型, 其中碳原子和氧原子冻结了内部的类氦核, 核半径分别为 0.58 和 0.53 Å, 氢原子的核半径为 0.26 Å. 单电子轨道则通过 PWSCF 软件包得到, 其中平面波的能量截断为 4082 eV, 交换关联能选取为 LDA 形式. 由于量子蒙特卡罗方法目前仍然不能可靠地计算原子的受力, 因此没有办法优化结构. 为此该方案采用密度泛函 PBE 交换关联优化得到的结构进行总能量的计算. 由于系统的弱的相互作用对于水分子和石墨烯的结构扭曲很小, 所以不同结构得到的吸附能量相差并不大.

可以选取可能的高对称性吸附点来比较吸附能量, 即单腿和双腿结构. 其中, 单腿结构是水分子在苯分子以及其他小的聚合苯环团簇上的最稳定结构(MP2 层次), 而双腿结构是水分子在较大的聚合苯环团簇上的最稳定结构. 图 8.8 为它们的示意图, 其中(a)图为双腿结构, (b)图为单腿结构, 上面两幅为侧视图, 下面两幅为俯视图, 灰色的圆球代表碳原子, 红色的圆球代表氧原子, 白色的圆球代表氢原子. 可以清楚地看到, 在双腿结构中, 氧原子处在六碳环的中心的正上方, 两个氢原子对称的指向石墨烯中的两个碳原子. 这个结构的对称性是比较高的, 氧原子在平行于石墨烯的平面(x-y 平面)上没有自由度, 只有在垂直于石墨烯平面的方向(z 方向)上有一个自由度. 因此, 这个结构的计算只需要考虑 z 方向这一个自由度, 也就是只需计算一维的吸附能量曲线. 在实际计算中, 将氧原子固定在六碳环中心的

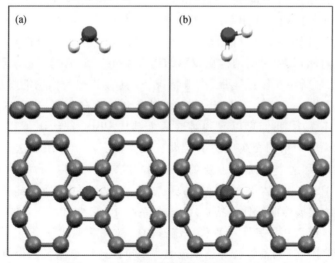

图 8.8　水分子在石墨上的两种吸附位形

(a) 双腿吸附; (b) 单腿吸附

正上方(碳原子固定而氢原子完全弛豫),然后沿 z 方向每隔一段距离计算一次水分子的吸附能量,通过吸附能量曲线找到水分子最稳定的吸附高度.另一方面,在单腿结构中,氧原子几乎是在碳原子的顶位,但稍微有点偏离,一个氢原子指向氧原子下面的那个碳原子,而另一个氢原子则几乎与石墨烯平面平行(略有上翘).在这个结构中,氧原子的对称性比双腿结构低,它只有在 y 方向是对称的,即氧原子没有自由度,但是在 x 和 z 方向氧原子都有自由度.这就是说,对于这个结构需要计算两维的吸附能量曲面.这样计算量就比较大了.在计算中发现,当氧原子高度保持不变时,吸附能量随 y 坐标的变化在很大一个范围内都不显著.对于高度约为 3.6 Å 的 PBE 的单腿位形水分子吸附,在 y 坐标从 0 Å 变化到 0.6 Å 时,吸附能量的起伏只有 1 meV,吸附能量最大值出现在大约 0.2 Å 处(注意到水分子在六碳环中心时氧原子的 y 坐标大约为 1.42 Å),并且还会发现随着水分子高度的变化,最大值出现的位置几乎不变.

因此,在计算单腿结构时,可以将氧原子的 y 坐标固定在约 0.2 Å 处,在 z 方向选取一系列的点来计算吸附能量曲线,并寻找最稳定的吸附高度.这样就将一个三维的能量曲面简化为两条一维的吸附能量曲线,大大地减少了工作量,同时也能得到需要的信息.

马杰等[34]最终得到的吸附能量曲线展示在图 8.9(双腿)和图 8.10(单腿)中.先来看密度泛函方法中不同交换关联形式得到的吸附能量.LDA 对这两个位形都给出了最大的吸附能量,大约为 150 meV,其中单腿结构比双腿结构小约 10 meV,远高于其他所有的交换关联形式.这是意料之中的事情.以往的计算经验告诉我们,对于范德瓦尔斯相互作用系统,例如稀有气体原子二聚体,LDA 一般都会高估相互作用能量.PBE 的吸附能量则要小得多,对这两个结构都给出了大约为 30 meV 的吸附能,其中单腿结构比双腿结构大 4 meV.通常的经验表明,PBE 一般会低估范德瓦尔斯相互作用能量.一般情况下,真实的相互作用能量值是在 LDA 与 PBE 计算值之间.PBE0 是 PBE 的一个混合交换关联版本,它引入了严格的交换项.在这个系统中,我们可以看到对这两个结构 PBE0 都给出了和 PBE 非常接近的结果.这说明严格的交换项的引入没有提高密度泛函方法在这个系统上的表现,很可能是因为这个系统中主要的相互作用来源于关联项而并非是交换项.revPBE 是对 PBE 的参数稍加修改后的版本,它计算出的交换能曲线与 Hartree-Fock 计算出的交换能曲线比较接近.在这个系统中,它给出了非常弱的吸附能量,大约为 7 meV.BLYP 是另外一种非常流行的交换关联形式,一般而言,它比 PBE 低估相互作用能量而高估键长等结构参数.这里 BLYP 给出了完全排斥的相互作用能量曲线,也就是说在 BLYP 下根本没有稳定的或亚稳定的吸附位置.B3LYP 是 BLYP 的一个混合交换关联版本,它在量子化学计算中非常流行,计算结果往往

比其他交换关联更加准确. 与 PBE0 和 PBE 的情况类似, 这里 B3LYP 也和 BLYP
曲线几乎完全相同.

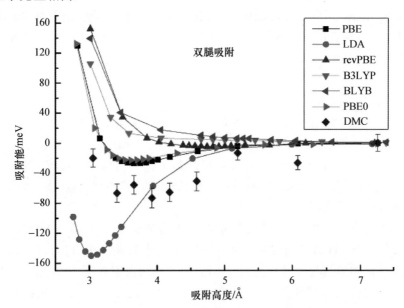

图 8.9　水分子以双腿吸附在石墨烯上的吸附能与吸附高度关系的曲线

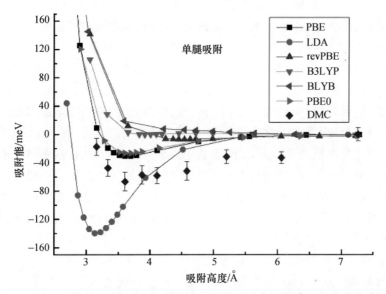

图 8.10　水分子以单腿吸附在石墨烯上的吸附能与吸附高度关系的曲线

从吸附能量上来看, 密度泛函方法中不同的交换关联形式给出了从完全排斥
到 150 meV 的各种不同的吸附能量, 这也与以往的计算经验是相吻合的. 这说明密

度泛函方法不能正确描述这个系统. 本质上这是因为密度泛函中各种交换关联都是基于局域或半局域近似, 它们没有办法正确描述完全非局域的范德瓦尔斯相互作用. 以往的文献表明, 密度泛函中各种交换关联所给出的吸引作用通常来源于交换项, 但真实的相互作用应该是一种关联效应, 因此即便在个别系统中某种交换关联正确的描述了相互作用能, 那也只是一种巧合. 这充分说明了密度泛函方法的局限性.

两种结构的各种吸附能量曲线都非常类似. 在所有这些交换关联能中, 只有LDA 给出了双腿比单腿更稳定的结论, 其他几种泛函要么给出单腿比双腿稳定, 要么给不出任何的稳定吸附位置. 显然, 没有任何理由相信某个交换关联形式会比其他的更准确, 所以说密度泛函方法不能判断出哪个结构更加稳定. 但是总的来讲, 所有交换关联泛函形式给出的两种结构的能量差都不到 10 meV, 因此可以认为这两个结构几乎是简并的.

对于吸附结构参数, 先来看双腿结构. 吸附能量越大, 水分子的吸附高度越低, HO 键键长和 HOH 键角的变化也就越明显. 由于双腿是一个对称的结构, 所以两个氢原子都对称的与石墨烯发生相互作用. 而单腿结构则有所不同. 由于它的两个氢原子并不对称, 我们看到平行于石墨烯平面的那个氢原子的 HO 键键长几乎没有改变, 而指向碳原子的那个氢原子的 HO 键键长则发生变化. 这说明与双腿结构不同, 单腿中只有指向碳原子的氢原子参与了和石墨烯的相互作用, 另一个氢原子则几乎不贡献任何作用. 随着吸附能量的变化, 也能观察到与双腿结构类似的结构参数的变化规律. 这显示出吸附结构与吸附能量之间的联系.

同样可以使用扩散蒙特卡罗方法进行计算. 由于这是一个比较大的系统(53个原子, 208 个电子), 蒙特卡罗方法的计算量是非常大, 由于受到计算资源的限制, 统计误差(误差棒)大约为 15 meV. 由于这个误差棒的存在, 不能严格给出扩散蒙特卡罗的吸附能量. 在误差范围内, 估计吸附能量大约是在 80 meV 左右. 而两种结构的吸附能量曲线非常接近, 或者说它们几乎是简并的. 从扩散蒙特卡罗曲线和密度泛函各种曲线的对比来看, 没有任何一个交换关联的曲线落在蒙特卡罗的误差范围内, 这又一次说明了密度泛函方法中的各种不同的交换关联都不能精确描述这个系统. 而量子蒙特卡罗曲线处于 LDA 和 PBE 曲线之间, 这也与人们以往看到的各种计算结果相类似.

一般而言, 电荷转移和重新分布是研究系统相互作用的非常有用的信息. 图8.11 左边就是双腿结构的电荷转移图, 其中白色和黄色代表电荷增加和减少. 可以清楚地看到在石墨烯和水分子的中间区域没有电荷重叠, 即没有任何化学键的相互作用. 这是物理吸附系统的一个很重要的特点. 它的相互作用完全来源于电子极化而产生的非局域相互作用, 而不像化学键那样来自于电子云的交叠. 发生这个现象的原因是,受到水分子的影响后,石墨烯是并不只是在与水分子最近邻的碳原子上才有明显的电荷重新分布,在次近邻的碳原子上也有电荷的转移和重新分布.这种大范围的电荷重新分布就形成了这个有趣的图像.这也说明这个系统不是简单的最近邻相互作用可以描述的,它必须考虑水和整个石墨烯的相互作用.这与石墨烯的能隙为零有直接的关系.

图 8.11　水分子以双腿吸附在石墨烯表面上导致的电子密度重新分布
灰色为得电子区域;黄色为失电子区域

8.3.3　水层与石墨烯的相互作用

多个水分子吸附在石墨烯上,会形成水的团簇和水层.一般来讲,由于水分子与石墨烯的作用较弱,远小于氢键能量,水分子之间的氢键对水结构的形成起决定作用.由于水结构形成时自然界尽量优化水分子间氢键作用,水层中每个水分子和石墨烯的作用比单分子吸附的情形下还要弱些.

李晓等使用范德瓦尔斯交换关联 DFT 计算了单个水层在自由和金属衬底上的石墨烯层的吸附情形[35].他们发现自由 OH 向上和向下的两种水层在石墨烯上的吸附能基本一致,分别为 542 和 540 meV/H_2O.水层的吸附能基本来自于水分子键的氢键作用,为 $300 \times 3/2 = 450$ meV.他们还发现水层的吸附能使石墨烯打开一个小的能隙,约为 40 meV.在金属衬底上的石墨烯与水的相互作用增强,吸附能增大 20~40 meV.令人吃惊的是,虽然水层吸附难以移动自由的石墨烯狄拉克能级位置,即不能使之电子掺杂;但是对金属衬底上的石墨烯而言,水层吸附可以极大改变其狄拉克能级位置,最大可使之移动 120 meV,即可以通过改变吸附水层的结构调节石墨烯的电子和输运性质.

Galli 等通过第一原理计算模拟了水层在石墨烯上的动态分布[36].特别地,李晖等[37]使用范德瓦尔斯修正的 DFT 方法（DFT＋D）模拟了水层在石墨烯上的浸润现象. 通过第一性原理分子动力学模拟，他们得到水团簇的浸润角为 87°（图 8.12），这与约为 86°～93°实验值吻合很好，充分说明第一性原理在计算一些水宏观性质的可靠性和有效性.

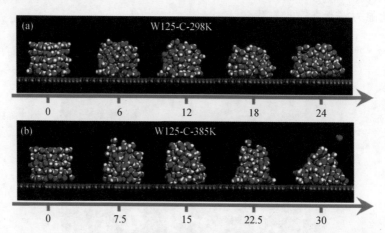

图 8.12 由 125 个水分子构成的团簇在石墨烯表面形状演化的第一原理分子动力学模拟[37]
图中横轴是模拟时间（单位：ps），水团簇初始位形为立方块体. (a) 模拟温度为 298 K，得到浸润角为 96°；(b) 模拟温度为 385 K，得到的浸润角为 87°

参 考 文 献

[1] A. Fujishima and K. Honda. *Electrochemical photolysis of water at a semiconductor electrode*. Nature **238**, 5358 (1972).

[2] J. H. Carey and B. G. Oliver. *Intensity effects in electrochemical photolysis of water at TiO₂ electrode*. Nature **259**, 554 (1976).

[3] L. Giordano, J. Goniakowski, and J. Suzanne. *Partial dissociation of water molecules in the (3×2) water monolayer deposited on the MgO(100) surface*. Phys. Rev. Lett. **81**, 1271 (1998).

[4] H.-J. Shin, J. Jung, K. Motobayashi, S. Yanagisawa, Y. Morikawa, Y. Kim, and M. Kawai, *State-selective dissociation of a single water molecule on an ultrathin MgO film*. Nature Materials **9**, 442 (2010).

[5] J. Hu, X. D. Xiao, D. F. Ogletree, and M. Salmeron. *Imaging the condensation and evaporation of molecularly thin films of water with nanometer resolution*. Science **268**, 267 (1995).

[6] G. S. Parkinson, Z. Novotny, P. Jacobson, M. Schmid, and U. Diebold. *Room temperature water splitting at the surface of magnetite*. J. Am. Chem. Soc. **133**, 12650 (2011).

[7] P. J. D. Lindan, N. M. Harrison, and M. J. Gillan. *Mixed dissociative and molecular adsorption of water on the rutile(110) surface*. Phys. Rev. Lett. **80**, 762 (1998).

[8] D. A. Duncan, F. Allegretti, and D. P. Woodruff. *Water does partially dissociate on the perfect TiO_{2}(110) surface: A quantitative structure determination*. Phys. Rev. B **86**, 045411 (2012).

[9] L. M. Liu, C. Zhang, G. Thornton, and A. Michaelides. *Reply to "Comment on 'Structure and dynamics of liquid water on rutile TiO2(110)'"*. Phys. Rev. B **85**, 167402 (2012).

[10] T. He, J. L. Li, and G. W. Yang. *Physical origin of general oscillation of structure, surface energy, and electronic property in rutile TiO2 nanoslab*. ACS Applied Materials and Interface **4**, 2192 (2012).

[11] R. Wang, K. Hashimoto, A. Fujishima, M. Chikuni, E. Kojima, A. Kitamura, M. Shimohigoshi, and T. Watanabe. *Light-induced amphiphilic surfaces*. Nature **388**, 431 (1997).

[12] S. U. M. Khan, M. Al-Shahry, and W. B. Ingler Jr. *Efficient photochemical water splitting by a chemically modified n-TiO2*. Science **297**, 2243 (2002).

[13] U. Diebold, J. Lehman, T. Mahmoud, M. Kuhn, G. Leonardelli, W. Hebenstreit, M. Schmid, and P. Varga. *Intrinsic defects on a TiO2(110)(1×1) surface and their reaction with oxygen: A scanning tunneling microscopy study*. Surf. Sci. **411**, 137(1998).

[14] U. Diebold. *The surface science of titanium dioxide*. Surface Science Reports **48**, 53 (2003).

[15] S. Suzuki, K. Fukui, H. Onishi, and Y. Iwasawa. *Hydrogen adatoms on TiO2(110)-(1×1) characterized by scanning tunneling microscopy and electron stimulated desorption*. Phys. Rev. Lett. **84**, 2156 (2000).

[16] R. Schaub, E. Wahlstroem, A. Ronnau, E. Laegsgaard, I. Stensgaard, and F. Besenbacher. *Oxygen-mediated diffusion of oxygen vacancies on the TiO2(110)*. Surface. Science **299**, 377 (2003).

[17] O. Bikondoa, C. L. Pang, R. Ithnin, C. A. Muryn, H. Onishi, and G. Thornton. *Direct visualization of defect-mediated dissociation of water on TiO2(110)*. Nature Materials **5**, 189 (2006).

[18] C. Y. Zhou, Z. F. Ren, S. J. Tan, Z. B. Ma, X. C. Mao, D. X. Dai, H. J. Fan, X. M. Yang, J. LaRue, R. Cooper, A. M. Wodtke, Z. Wang, Z. Y. Li, B. Wang, J. L. Yang, and J. G. Hou. *Site-specific photocatalytic splitting of methanol on TiO2(110)*. Chem. Sci. **1**, 575 (2010).

[19] B. Meyer, D. Marx, O. Dulub, U. Diebold, M. Kunat, D. Langenberg, and C. Woll. *Partial dissociation of water leads to stable superstructures on the surface of zinc oxide*. Angew. Chem. Int. Ed. **43**, 6642 (2004).

[20] J. J. Yang, S. Meng, L. F. Xu, and E. G. Wang. *Ice tessellation on a hydroxylated*

silica surface. Phys. Rev. Lett. **92**, 146102 (2004).

[21] J. J. Yang, S. Meng, and E. G. Wang. *Water adsorption on hydroxylated silica surfaces studied using density functional theory*. Phys. Rev. B **71**, 035413 (2005).

[22] J. J. Yang and E. G. Wang. *Water adsorption on hydroxylated alpha-quartz (0001) surfaces: From monomer to flat bilayer*. Phys. Rev. B **73**, 035406 (2006).

[23] J. J. Yang and E. G. Wang. *Reaction of water on silica surfaces*. Current opinion in solid state & materials science **10**, 33 (2006).

[24] V. Ostroverkhov, G. A. Waychunas, and Y. R. Shen. *New information on water interfacial structure revealed by phase-sensitive surface spectroscopy*. Phys. Rev. Lett. **94**, 046102 (2005).

[25] I. M. P. Aarts, A. C. R. Pipino, J. P. M. Hoefnagels, W. M. M. Kessels, and M. C. M. van de Sanden. *Quasi-ice monolayer on atomically smooth amorphous SiO2 at room temperature observed with a high-finesse optical resonator*. Phys. Rev. Lett. **95**, 166104 (2005).

[26] Z. Li, Y. Wang, A. Kozbial, G. Shenoy, F. Zhou1, R. McGinley, P. Ireland, B. Morganstein, A. Kunkel, S. P. Surwade, L. Li, and H. T. Liu. *Effect of airborne contaminants on the wettability of supported graphene and graphite*. Nature Materials **12**, 925 (2013).

[27] T. Werder, J. H. Walther, R. L. Jaffe, T. Halicioglu, and P. Koumoutsakos. *On the water—carbon interaction for use in molecular dynamics simulations of graphite*. J. Phys. Chem. B **107**, 1345 (2003).

[28] J. Ma, D. Alfe, A. Michaelides, and E. G. Wang. *The water-benzene interaction: Insight from electronic structure theories*. J. Chem. Phys. **130**, 154303 (2009).

[29] D. Feller and K. D. Jordan. *Estimating the strength of the water/single-layer graphite interaction*. J. Phys. Chem. A **104**, 9971 (2000).

[30] C. S. Lin, R. Q. Zhang, S. T. Lee, M. Elstner, T. Frauenheim, and L. J. Wan. *Simulation of water cluster assembly on a graphite surface*. J. Phys. Chem. B **109**, 14183 (2005).

[31] I. W. Sudiarta and D. J. W. Geldart. *Interaction energy of a water molecule with a single-layer graphitic surface modeled by hydrogen- and fluorine-terminated clusters*. J. Phys. Chem. A **110**, 10501 (2006).

[32] P. C. Sanfelix, S. Holloway, K. W. Kolasinski, and G. R. Darling. *The structure of water on the (0001) surface of graphite*. Surf. Sci. **532**, 166 (2003).

[33] H. Ruuska and T. A. Pakkanen. *Ab initio model study on a water molecule between graphite layers*. Carbon **41**, 699 (2003).

[34] J. Ma, A. Michaelides, D. Alfe, L. Schimka, G. Kresse, and E. G. Wang. *Adsorption and diffusion of water on graphene from first principles*. Phys. Rev. B **84**, 033402 (2011).

[35] X. Li, J. Feng, E. G. Wang, S. Meng, J. Klimes, and A. Michaelides. *Influence of water on the electronic structure of metal-supported graphene: Insights from van der Waals density functional theory.* Phys. Rev. B **85**, 085425 (2012).

[36] G. Cicero, J. C. Grossman, E. Schwegler, F. Gygi, and G. Galli. *Water confined in nanotubes and between graphene sheets: A first principle study.* J. Am. Chem. Soc. **130**, 1871 (2008).

[37] H. Li and X. C. Zeng. *Wetting and interfacial properties of water nanodroplets in contact with graphene and monolayer boron-nitride sheets.* ACS Nano **6**, 2401 (2012).

第9章 表面浸润的宏观和微观图像

浸润是自然界常见的现象,也是理解水与固体表面相互作用的典型体系之一. 本章从宏观的浸润现象入手,介绍浸润的经典模型和当前人们最新的理解,着重于从微观尺度表征、理解、应用水的表面浸润现象.

§9.1 自然界的浸润现象

从宏观上看,当把一种液体沉积于固体表面上时,由于液体分子间以及固体和液体分子间均存在着作用力,这两种作用力最后会趋于平衡,使得液滴边缘处液滴表面与固体平面成一定角度的夹角,这种现象称为浸润,形成的角度称为接触角. 水是最常见的液体. 一般人们把水滴接触角小于 90 度的表面称为亲水表面,接触角大于 90 度的表面称为疏水表面. 浸润在很多工业、生物、物理、化学、仿生学等过程中都起着至关重要的作用. 比如,非洲西南部纳米布沙漠降雨很少,但是早晨的时候雾气很浓,并且常常刮大风. 每当刮风的时候,沙漠中的一种甲壳虫(图 9.1(a))会倾斜它的身体,使它的背部对着风来收集水分. 水滴会顺着甲虫的背部流到它的嘴里,这得益于甲壳表面特殊的微观结构(图 9.1(b), 图 9.1(c)),这种微观结构使得甲壳表面产生亲疏水交替的构造,从而使甲虫能够在沙漠中收集水并使这些水不被蒸发[1]. 再比如,在微观尺度下氨基酸基团的疏水作用是生物体中蛋白质折叠的主要驱动力. 由此可见,理解表面浸润现象是非常重要的.

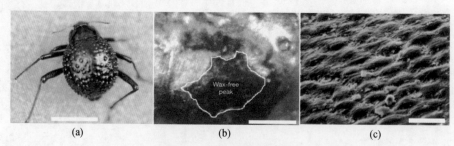

(a)   (b)   (c)

图 9.1 甲虫的背部甲壳

(a) 沙漠中的一种甲虫,在它的背部可以清楚地看到突起和凹槽;(b) 甲虫的一个凸起,在凸起的峰位没有被染色(仍是黑色),而其他部分则被染色;(c) 被染色部位的扫描电子显微镜图[1]. 基准尺寸寸:
(a) 10 mm;(b) 0.2 mm;(c) 10 μm

由于浸润是一种发生在界面的现象,它与表面张力(即表面能)有很大的关系.那什么是表面张力呢? 简单来说,表面张力或表面能就是形成一个单位面积的表面所需要的能量. 我们以液体作为例子,如图 9.2(a),在体相中,每个分子受到周围各个方向的分子对它的作用力,结果使其净受力为 0.但是处于液体表面的分子并不是各个方向都受力,这种受力的不均匀导致其有指向内部的净受力,这就是造成表面张力的原因. 从能量方面讲,由于分子之间存在作用力,当一个分子与别的分子接触时它的能量会低于孤立存在时的能量,而分子在表面的近邻分子数明显少于体相中的近邻分子,为了使其总能量降低,它会尽量减少表面积. 正是存在了表面张力,才使得液体在固体表面上呈现出不同的浸润现象.

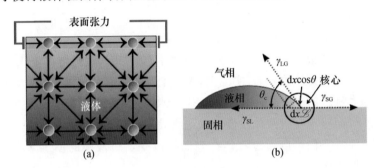

图 9.2　浸润与表面张力

(a) 表面液体分子和体相液体分子所受作用力的情况；(b) 液滴在固体表面上的示意图,$\mathscr{L}$ 给出的是垂直于纸面的三相线

早在 1804 年,英国科学家托马斯·杨就发现了液滴与固体接触时具有恒定的接触角(θ_c). 浸润也可以分成部分浸润($\theta_c > 0°$)和完全浸润($\theta_c = 0°$)两类. 对于部分浸润情形,固体表面被液体浸润的部分被一条三相线 $\mathscr{L}$ 所限定(对于图 9.2(b),它是一个圆). 在三相线 $\mathscr{L}$ 附近结构非常复杂且依赖于具体的体系,我们把这个区域称为核心区域. 然而,我们可以避开这个区域去讨论浸润角与表面能的关系. 托马斯·杨提出,当液体在表面处于稳态时,移动液滴的界线($\mathrm{d}x$)并不会让它的能量产生变化. 根据图 9.2(b),我们知道,当 $\mathscr{L}$ 移动 $\mathrm{d}x$ 时:(1) 它体相的能量并不会有变化;(2) 考虑到核心区域只是个简单的平移,所以核心区域的能量也不会产生变化;(3) 这时候固气、固液和气液面积分别升高了 $\mathrm{d}x$(对于固气界面),$-\mathrm{d}x$(对于固液界面),和 $-\mathrm{d}x \cos\theta_c$(对于气液界面). 这时候可得

$$\gamma_{SG}\,\mathrm{d}x - \gamma_{SL}\,\mathrm{d}x - \gamma_{LG}\cos\theta_c\,\mathrm{d}x = 0.$$

约去 $\mathrm{d}x$,可得

$$\gamma_{SG} - \gamma_{SL} - \gamma_{LG}\cos\theta_c = 0. \tag{9.1}$$

这就是非常著名的杨氏方程. 在这里,γ_{SG},γ_{SL} 和 γ_{LG} 分别是固气、固液和气液的界面能. θ_c 是液滴在三相点的切线与底面的夹角,也就是接触角,它的大小可以表征

一个固体表面对液体的浸润性.

由方程(1)可得,当

$$\gamma_{LG} = \gamma_{SG} - \gamma_{SL}$$

时,$\cos\theta_c = 1$($\theta_c = 0$),这是也就是所谓的完全浸润. 那么如果

$$\gamma_{SG} > \gamma_{LG} + \gamma_{SL} \tag{9.2}$$

会怎样? 事实上,这种情况在热力学平衡状态下是不可能的,因为假设(9.2)式成立,从能量角度考虑,为了降低总能量,平衡下的固体表面必然会包含一层液膜,从而使真实的 γ_{SG} 与 $\gamma_{LG} + \gamma_{SL}$ 相等,也就是使其完全浸润.

如果我们需要处理非平衡情况,我们可能会得到固气界面能 γ_{SO} 大于 $\gamma_{LV} + \gamma_{SL}$ 的情况. 它们的差

$$S = \gamma_{SO} - \gamma_{LG} - \gamma_{SL} \tag{9.3}$$

叫做扩散系数. 物理上,我们可以认为 γ_{SO} 是"干"的表面(理想情况下表面无液层)的表面能,而 γ_{SG} 是"湿"的表面(实际上,表面上常常会有一层液体)的表面能. 对于不同的体系,它们的差别很大. 例如,对于水在金属氧化物表面,$\gamma_{SO} - \gamma_{SG} \approx 300 \text{ ergs/cm}^2$,而对于有机液体在金属氧化物表面,$\gamma_{SO} - \gamma_{SG} \approx 60 \text{ ergs/cm}^2$. 怎样确定 S 的大小呢? 我们可以通过液体在表面扩散平衡后液膜的厚度来定义 S 的大小,S 越小,则膜越厚.

§9.2　浸润的经典模型

进一步地,我们自然会问,表面的浸润性与液体或者固体的组成有什么关系呢? 让我们先看一下固体. 根据原子间力的不同,我们可以简单地把固体分成两类:(a) 硬固体(原子间通过共价键、离子键和金属键这种强的键相互作用);(b) 弱分子固体(通过范德瓦尔斯力或氢键这种较弱的力相互作用)[2]. 由于硬固体表面带有很多未饱和的悬挂键,因此具有较高的表面能(γ_{SO} 约 $500\sim5000 \text{ ergs/cm}^2$),而分子固体的表面能相对较小($\gamma_{SO}$ 约 50 ergs/cm^2). 在高能表面,大多数液体能达到完全浸润. 这是为什么呢? 由 Dupré 方程,有

$$\gamma_{SL} = \gamma_{SO} + \gamma_L - W_{SL} \qquad (W_{SL} > 0), \tag{9.4}$$

其中 γ_L 是液体的自由表面的表面能,W_{SL} 是液体和固体间的相互作用势. 公式(9.4)可以这么理解:首先我们分别有一个固体表面和液体表面,它们离得足够远,这时候它的能量为 $\gamma_{SO} + \gamma_L$,当它们相互接触时,就得到了固液界面,这时候需要对外做功 W_{SL}.

此外通过同样的推理,我们可以得到

$$2\gamma_{LG} = W_{LL} \qquad (W_{LL} > 0) \tag{9.5}$$

在这里,W_{LL} 代表的液体间的相互作用势. 由等式(9.4)和(9.5),我们可以得到式(9.3)中定义的扩散系数写成

$$S = \gamma_{SO} - \gamma_{LG} - \gamma_{SL} = W_{SL} - W_{LL}. \qquad (9.6)$$

对于完全浸润,需要满足 $S > 0$,也就意味着

$$W_{SL} > W_{LL}. \qquad (9.7)$$

考虑到固体和液体分子间,以及液体分子之间多是范德瓦尔斯力,而范德瓦尔斯作用势正比于物质 i 的极化率 α_i,即

$$W_{ij} = k\alpha_i\alpha_j. \qquad (9.8)$$

在这里,k 不依赖于物质,将式(9.8)代入式(9.7),可以得到

$$\alpha_S > \alpha_L. \qquad (9.9)$$

可见高能表面对液体能达到完全浸润,不是因为 γ_{SO} 比较大,而是因为硬固体相对于大部分液体具有更大的极化率.

而对于低能表面,往往只有极性很弱的液体才能浸润. 以 n-烷烃液滴在固体表面的浸润为例子,对于聚乙烯固体,这一系列的烷烃都可以达到完全浸润. 但当将其置于聚四氟乙烯固体表面时,Zisman 等发现它会形成一个有限的浸润角 θ_c,且随着烷烃链长的不同而变化[3]. 它的余弦值随着液体表面张力的变化如图 9.3 所示. 虽然在很多情况下,我们不能直接得出完全浸润时液体对应的表面能,但是可以通过延长类似图 9.3 中的曲线得到临界的表面能 γ_c,使得浸润角正好为 0°. 通常我们会认为 γ_c 只依赖于固体本身,事实上,它还与液体的性质有关. 然而,如果仅仅是处理简单液体(主要通过范德瓦尔斯作用力),Zisman 等发现 γ_c 与液体无关,而仅仅与固体本身有关[3].

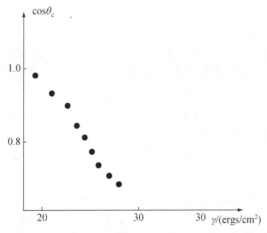

图 9.3 n-烷烃在聚四氟乙烯固体表面平衡时接触角 θ_c 的余弦值随着
液体表面张力的变化
对于该体系,γ_c 大约为 18 ergs/cm²

γ_c 与固体的哪些物理参数有关呢? 很多科学家,包括 Girifalco[4],Good[5] 和 Fowkes[6] 都做了很多工作试图去解答这个问题. 在这里,我们只作做简单的讨论. 由公式(9.1)、(9.4)、(9.5)、(9.8)我们可以得到如下关系:

$$\cos\theta_c = \frac{\gamma_{SG} - \gamma_{SL}}{\gamma_{LG}} \approx \frac{\gamma_{SO} - \gamma_{SL}}{\gamma_{LG}} \approx \frac{W_{SL} - \gamma_{LG}}{\gamma_{LG}} = \frac{2\alpha_S}{\alpha_L} - 1. \quad (9.10)$$

在上面举的例子中,短的烷烃相对长的烷烃具有更大的极化率,这就是为什么 θ_c 会随着 n 变小而变大. 分析等式(9.10)我们可以得到,当

$$\alpha_{Lc} = \alpha_S \quad (9.11)$$

时, $\theta_c = 0°$. 考虑到公式(9.8),(9.10),我们可以得到临界的表面能

$$\gamma_c = \frac{1}{2}k\alpha_S^2. \quad (9.12)$$

公式(9.12)表明 γ_c 只与固体的性质有关,随着其极化率增大而增大. 事实上,公式(9.12)只是一个很粗略的模型,有很多工作试图从各个方面完善它,比如:

(1) 由于实际上除了范德瓦尔斯力,还有很多其他的力在固液作用中也会有贡献,比如氢键和库仑力,所以就需要对方程(9.4)进一步的修正[6]. 这时候 γ_c 就或多或少会与液体的性质有关.

(2) 即使在固液作用中只存在范德瓦尔斯力,公式(9.8)采用平均的极化率去描述作用势也是非常粗略的. Owens 等就指出更精确的做法是要考虑极化率的频率依赖[7].

(3) 考虑到界面液体的结构与固体和液体的界面作用有很大的关系,所以实际上我们在研究浸润问题时还要考虑液体的界面结构.

浸润理论似乎告诉我们可以在实验上很容易地精确测得一种液体在固体上的接触角,事实上并非如此. 很多情况下,人们发现三相线即使在 $\theta \neq \theta_c$,即在 θ_c 附近的一定范围内,也能稳定存在而不会移动,这种现象也被称为钉扎现象. 也就是说我们实验上测得的角度很可能不是 θ_c,而是在其周围一定范围内,即

$$\theta_r < \theta_c < \theta_a. \quad (9.13)$$

θ_a 和 θ_r 分别被称为前进接触角和后退接触角,它们可以通过测量一颗滑移的液滴在滑动方向前后两个不同的接触角得到(见图 9.4). 这就是接触角滞后效应. 前后接触角的差可以达到 10°,甚至更大. 那么是什么导致的这种接触角滞后呢? 已发现主要有三个原因:

(i) 表面粗糙度. 早在 1932 年,Trillat 和 Fritz 就发现当三相线 $\mathscr{L}$ 平行于系统中的凹槽时,很容易会被钉扎[8]. 这是产生接触角滞后的主要原因.

(ii) 化学上的不均一性. 1964 年,Dettre 和 Johnson 将玻璃液珠浸入固体石蜡,发现玻璃和石蜡的不同的浸润性质会对接触角滞后性质会产生影响[9].

(iii) 液体中的溶质(比如表面活性剂和高分子)可能会在固体表面上沉积,这

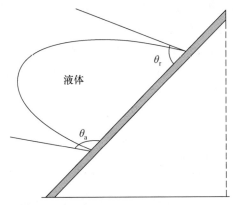

图 9.4　在表面上往下滑的液滴的动态接触角

会对接触角滞后产生影响[10].

　　正如前面所说,真实固体表面并不是绝对光滑、坚硬或者化学均匀的,因此我们在这里引入一些模型希望能帮助理解真实固体表面的浸润现象. 在这里我们主要介绍条纹表面的表面模型. 我们知道,表面上很容易会产生一些微观的裂缝,这些裂缝处相对其他地方更加容易发生化学反应,理解这些裂缝对表面浸润的影响是非常重要的. 前面我们已经提到了,它对接触角滞后会产生很大的影响. 在这里我们主要介绍两种条纹表面模型,Wenzel 模型[11]和 Cassie-Baxter 模型[12].

　　(1) Wenzel 模型.

　　Wenzel 是最早开始研究表面粗糙程度对浸润影响的几个科学家之一. 图 9.5 (a)给出的是 Wenzel 模型,液滴填充了条形表面模型的凹槽. 在这里我们假设表面的粗糙尺度比我们的液珠的尺度小得多. 仿照杨氏方程的推导,当三相线移动 dx 时,表面能改变

$$dE = r(\gamma_{SL} - \gamma_{SG})dx + \gamma_{LG}dx\cos\theta^*, \tag{9.14}$$

等式中的 r 为粗糙度. 对于光滑表面,$r = 1$,而对于粗糙表面,$r > 1$. 当平衡时,$dE/dx = 0$,同时考虑杨氏方程,可得

$$\cos\theta^* = r\cos\theta_c. \tag{9.15}$$

上式中的 θ_c 是杨氏接触角. 从式(9.12)可以得到:

　　(i) 如果 $\theta_c < 90°$(亲水表面),那么 $\theta^* < \theta_c$;

　　(ii) 如果 $\theta_c > 90°$(疏水表面),那么 $\theta^* > \theta_c$.

　　可见表面的粗糙度能改变衬底的浸润性:对于 Wenzel 模型,它能使亲水表面更加亲水,使疏水表面更加疏水.

　　(2) Cassie-Baxter 模型.

　　对于化学异构的表面,我们可以引入一个类似的模型来描述. 如图 9.5(b)所

示,一个表面由两种物质组成,这两种物质都有自己的接触角,分别为 θ_1 和 θ_2. 我们用 f_1 和 f_2 来表示这两种物质所占的表面积的比例 ($f_1 + f_2 = 1$). 同样的我们假设条纹宽度相对于液滴的尺寸非常小. 类似于公式(9.14),我们可以得到

$$dE = f_1(\gamma_{SL} - \gamma_{SG})_1 dx + f_2(\gamma_{SL} - \gamma_{SG})_2 dx + \gamma_{LG} dx \cos\theta^*, \quad (9.16)$$

其中下标 1 和 2 指的是物质 1 和 2. 平衡时,同时考虑杨氏方程可以得到 Cassie-Baxter 关系:

$$\cos\theta^* = f_1 \cos\theta_1 + f_2 \cos\theta_2. \quad (9.17)$$

从式(9.17)可以知道,这时候的角度介于 θ_1 和 θ_2 之间.

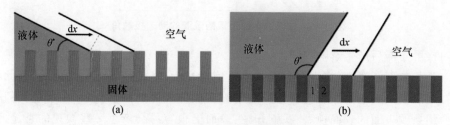

图 9.5　条纹表面的浸润模型
(a) Wenzel 模型;(b) Cassie-Baxter 模型. dx 给出了推导过程中液气分界线的平移距离

§9.3　原子尺度下的浸润机制

以上介绍的都是宏观尺度上对浸润的理解,这一小节我们将重点介绍一下近期微观原子尺度上对水浸润的一些研究进展. 当表面结构的不均匀性尺度与一个水分子的大小可比拟时,表面浸润会呈现出非常丰富、奇特的现象,与经典的宏观理解完全不同. 我们先来看一个有趣的问题:水表面是亲水的还是疏水的? 如果从前面我们介绍的宏观理论分析,当将一滴水滴到一个平面水层上时,为了保证能量最低,那么它需要一个最小的表面积,则水滴会完全铺展开. 然而,近期中科院上海应用物理所的方海平等[13]通过分子动力学模拟的方法发现"常温下的液态水在一个特定的表面上时可以不亲水",也就是说常温下水是可以疏水的,这与前面我们的分析相悖,但是后来却被实验证明[14]. 为什么在室温下会有疏水的水层? 进一步的分析发现,由于表面电荷的作用,表面水层形成了有序的六角排列,正是这种特定的结构导致了室温下水层疏水这种奇异的现象出现. 早在 2005 年,一些低温下的表面科学实验也发现了这一现象[15].

另一方面,水是否一定会在带有极性基团的表面浸润? 考虑到水是极性分子,传统观念认为带有极性的表面容易被水润湿,是亲水表面. 现实中,在表面修饰极

性分子基团是使表面变亲水的重要手段.事实真是这样吗？方海平等人使用分子
动力学模拟显示,固体表面的浸润性明显依赖于表面上极性分子的偶极长度[16].
偶极长度存在一个临界值,当表面上极性分子的偶极长度小于这个临界值时,水分
子就无法"感受到"偶极的存在而不管极性有多强.这时候带有极性基团的表面仍
是疏水的.但是随着偶极矩长度的增大,固体表面会越来越亲水.

可以看出,表面微观结构会对表面的浸润性质产生很大的影响.近期朱重钦等
系统地模拟了水在不同晶格常数的面心立方固体(111)表面的浸润性质(图 9.6
(a)),发现对疏水表面水平拉伸±3％时,表面对水的浸润性变化很小,而对亲水表
面拉伸±3％时,水在界面的浸润角会有非常大的变化[17,18].此外,接触角并不是随
着表面晶格常数单调变化,而当表面晶格常数与体相水的 OO 距离在界面的投影
相等时,水滴的接触角最小(图 9.6(b)).进一步分析界面水层的结构发现,这时候
界面致密水层的微观结构会被破坏,从而更加接近体相水的特征(图 9.6(c)).而在

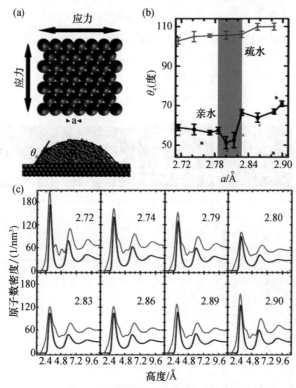

图 9.6　原子晶格对浸润性的影响

(a) 上图:面心立方晶体(111)面模型的几何位形.下图:水滴在模型衬底上的侧视图.(b) 水滴在亲
水和疏水表面上的接触角随晶格常数的变化.星号给出的是实验上测得的水在不同金属表面上的浸润角
数据[18].(c) 不同晶格常数的亲水表面的水分子中氢氧原子数密度随着高度的变化.红线对应的是氢原
子,黑线对应的是氧原子.图中数字是表面晶格常数

疏水表面上,表面晶格基本不改变界面水层的结构.可见界面水层的微观结构对表面浸润有着很大的影响.

上面三个工作都是用模拟的方法去探测微观结构对表面浸润的影响,那么是否也有类似的实验呢? 答案是肯定的.Kuna 等用尺度与溶液分子尺度相比拟的两种组件去组成不同的表面,发现表面上的水的浸润性质除了与构成表面的两种组件成分比有关外,还与组件组成的具体的纳米结构有关[19].这进一步说明了在纳米尺度上理解表面浸润是非常重要的,甚至可以说,在表面组分和小结构的纳米尺度排列没有确定以前,表面的浸润性无法定义.

前面讲的都是用宏观的接触角来表征一种物质对某种液体浸润性的强弱,然而对于碳纳米管、纳米颗粒和蛋白质分子这类纳米尺度的物质,显然测量液滴在其上的接触角是非常困难的,所以我们需要有其他的、微观尺度上的表征方法.在这里我们主要介绍其中一些方法.

图 9.7 给出了分子动力学模拟的水在自组装薄膜上的浸润情况[20].在体系中,自组装膜分子是由一个端基和一个癸烷连接组成,通过改变端基,可以得到不同亲疏水性的表面.图 9.7 下给出了不同表面上水分子在距表面不同高度处的密度.从图中可以看出,不管表面的亲疏水性如何,水在固体表面都会产生层状结构,但是第一层水密度的大小跟表面的亲疏水性却没有必然的关系.

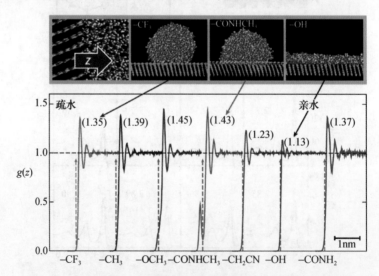

图 9.7 水在不同自组装薄膜上的密度随着其距表面的高度的变化
从左到右自组装膜越来越亲水

进一步地,Godawat 等利用分子动力学模拟的方法研究了水在不同亲疏水表面密度波动的表现[20].图 9.8(a)、(b)分别给出了疏水表面(—CH₃)和亲水表面

（—OH）附近固定体积空间内的水分子数目随着时间的变化关系.可以看出这两个不同表面的固定体积空间中的平均水分子数差不多,也就是说我们不能通过平均密度大小来区分它们.但是,我们可以很清楚地看到,在疏水表面（—CH₃）水分子数目的起伏比亲水表面（—OH）要大得多.图 9.8(d) 左图给出的是图 9.8(d) 右图中所示圆圈内水分子数目的概率的对数（y 轴）随着归一化的水分子数目（x 轴）的变化.从图中可以看出,表面越亲水,函数的图线越窄,也就意味着越不容易被压缩.因此我们可以通过界面水的压缩性来确定其亲疏水性.利用该方法,近期 Acharya 等成功计算出了一种蛋白质的各个部位的亲疏水性[21].

除了利用密度波动的办法可进行微观尺度的浸润性表征外,人们还提出了其他很多办法.比如在 2003 年我们通过第一性原理计算发现[22],表面水层氢键和水分子吸附能的比值 ω 也是一个很好的浸润性标度:ω 越大表面越疏水,ω 越小表面越亲水.对于修饰的碳基表面,宏观接触角与微观 ω 近似有 $\theta = 108° - 108°/\omega$ 的关系[23].

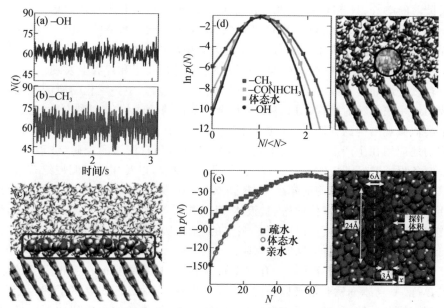

图 9.8　自组装薄膜上水的密度波动

水在亲水（—OH）和疏水（—CH₃）表面附近 $2.5 \times 2.5 \times 0.3 \text{ nm}^3$ 方格子（c）内分子数时间的波动（a,b）.（d）,自组装薄膜附近圆圈内（$r = 0.33 \text{ nm}$）（右）观察到 N 个水分子的概率 $p(N)$ 的对数.（e）,自组装薄膜附近更大的空间（$2.5 \times 2.5 \times 0.3 \text{ nm}^3$）内观察到 N 个水分子的概率 $p(N)$ 的对数[20]

§9.4 表面浸润的实际应用

浸润现象已经被研究了上百年,这些研究对实际生活有什么重要意义呢?在前面我们已经提到了一些应用.显然自然界比人类更早认识到了浸润性质的重要性并加以利用.例如荷叶,想必大家对其"出淤泥而不染,濯清涟而不妖"的特性都相当熟悉.从浸润的角度来看,荷叶是超疏水材料(图 9.9(a)).那是什么导致了它的超疏水的特性呢?电子显微观察(图 9.9(b)、(c))发现,荷叶的上表面布满了非常多微小的乳突,乳突的平均直径约为 $6\sim8\ \mu m$,高度约为 $11\sim13\ \mu m$,间距约为 $19\sim21\ \mu m$. 在这些微小乳突之中还分布有一些较大的乳突,平均大小约为 $53\sim57\ \mu m$,它们也是由 $6\sim13\ \mu m$ 大小的微型突起聚在一起构成.这些大大小小的突起在荷叶表面犹如一个挨一个隆起的"小山包","小山包"之间的凹陷部分充满空气,这样就形成了一层极薄(只有纳米级厚度)、紧贴叶面的空气层.考虑到水滴最小直径为 $1\sim2\ mm$,比荷叶表面上的乳突要大得多,因此液滴处于荷叶表面上时会隔着一层极薄的空气,只能同液面上"小山包"的顶端形成少数几个点的接触.用 Cassie-Baxter 模型来分析,由式(9.17)可以得到,这时水不能浸润荷叶表面.水滴在自身表面张力作用下能形成球状液滴,水球在滚动中吸附灰尘,并滚出液面,从而达到清洁叶面的效果.相似的微观结构也可以在水蜘蛛的腿上和蝉翼上发现.

自然是最好的老师.正是基于对"荷叶效应"的理解,中科院化学所的江雷研究组成功地用烷吡啶的微管(图 9.9(d))和聚乙苯烯的微球/纳米纤维(图 9.9(e))做出了类似微观结构的薄膜[24],而这种薄膜确实具有超疏水的特性.后来这种技术被成功地应用在生产上,生产出了纳米自清洁领带和自清洁的瓷砖、玻璃等.江雷组还制备出了"光"调控的超疏水/超亲水"开关"材料,以及"温度"调控结合表面化学修饰和表面粗糙化实现的超疏水/超亲水"开关"材料.这两项研究成果未来可能应用于基因传输、无损液体输送、微流体、药物缓释等领域.例如如果用第二种材料制作服装,那么夏天温度高时衣服是亲水的,亲水吸汗就不会感到太热,而冬天温度低时衣服就变成疏水的,防寒又保暖.

防冻是表面浸润研究另一个有意义的应用[25].造成雪灾的一个很重要的原因就是冰冻.一旦冰冻就非常难以去除,造成电力受损,而冰冻积累多了甚至能压垮房屋,使铁路、公路、民航交通中断.日常生活中,冰箱里的冰冻会使冰箱的效率大大降低,虚耗能源.目前很多研究发现,表面亲疏水性质与结冰有很大的关系,这说不定会成为防结冰材料研究的一个突破口.

上面我们已经介绍了很多关于浸润的基本知识以及当前的一些研究进展,然而目前对于浸润的理解仍存在不清楚的地方.这主要集中在两方面:一是液体中添加剂的作用;另一方面则是缺少微观上理解表面浸润的完整图像.这两个方面本身也是存在关联的.

图 9.9　荷叶与超疏水薄膜

荷叶(a)的微观结构(b),(c);江雷等制备的聚乙烯微管薄膜(d)和聚苯乙烯微球/纳米纤维薄膜(e)的扫描电子显微图像;(d)和(e)均为超疏水的薄膜[24]

　　在实际的生活生产中,相比于纯液体,我们更加常见的是液体中带有表面活性剂、高分子等杂质的情况.它们的存在对液体在表面的浸润产生了怎样的影响还不是很清楚.比如,早在 1964 年,Bascom 等发现当液体中含有易挥发的杂质时,会有些特殊的液体结构被观察到[26].然而对于导致这种现象的原因,到目前尚未有定论.液体中含有的表面活性剂和高分子的物质很容易出现在各种界面(固液、固气、液气).在实际的应用中,它们的影响是非常大的.比如 Lelah 和 Marmur 发现,很少的表面活性剂就会改变表面的浸润性[27].

　　另一个我们需要解决的问题就是对于表面浸润的微观理解.上面我们提到的一些工作均发现,当考虑到微观结构(与液体分子尺度相比拟)时,经典的宏观模型已经很难理解这些物理现象了.这时候我们需要重新建立模型从微观角度理解表面浸润,比如界面水的结构对于表面浸润到底有多大影响.这些问题还在进一步的研究中.期待在不久的将来,人们对表面浸润的微观尺度理解会更上一层楼,会发现更奇特、更丰富的浸润现象,并对表面浸润性进行简单、有效、低能耗的调控以满足人们不断增长的生活和经济发展的需求.

参 考 文 献

[1] A. R. Parker and C. R. Lawrence. *Water capture by a desert beetle*. Nature **414**, 33 (2001).

[2] H. W. Fox and W. A. Zisman. *The spreading of liquids on low energy surfaces*. I. *Polytetrafluoroethylene*. Journal of Colloid Science **5**, 514 (1950).

[3] W. A. Zisman. *Relation of the equilibrium contact angle to liquid and solid constitution*. In "*Contact angle, Wettability and Adhesion*". Eds. F. M. Fowkes, Advances in Chemistry Series **43**, pp. 1 (1964).

[4] L. A. Girifalco and R. J. Good. *A theory for the estimation of surface and interfacial energies*. I. *Derivation and application to interfacial tension*. J. Phys. Chem. **61**, 904 (1957).

[5] R. J. Good. *Contact angle, wettability and adhesion*, in *Advances in Chemistry Series*. American Chemical Society, Washington, D. C., 1964.

[6] F. M. Fowkes. *Determination of interfacial tensions, contact angles, and dispersion forces in surfaces by assuming additivity of intermolecular interactions in surfaces*. J. Phys. Chem **66**, 382 (1962).

[7] N. F. Owens, P. Richmond, D. Gregory, *et al. Contact angles of pure liquids and surfactants on low-energy surfaces*, in *Wetting, Spreading and Adhesion*. Academic Press, London, 1978.

[8] J. Trillat and R. Fritz. J. Chim. Phys. **35**, 45 (1937).

[9] R. E. Johnson Jr. and R. H. Dettre. *Contact angle hysteresis*. III. *Study of an idealized heterogeneous surface*. J. Phys. Chem. **68**, 1744 (1964).

[10] J. Chappuis, in *Multiphase science and technology*. Eds. G. F. Hewitt, J. Delhaye, and N. Zuber. Hemisphere, New York, 1984.

[11] R. N. Wenzel. *Resistance of solid surfaces to wetting by water*. Industrial & Engineering Chemistry **28**, 988 (1936).

[12] A. B. D. Cassie and S. Baxter. *Wettability of porous surfaces*. Transactions of the Faraday Society **40**, 546 (1944).

[13] C. L. Wang, H. J. Lu, Z. G. Wang, P. Xiu, B. Zhou, G. H. Zuo, R. Z. Wan, J. Hu, and H. P. Fang. *Stable liquid water droplet on a water monolayer formed at room temperature on ionic model substrates*. Phys. Rev. Lett. **103**, 137801 (2009).

[14] M. James, T. A. Darwish, S. Ciampi, S. O. Sylvester, Z. M. Zhang, A. Ng, J. J. Gooding, and T. L. Hanley. *Nanoscale condensation of water on self-assembled monolayers*. Soft Matter **7**, 5309 (2011).

[15] G. A. Kimme, N. G. Petrik, Z. Dohnalek, and B. D. Kay. *Crystalline ice growth on Pt(111): Observation of a hydrophobic water monolayer*. Phys. Rev. Lett. **95**, 166102 (2005).

[16] C. L. Wang, B. Zhou, Y. S. Tu, M. Y. Duan, P. Xiu, J. Y. Li, and H. P. Fang. *Critical dipole length for the wetting transition due to collective water-dipoles interactions*. Scientific Reports **2**, 358 (2012).

[17] C. Q. Zhu, H. Li, Y. F. Huang, X. C. Zeng, and S. Meng. *Microscopic insight into surface wetting: Relations between interfacial water structure and the underlying lattice constant*. Phys. Rev. Lett. **110**, 126101 (2013).

[18] R. A. Erb. *Wettability of metals under continuous condensing conditions*. J. Phys. Chem. **69**, 1306 (1965).

[19] J. J. Kuna, K. Voitchovsky, C. Singh, H. Jiang, S. Mwenifumbo, P. K. Ghorai, M. M. Stevens, S. C. Glotzer, and F. Stellacci. *The effect of nanometre-scale structure on interfacial energy*. Nature Materials **8**, 837 (2009).

[20] R. Godawat, S. N. Jamadagni, and S. Garde. *Characterizing hydrophobicity of interfaces by using cavity formation, solute binding, and water correlations*. Proceedings of the National Academy of Sciences **106**, 15119 (2009).

[21] H. Acharya, S. Vembanur, S. N. Jamadagni, and S. Garde. *Mapping hydrophobicity at the nanoscale: Applications to heterogeneous surfaces and proteins*. Faraday Discussions **146**, 353 (2010).

[22] S. Meng, E. G. Wang, and S. W. Gao. *A molecular picture of hydrophilic and hydrophobic interactions from ab initio density functional theory calculations*. J. Chem. Phys. **119**, 7617 (2003).

[23] S. Meng, Z. Y. Zhang, and E. Kaxiras. *Tuning solid surfaces from hydrophobic to superhydrophilic by submonolayer surface modification*. Phys. Rev. Lett. **97**, 036107 (2006).

[24] X. J. Feng and L. Jiang. *Design and creation of superwetting/antiwetting surfaces*. Advanced Materials **18**, 3063 (2006).

[25] J. Y. Lv, Y. L. Song, L. Jiang, and J. J. Wang. *Bio-Inspired Strategies for Anti-Icing*. ACS Nano **8**, 3152 (2014).

[26] W. Bascom, R. Cottington, and C. Singleterry. In *Contact angle, Wettability and Adhesion*. Eds. F. M. Fowkes, Advances in Chemistry Series 43, pp. 355 (1964).

[27] A. Marmur and M. D. Lelah. *The spreading of aqueous surfactant solutions on glass*. Chemical Engineering Communications **13**, 133 (1981).

第10章　表面上的水合离子

表面处水和离子的相互作用在许许多多物理、化学和生物现象[1,2]中屡见不鲜,它对于诸如电化学中离子溶解、离子传输,燃料电池,细胞膜中离子通道[3,4],生物中酶的激活和神经信号传输等过程起着重要的作用.在溶液环境和自由的团簇中,离子周围的水形成三维(3D)的圈层结构,叫做离子的水合圈(hydration shell)[5—10].它通常由两部分组成:通过离子与水分子之间的化学键形成的第一圈层和通过氢键与离子势场结合起来的外部圈层.离子水合圈的结构和稳定性决定了离子的化学反应能力、运动特性和生理活性.

到目前为止,关于离子水合圈的研究大都集中在体态溶液和自由团簇环境中的情形,但是在电化学和生物过程中,电极表面或者生物膜表面处离子水合圈的作用至少同样重要,甚至更为重要.对于表面处的离子水合圈,目前的研究不多,人们所知甚少[11,12].一部分的原因在于表面处由于对称性破坏和电荷转移的影响,离子水合圈的结构和动态变得比较复杂.

本章我们研究 K 和 Na 离子在疏水的固体表面处形成水合圈的过程[13,14].我们发现,不同于团簇和液体中的三维水合圈结构,表面上初始出现的水合圈都是二维的[13],而且两个离子在表面上形成不同的水合结构,有着不同的动态过程[14].为了方便,我们先从 K 离子的二维水合圈结构谈起.

§10.1　表面上 K 离子的二维水合圈

我们用第一性原理分子动力学模拟(ab initio MD)研究了一个典型的系统[13]:石墨表面 C(0001)上 K(Na)+nH$_2$O, n=1～10.这项研究使用 C(0001) 4×4 的原胞,取一个石墨层(即石墨烯),真空层为 17 Å.这样已经忽略了石墨层之间十分微弱的范德瓦尔斯作用.原胞中只放一个 K 或 Na,加上若干个水分子,对应的离子覆盖度为 $1.2×10^{14}$/cm^2,与实验[15]中覆盖度相近.计算中平面波能量截断取为 300 eV, k 点取样为 3×3×1.分子动力学模拟的时间步长为 0.5 fs,用 Nose 方法作 85 K 温度下的恒温模拟.水合圈结构是从 4～8 ps 的 MD 模拟中得到的,进一步进行结构优化就得到了相应的结合能.

表 10.1 列出了 K 和 Na 原子吸附在石墨面上的结构和吸附能.K,Na 在空位

上吸附更为稳定,吸附能分别为 1.01 eV 和 0.75 eV,离表面的距离分别是 2.7 Å 和 2.4 Å. 小覆盖度下,碱金属原子吸附在石墨面上会被表面所离子化[16],形成电二极层(Helmholtz 层). 图 10.1 画出了 K 吸附前后电子在石墨层法线方向上的分布,清楚地显示了这一点. 极化的电子主要分布在最近邻的 6 个 C 原子的 p_z 轨道上(图 10.2(b)). 这是因为 K 4s 和 Na 3s 轨道都基本位于费米能级之上,K(Na)把电子传输给石墨面而变成了离子. 细致的分析表明,K 传给 C 表面 0.68 个电子,而 Na 也失去了 0.61 个电子.

表 10.1　石墨表面上 K 和 Na 的吸附高度和吸附能

	空位		顶位	
	$d/Å$	E_{ads}/eV	$d/Å$	E_{ads}/eV
K/C(0001)	2.70	1.01	2.83	0.95
Na/C(0001)	2.38	0.75	2.62	0.70

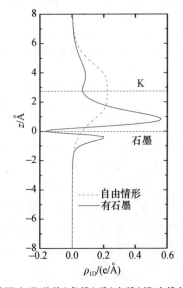

图 10.1　K 在石墨面上吸附前(虚线)后(实线)沿法线的 1 D 电荷密度分布

当水分子加入到 K(Na)/C(0001)表面时,由于离子与水之间强的相互作用,它们倾向于吸附在离子周围. 我们先看 K 离子的情况,然后再比较 K 和 Na 离子的异同. 我们发现,在水分子数 $n=1\sim10$ 的范围内,K 离子的水合圈可以分成三种类型. 它们的结合和振动特征十分不同.

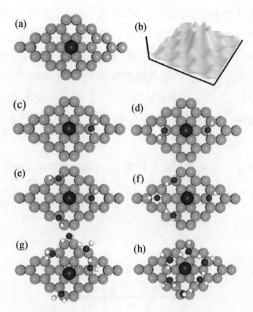

**图 10.2　K 在石墨面上吸附位置(a)和 $z=0.85\text{Å}$ 平面上电荷分布(b)
以及 $K+nH_2O$, $n=1\sim6$ 的 2D 水合圈结构(c)~(h)**

类型 I，$n\leqslant3$，形成第一圈层. 单个水分子吸附在表面上，并通过 KO 键与 K 离子结合，结合能为 0.59 eV. 水分子倾向于直立在次近邻 C 原子顶位上(图 10.2 (c))，可以绕着 K 离子几乎自由地转动，转动势垒为 10 meV. $n=2,3$ 时，水分子都围绕在 K 周围，O 之间的排斥力使它们互相离开，分别形成直线(图 10.2(d))和三角(图 10.2(e))的水合结构. 这样，和在自由团簇中一样[17,18]，K 离子吸引了 3 个水分子，并把它们保持在一个平面内. 略有不同的是，这里每个水分子有一个 OH 是指向表面的，形成 OH···C 氢键. 这种指向是由于电荷转移造成的表面电二极层引起的. OH···C 键在气态和水-石墨表面都很弱[19]，但是由于电荷转移而极大地增强. 同样的氢键增强效应在 $(H_2O)_2/Pt(111)$[20] 和 $(O_2+C_2H_4)/Ag(110)$ 系统中也被发现[21].

类型 II，$4\leqslant n\leqslant6$，形成第二圈层. 在自由团簇中，此时形成的是 3D 水合圈. 但在表面上，我们发现水合圈仍是二维的. $n=4$ 时，第 4 个水分子仍在表面上，它不与 K 键合而通过氢键与其他水分子结合，形成第二圈层(图 10.2(f)). 水分子在 K 顶上或在平面上直接与 K 键合的位形在总能量上高 60~270 meV. 这是由于形成两个氢键($2\times0.35=0.70$ eV)要比形成一个 KO 键(最大 0.59 eV)能量上更为有利的缘故，如图 10.3 所示. 和表面形成加强了的氢键也使得 3+1 的结构比较稳定. 这里 n_1+n_2 是指离子在第一(n_1)和第二个(n_2)水合圈中的配位数目. 除了静态能的差别，熵的贡献[22]也使得 3+1 的结构比 4+0 的结构稳定. 我们的分子动力学模拟也表明这一点, $4+0$ 的结构在模拟中很快地转化成 $3+1$ 的结构. 在 $n=5$ 和 $n=6$ 时, 形成的分别是 $3+2$ 和 $3+3$ 的 2D 水合圈结构. 如图 10.2(g), (h)所示, 它们都保持在平面上. $K+6H_2O$ 的水合结构是一个褶皱的六角环, 和表面上的六分子 $(H_2O)_6$[23] 与双层冰的基本单元[24] 相类似.

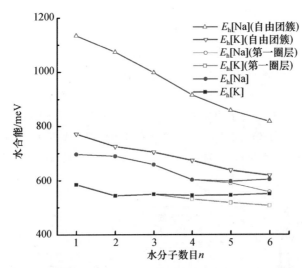

图 10.3　石墨表面上 K, Na 的水合能随水分子数变化的关系

细线对应于让水分子强制保持在第一圈层的结构. 自由水合团簇的曲线[18,22] 也在图中画出

类型Ⅲ, $n \geqslant 7$, 开始形成 3D 圈层. 当 $n \to 10$ 时, 半球状的圈层开始形成. 可以认为它是液体水中水合圈的一半[18]. 这源于表面的二维尺度的限制作用. 表 10.2 列出了计算中得到的水合结构和相应的结合能. 图 10.3 中把它们和自由团簇中水合结构的能量作了比较. 一般来讲, 自由团簇水合能较大, 这是因为表面上 K 离子只是部分电离(70%)的缘故. 从表 10.2 中我们看到, 和溶液中 K 离子通常有 6 个最近邻的水分子不一样, 表面上第一圈层中的水分子个数为 3.

表 10.2　计算得到的 K, Na/C(0001)水合圈的结构 (n_1+n_2) 和水合能量 (eV/H_2O)

n	1	2	3	4	5	6	7	8	9	10
$E_h^{[K]}$	0.59	0.54	0.55	0.55	0.55	0.55	0.57	0.58	0.59	0.59
n_1+n_2	1+0	2+0	3+0	3+1	3+1	3+3	3+4	3+5	3+6	3+7
$E_h^{[Na]}$	0.70	0.69	0.66	0.60	0.60	0.61	0.60	0.62	0.58	0.61
n_1+n_2	1+0	2+0	3+0	4+0	4+1	4+2,3+3	4+3	4+4	4+5	4+6

§10.2　二维水合圈的振动识别

为了能够从实验上识别表面上的这些二维水合圈结构,我们计算了石墨面上 $K+nH_2O$ ($n=1\sim6$) 的振动谱,如图 10.4(a) 所示.振动谱的左边是 H_2O 分子的平动和转动模式,中间是 HOH 剪切模(200 meV),右边对应着分子内部的 OH 振动.我们看到,$n=1\sim3$ 的振动谱非常相似,这是因为第一圈层中水分子间相互作用很弱.对称和反对称的 OH 伸缩振动的频率分别为 440 meV 和 452 meV,比起自由水分子中(454 meV 和 464 meV[25])要低,是由于 K 离子吸引的影响.$n\geqslant4$ 时,$80\sim105$ meV 范围内出现了更多的振动模式.OH 振动频率的红移更加明显,而且峰变宽.对于 $K+4H_2O$,OH 振动的特征能量是 424 meV 和 436 meV;对于 $K+5H_2O$,是 402 meV,414 meV 和 430 meV;对于 $K+6H_2O$,是 394 meV,410 meV 和 456 meV.

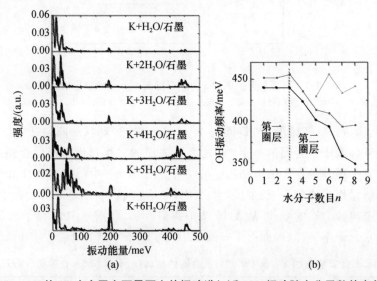

(a)　　　　　　　　　　　　　　(b)

图 10.4　K 的 2D 水合圈在石墨面上的振动谱(a)和 OH 振动随水分子数的变化(b)

图 10.4(b)中画出了 OH 振动能量随着 H_2O 分子数增加的演化关系.从 n 从 1 到 8.可以明显地看到 OH 振动能量以 $n=4$ 为分界线.左边基本保持在 440 和 452 不变,右边最低频率逐渐降低,其中高频峰(450 meV)来源于边缘分子的自由 OH 振动.OH 振动峰的红移和高频转动模($80\sim110$ meV)的出现都是水分子间形成氢键的特征表现.振动谱反映了图 10.2 中水合圈结构的变化.

把这些振动谱和高分辨电子能量损失谱实验[15]相比是有趣的(表 10.3).实验测量了 85 K 和 120 K 下形成的 $K+nH_2O/C(0001)$ 的结构.我们的平动和转动模

32 meV，51 meV，71 meV 可以和实验中 85 K 下结构的 37 meV，51 meV，79 meV 相比. 这暗示着此时水分子只和 K 离子形成了第一圈层. 相反，第二圈层的 $40 \sim 100$ meV 的诸峰可以和 120 K 下的结构的振动峰（40 meV，51 meV，85 meV，105 meV）相比. 结合实验，这些结果说明：加热激活了表面上水分子的扩散运动，从而造成了 K 离子周围第一水合圈到第二水合圈的转变.

表 10.3　计算得到的 K 水合圈的振动谱及与实验（文献[15]）的比较

	平动和转动						δ_{HOH}	$\nu_{O-H}(S)$	$\nu_{O-H}(AS)$
第一圈层	16	32		51	71		194	440	452
实验(85 K)		37		51	79		203	438	457
第二圈层	18	34	42	51	85	101	198	394,402,412,424,436	456
实验(120 K)			41	51	85	105	203	439	

§10.3　K，Na 离子水合圈的不同结构和动态

在石墨表面上的 Na 离子有两点与 K 不同：(1) Na 离化程度较小，因为它需要更高的离化能；(2) Na 离子半径（1.13 Å）要小于 K（1.51 Å）[26]. 第二点使得 Na 和水有更强的相互作用. 这些差别造成它们在表面上不同的水合结构和溶解动态.

和 K 相似，表面上 Na 的水合圈 $Na+nH_2O/C(0001)$ 也可分为三种类型：(1) $n \leqslant 4$，形成第一圈层；(2) $n=5，6$，形成 2D 的第二圈层；(3) n 更大时，形成接近于体态的 3D 圈层. 图 10.3 也画出了 $Na/C(0001)$ 上的水合能. $n=1$ 时，结合能为 0.70 eV，比 K 和水的结合更稳（0.59 eV）. n 增大时，水合能减小[27]，同时和 K 的水合能的差别也变小. 重要的是，和 K 离子第一水合圈有 3 个 H_2O 不同，表面上 Na 第一水合圈中有 4 个 H_2O 分子. 这是因为 Na 和 H_2O 有着更强的相互作用.

K，Na 离子在表面上的最大差别在于它们的溶解动态不同. 图 10.5 显示了不同水合结构中离子与表面的距离. 在所有的 n 当中，K 保持在表面上（$d_{KC} \approx 3.2$ Å），不溶解于水的团簇中. 而对于 Na，随着 n 的增大，Na 表面的距离逐渐增加. 在 $n=10$ 时，Na 已经几乎完全溶入水中（$d_{NaC} \approx 5$ Å）. 这种差别主要源于水合作用和离子-表面作用的竞争. 在 Na 的情形中，水合作用赢得竞争. 我们第一次报道的这种表面上 2D 的水合结构和水合作用与表面作用的有趣竞争，对于表面界面处以及生物系统中的离子过程有着一般的意义.

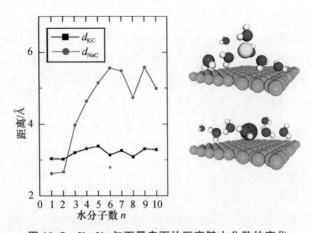

图 10.5　K，Na 与石墨表面的距离随水分数的变化

显示它们不同的溶解动态. 星号表示 Na 3+3 结构，它和 4+2 结构几乎一样稳定

　　总之，利用第一性原理分子动力学模拟研究 K，Na 离子在石墨表面形成的水合圈结构发现：不同于自由团簇和体态溶液中情形，表面上离子的水合圈是二维的. 这源于表面的 2D 限制和离子与表面间的电荷转移. 对于 K 和 Na，第一水合圈层分别有 3 个和 4 个水分子. 水分子增多时，水从 2D 结构逐渐转化为 3D 的水合层. K 离子仍保持在表面上，周围形成半球形的 3D 水合圈，而 Na 离子逐渐远离表面，直到完全溶解到水中. 它们的差别决定于水合作用和离子-表面作用的相互竞争. K 和表面的作用较强，而 Na 和水分子的作用较强. 为了识别，我们还计算了各水合结构的振动谱. 与现有的实验作比较，发现实验中存在有热能激发造成的从第一水合圈到第二水合圈的转变.

参 考 文 献

[1] P. A. Thiel and T. E. Madey. *The interation of water with solid surfaces: Fundamental aspects*. Surf. Sci. Rep. **7**, 211 (1987).

[2] M. A. Henderson. *The interation of water with solid surfaces: Fundamental aspects revisited*. Surf. Sci. Rep. **46**, 1 (2002).

[3] D. A. Doyle, *et al*. *The structure of the potassium channel: Molecular basis of K^+ conduction and selectivity*. Science **280**, 69 (1998).

[4] L. Guidoni, V. Torre, and P. Carloni. *Potassium and sodium binding to the outer mouth of K^+ channel*. Biochemistry **38**, 8599 (1999).

[5] M. Y. Kiriukhin and K. D. Collins. *Dynamic hydration numbers for biologically important ions*. Biophys. Chem. **99**, 155 (2002).

[6] M. E. Tuckerman, D. Marx, and M. Parrinello. *The nature and transport mechanism of*

hydrated hydroxide ions in aqueous solution. Nature **417**, 925 (2002).

[7] D. Marx, M. E. Tuckerman, J. Hutter, and M. Parrinello. *The nature of hydrated excess proton in water*. Nature **397**, 601 (1999).

[8] W. H. Robertson, E. G. Diken, E. A. Price, J.-W. Shin, and M. A. Johnson. *Pectroscopic determination of the OH⁻ solvation shell in the OH⁻ (H₂O)ₙ clusters*. Science **299**, 1367 (2003).

[9] M. F. Kropman and H. J. Bakker. *Dynamics of water molecules in aqueous solvation shells*. Science **291**, 2118 (2001).

[10] A. W. Omta, M. F. Kropman, S. Woutersen, and H. J. Bakker. *Negligible effect of ions on the hydrogen-bond structure in liquid water*. Science **299**, 1367 (2003).

[11] Y. K. Cheng and P. J. Rossky. *Surface topography dependence of biomolecular hydrophobic hydration*. Nature **392**, 696 (1998).

[12] S. Baldelli, G. Mailhot, P. N. Ross, and G. A. Somorjai. *Potential-dependent vibrational spectroscopy of solvent molecules at the Pt(111) electrode in a water/acetonitrile mixture studied by sum frequency generation*. J. Am. Chem. Soc. **123**, 7697 (2001).

[13] S. Meng, D. V. Chakarov, B. Kasemo, and S. W. Gao. *Two dimensional hydration shells of alkali metal ions at a hydrophobic surface*. J. Chem. Phys. **121**, 12572 (2004).

[14] S. Meng and S. Gao. *Formation and interaction of hydrated alkali metal ions at the graphite-water interface*. J. Chem. Phys. **125**, 014708 (2006).

[15] D. V. Chakarov, L. Österlund, and B. Kasemo. *Water adsorption and coadsorption with potassium on graphite (0001)*. Langmuir **11**, 1201 (1995).

[16] L. Österlund, D. V. Chakarov, and B. Kasemo. *Potassium adsorption on graphite (0001)*. Surf. Sci. **420**, 174 (1999).

[17] D. Feller, E. D. Glendening, D. E. Woon, and M. W. Feyereisen. *An extended basis set ab initio study of alkali metal cation-water clusters*. J. Chem. Phys. **103**, 3526(1995).

[18] O. Borodin, R. L. Bell, Y. Li, D. Bedrov, and G. D. Smith. *Polarizable and nonpolarizable potentials for K⁺ cation in water*. Chem. Phys. Lett. **336**, 292 (2001).

[19] D. Feller and K. D. Jordan. *Estimating the strength of the water/single-layer graphite interaction*. J. Phys. Chem. A **104**, 9971 (2000).

[20] S. Meng, L. F. Xu, E. G. Wang, and S. W. Gao. *Vibrational recognition of hydrogen-bonded water networks on a metal surface*. Phys. Rev. Lett. **89**, 176104 (2002).

[21] S. W. Gao, J. R. Hahn, and W. Ho. *Adsorption-induced hydrogen bonding in the CH group*. J. Chem. Phys. **119**, 6232 (2003).

[22] J. Kim, S. Lee, S. J. Cho, B. J. Mhin, and K. S. Kim. *Structure, energetics, and spectra of the aqua-sodium (I): Thermodynamic effects and nonadditive interactions*. J. Chem. Phys. **102**, 839 (1995).

[23] K. Morgenstern and J. Nieminen. *Intermolecular bond length of ice on Ag(111)*. Phys. Rev. Lett. **88**, 066102 (2002).

[24] D. L. Doering and T. E. Madey. *The adsorption of water on clean and oxygen-dosed Ru(001)*. Surf. Sci. **123**, 305 (1982).

[25] F. Sim, A. S. Amant, I. Papai, and D. R. Salahub. *Gaussian density functional calculations on hydrogen-bonded systems*. J. Am. Chem. Soc. **114**, 4391 (1992).

[26] Y. Marcus. *Ionic radii in aqueous solutions*. Chem. Rev. **88**, 1475 (1988).

[27] I. Bako, J. Hutter, and G. Palinkas. *Car-Parrinello molecular dynamics simulation of the hydrated calcium ion*. J. Chem. Phys. **117**, 9838 (2002).

第 11 章　食盐溶解和成核的微观过程

食盐是人们日常生活中接触得最多的一种化合物,它由 Na 原子(离子)和 Cl 原子(离子)按照 1∶1 的比例化合而成.它的晶体结构如图 11.1 所示.这是一个面心立方的复式格子,一个原胞包含一个 Na^+ 和一个 Cl^-.这个晶格在晶体学的发展历史上有着重要意义.布拉格父子因为用 X 射线衍射的办法确定了 NaCl 及其他一些化合物的结构而荣获 1915 年度的诺贝尔物理奖.作为离子化合物的典型代表,NaCl 晶体是在固体能带理论中最早被研究的模型之一.1936 年,Shockley 用原胞法计算了 NaCl 的能带结构,这是早期电子结构计算中的一个代表性工作[1].

水和盐类的相互作用不仅对生命过程非常重要[2],而且在表面科学、水溶液化学、环境科学[3]等领域也有着重要的意义.尽管前人已经做了大量的工作,但是,由于该体系的复杂性,还有很多问题没有完全解决.理论计算方法的进步,使得人们可以从新的视角来对这个体系进行研究.本章试图从原子、分子和电子的层次上,运用经典和第一原理计算相结合的办法,从理论上澄清食盐溶解和结晶的一些过程.

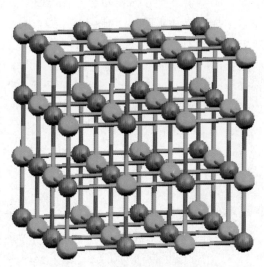

图 11.1　NaCl 的晶体结构示意图

§11.1　食盐表面上水的吸附

水分子吸附是人们研究水和食盐表面相互作用的起点. 在 NaCl(001) 表面吸附水时, Bruch 等人用氦原子散射发现了一个(1×1)的衍射结构[4], 而 Fölsch 等人用低能电子衍射分析却得到了一个由六角水分子环构成的 $c(2×4)$ 结构 [5]. Toennies 等人发现, 在电子束的辐照下, 水分子的(1×1)的结构可以逐渐变到 $c(2×4)$ 结构[6]. 利用红外光谱分析, Ewing 小组发现水在室温下会在 NaCl(001) 面上形成一个类似于液态的薄层[7,8]. 此外, 原子力显微镜的一种——扫描极化力显微镜也被用来研究在不同的相对湿度下水分子在解理后的 NaCl(001) 面上的吸附情况[9]. 迄今为止, 实验上还无法对单个水分子在体材料的食盐表面的吸附位形做直接的观测. 对于水在导电基底上超薄食盐层上的吸附可以使用扫描隧道显微镜观察, 目前已获得一些进展[10], 见第 5 章.

在理论方面, 各种不同的方法被用来研究水在 NaCl(001) 面的吸附, 如经典的分子动力学方法[11]、半经验方法[12]、基于团簇模型的第一原理计算[13]、LDA 框架下的密度泛函计算[14]等. 对于单个水分子的稳定吸附位形, 有的给出站立位形——极平面(HOH 平面)垂直于 NaCl(001)[11,13], 有的却给出平躺位形——极平面接近平行于 NaCl(001)面[14]. 然而, LDA 框架内的 DFT 计算通常会给出过大的吸附能, 特别对于水分子之间独特的氢键相互作用的描写是不合适的. Park 等人在 GGA 框架内用 DFT 计算研究了水的单分子、三聚体、1 个单层(1 ML)、1.5 个单层(1.5 ML)在 NaCl(001)面的吸附[15]. 他们的计算表明, 1.5 ML 的位形的吸附能比 1 ML 的要大得多, 所以他们预测 1 ML 的(1×1)位形在适当的条件下可能会转变为类似于 1.5 ML 的 $c(4×2)$ 位形. 但是他们没有给出这个转变后的位形是什么样子的. 尽管理论工作已经有不少[11−18], 但是从第一原理出发研究水在 NaCl(001)面上的成键的本质却没有人做过研究, 同时, 实验上看到的在电子辐照下, 水分子的吸附位形从 (1×1)图案向 $c(4×2)$ 图案的转变的原子机制[6]还没有搞清楚. 水分子之间的氢键相互作用和水分子-衬底相互作用之间的竞争, 对水分子吸附位形的影响, 也是值得深入研究的.

杨勇等采用基于密度泛函理论的程序包 VASP 计算了食盐和水的相互作用[19]. 计算中电子波函数用平面波作展开, 电子-原子核(离子实)的相互作用由 Vanderbilt 的超软赝势来描写, 交换关联能采用 Perdew-Wang 形式的 GGA 近似(PW91). 该计算用一个在 x, y, z 三个方向周期性重复的"超原胞"来模拟 NaCl(001) 面. 这个超原胞包含 5 个 NaCl 原子层, 是高度为 12.66 Å 的真空层, 水分子放在晶面的一侧, 如图 11.2 所示.

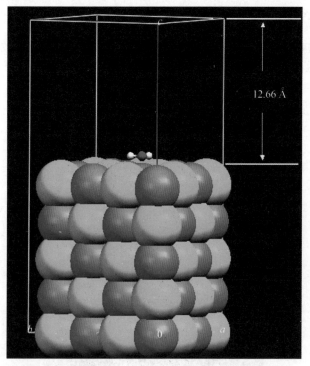

图 11.2 H$_2$O-NaCl(001)超原胞示意图

a, b, c 分别表示 x, y, z 三个轴的方向

计算得到的 NaCl 的晶格常数为 5.67 Å, 和实验值(5.64 Å) [20]吻合得很好. 对于单个水分子、水分子的二聚体和四聚体, 1 ML 和 2 ML 的吸附位形, 采用的 NaCl 衬底的平面晶胞为 $p(2\sqrt{2}\times2\sqrt{2})$, 对于 1.5 ML 和 1.75 ML 的吸附位形, 则采用 $p(2\times4)$ 的 NaCl(001)平面晶胞. 这里一个吸附单层(ML)是这样定义的: 一个水分子对应一个 NaCl 单元. 体系的总能量的在布里渊区求和采用原点在 Γ 点的 Monkhorst-Pack 方案. 对 $p(2\sqrt{2}\times2\sqrt{2})$ 和 $p(2\times4)$ 的平面晶胞分别采用 $2\times2\times1$ 和 $2\times1\times1$ 的 k 点划分方法. 平面波的能量截断 $E_{cut}=300$ eV. 采用更高的能量截断 $E_{cut}=400$ eV 对于体系总能量只有几个 meV 的影响, 是微不足道的. 费米能级用高斯型展开, 展开的宽度为 0.2 eV. 这一组参数保证体系的总能量收敛到至少 0.5 meV/原子的水平. 在作结构优化的时候, 吸附的水分子和最上面三层原子一起做弛豫, 而最下两层原子位置固定住(类似体态原子), 当能量收敛到小于 1 meV 的时候, 运算结束. 事实上, 考虑到计算中交换关联能的误差, 以及密度泛函理论对范德瓦耳斯作用的描写的不足, 能量的误差估计在 10 meV 左右, 所以下面给出的相互作用能的精确度保留到 10 meV 的量级.

11.1.1　单水分子吸附

为了深入理解水分子和 NaCl(001)之间的相互作用,杨勇等首先研究了单个水分子在 NaCl(001)面上的吸附位形和能量. 为了得到在能量上的最稳位形,他们计算了 40 多个不同吸附位形,包括 Na^+、Cl^- 的顶位(top),Na^+、Cl^- 之间的桥位(bridge),四个原子之间的空位(hollow),以及连接两个最近邻 Na^+ 的连线上的点等,如图 11.3 所示.

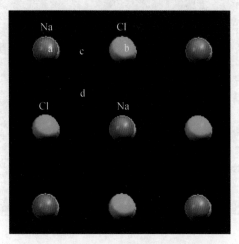

图 11.3　单个水分子的典型吸附位置
a, b: Na^+、Cl^- 的顶位;c:桥位; d: 空位

水分子的吸附能由下面的公式计算得到:

$$E_{ads} = E[(NaCl\ (001))_{relaxed} + E[(H_2O)_{gas}] - E[(NaCl\ (001) + H_2O)_{relaxed}]$$

$$(11.1)$$

这里,$E[NaCl\ (001)+H_2O]$,$E[NaCl\ (001)]$ 和 $E[H_2O]$ 分别是吸附系统、NaCl 衬底和单个水分子在气态的做弛豫后的能量. 用于描述水分子的结构的几何参数如图 11.4 所示.

该计算得到的一些典型的单个水分子的吸附位形的几何参数和吸附能列于表 11.1 中. 能量最低的单分子吸附位形如图 11.5(a)、(b)所示. 水分子沿着 Na^+—Na^+ 的连线斜躺着,极平面略微向下倾斜. 这个位形总体上看和前面的两个工作给出的结果差不多[14,15],不过氧原子偏离 Na^+ 的顶位更大(这里 $\Delta Oxy = 1.1$ Å,对比于 $\Delta Oxy = 0.7$ Å[14] 和 0.83 Å[15]). 极平面向下倾斜的角度也大很多(倾斜角 $\alpha \approx -27°$,对比于 $\alpha \approx -10°$[14] 和 $\alpha \approx -18°$[15]). 这种差别有可能来自于不同的交换关联能形式:文献[14]使用 LDA,而文献[15]则使用 PBE 形式的 GGA.

图 11.4　单个水分子在 NaCl(001)面吸附的位形的顶视图(a)和侧视图(b)

Na⁺、Cl⁻离子分别用紫色(次大的)和绿色(最大的)的小球表示；水分子用弯曲的球棍连接模型表示，红色的是氧原子，白色的(最小)是氢原子。本章下面的视图中将沿用这种表示

表 11.1　单水分子在 NaCl(001)面的吸附能和结构参数

位形	E_{ads}	O-Na	H¹-Cl	ΔOxy	α	Φ	θ	O-H¹	O-H²
11.5(a)	0.40	2.385	2.347	1.074	-27	45	104.9	0.980	0.980
11.6(a)	0.33	2.392	3.074	0.182	14	49	105.8	0.975	0.974
11.6(b)	0.37	2.403	2.192	1.048	27	48	104.6	0.987	0.973
11.6(c)	0.30	2.319	2.640	0.452	90	0	108.7	0.977	0.971
11.6(d)	0.34	2.302	2.231	0.831	90	0	109.5	0.983	0.967
11.6(e)	0.28	2.384	3.670	0.000	90	0	106.1	0.970	0.970
11.6(f)	0.17	4.336	2.232	0.013	90	0	104.7	0.982	0.971

这里，H¹表示水分子中和 Cl⁻成氢键的氢原子，H²则表示另外一个氢原子。ΔOxy 表示氧原子偏离 Na⁺或者 Cl⁻的精确顶位的距离。α 是水分子的极平面和 NaCl(001)所成的角度，Φ 是水分子的偶极矩连线和 Na-Cl 连线([001])的夹角，θ 是 HOH 夹角，见图 11.4。能量、长度、角度的单位分别是 eV，Å，和度(°)。

　　稳定位形的吸附同时包含着 O-Na，H-Cl 之间的吸引作用，这可以从表 11.1 的结构和能量数据看出。计算表明，当 O-Na 的距离在 2.4 Å 左右(H-Cl 的距离在 2.2 Å 左右)时，存在强的 O-Na(H-Cl)吸引。有趣的是，当水分子沿着图 11.5(a)所示的 Na-Na 连线([110]方向)滑移的时候，会得到一系列吸附能稍小的亚稳态，如图 11.5(c)所示。在这样移动的过程中，要么 O-Na 吸引作用减小了，要么 H-Cl 吸引被削弱了。这一系列亚稳位形的存在起源于水分子 sp³ 杂化的分子轨道，见图 11.5(d)。这样的杂化，使得两对孤对电子分布在垂直于 HOH 极平面的一个平面上，为了使 O 和 Na 发生充分的接触作用，水分子的平面采取了接近平躺的形式。而且，考虑到 H-Cl 的吸引，水分子的平面向前有所滑移，使得 O 的位置偏离 Na 的精确顶位，这就得到了图 11.5(a)，(b)所示的最稳位形：平面斜躺着，同时包含了强的 O-Na 和 H-Cl 吸引作用。

　　其他的较典型的吸附位形如图 11.6 所示。有的吸附位形主要是通过 O-Na 作用来实现的，如图 11.6(a)，(c)所示，也有的吸附位形同时包含强的 O-Na 和 H-Cl 作用的，如图 11.6(b)，(d)所示。从表 11.1 看出，O-Na 相互作用的强度不仅取决于两者的距离,还取决于水分子平面的相对取向.也就是说,和水分子的孤对电子的取向有关,极平面轻微斜躺的位形总是比极平面垂直于 NaCl(001) 的吸附位形在能量上更稳定,这可以用水分子 sp^3 杂化的特点来进行理解.这一点从图 11.5(e),(f)的电子密度差值图得到了进一步的证实.从图上可以看到这里面包含着共价键的特征.因此,可以作出结论:水分子和衬底之间的相互作用同时包含了离子键和共价键的特征.

下面来对 O-Na 和 H-Cl 这两种相互作用做比较.集中讨论两个典型的位形:如图 11.6(e)所示,水分子垂直于 NaCl(001) 吸附在 Na^+ 顶位,这可以认为是吸附主要由 O-Na 吸引实现的;如图 11.6(f)所示,水分子垂直于 NaCl(001) 通过氢吸附在 Cl^- 的顶位,这可以认为是吸附主要由 H-Cl 吸引造成的.从表 11.1 看出,它们的吸附能分别为 280 meV 和 170 meV.也就是说,O-Na 的强度吸引差不多是 H-Cl 的两倍.这个结论和前面的一个 DFT-LDA 的工作[14]是不一样的,在那里认为

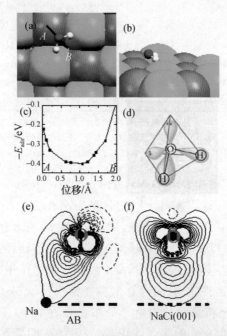

图 11.5 单个水分子吸附的稳定位形和亚稳态

(a) 单个水分子吸附的最稳位形顶视图;(b) 单个水分子的吸附的最稳位形侧视图;(c) 单分子吸附能对偏离 Na^+ 顶位距离的关系(沿着 AB 连线);(d) 水分子 sp^3 杂化分子轨道示意图;(e) 电荷密度差 $\Delta\rho$ 的等值线图. $\Delta\rho = \rho[H_2O/NaCl(001)] - \rho[NaCl(001)] - \rho[H_2O]$,其中 $\rho[H_2O/NaCl(001)]$, $\rho[NaCl(001)]$, $\rho[H_2O]$ 分别是体系的总电荷密度,NaCl(001) 衬底的电荷密度,单个水分子在气态的电荷密度.切入的平面沿着 AB 连线,垂直于 NaCl(001) 面;(f)类似于图(e),只是切入的平面沿着垂直于 AB 连线和 NaCl(001) 面的方向.等值线的取值为 $\Delta\rho = \pm 0.005 \times ne/Å^3$, $n = 1, 2, \cdots, 10$.实线代表 $\Delta\rho > 0$,而虚线则代表 $\Delta\rho < 0$

H-Cl 吸引对于吸附能的贡献是主要的.

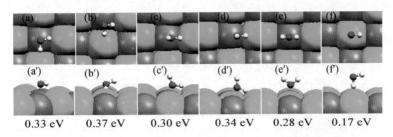

$$0.33\,\text{eV} \qquad 0.37\,\text{eV} \qquad 0.30\,\text{eV} \qquad 0.34\,\text{eV} \qquad 0.28\,\text{eV} \qquad 0.17\,\text{eV}$$

图 11.6 单个水分子在 NaCl (001) 面吸附的一些典型的吸附位形
上面一行为顶视图, 下面一行为侧视图. 每个位形的吸附能在下面标出

11.1.2 水团簇的吸附

杨勇等还研究了覆盖度低于一个单层的水分子的团簇的吸附——水分子的二聚体和四聚体. 这时候, 水分子之间开始存在氢键相互作用. 一般来说, 当带正电的 H 原子和带负电的、有孤对电子的强电负性原子 X(X=N, O, F, Cl, …) 接近时就会形成氢键. 水分子之间的氢键相互作用是最重要的相互作用之一, 它给水带来了给很多独特的性质. 对于一个自由的水分子二聚体来说, OO 之间典型的距离为 2.95 Å, 氢键的能量为 0.24 eV. 那么, 当一个自由的二聚体吸附到 NaCl(001) 上以后, 情况有何不同呢? 杨勇等计算了一系列典型的二聚体的吸附位形, 见图 11.7. 相应的结构和能量参数在表 11.2 中给出.

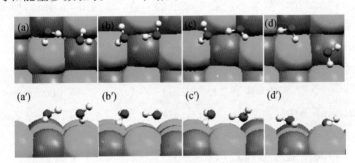

图 11.7 水分子二聚体在 NaCl(001) 面吸附的一些典型的位形
上面一行为顶视图, 下面一行为侧视图

水分子的吸附和相互作用能由如下公式计算:

$$E_{\text{ads}} = \frac{1}{2}\{E[(\text{NaCl}(001))_{\text{relaxed}}] + 2 \times [(\text{H}_2\text{O})_{\text{gas}}]$$

$$- E[(\text{NaCl}(001) + \text{dimer})_{\text{relaxed}}]\}, \tag{11.2}$$

$$E_{ww} = \frac{1}{2}\{2\times[(H_2O)_{gas}] - E[dimer]\}, \tag{11.3}$$

$$E_{sw} = E_{ads} - E_{ww}. \tag{11.4}$$

这里, $E[dimer]$ 指的是自由态的水分子二聚体, 其结构和吸附在 NaCl(001) 面上时相同. $2\times E_{ww}$ 可以近似地认为是水分子中氢键的能量 $E_{H\text{-}bond}$, E_{sw} 则可以认为是水分子和衬底的相互作用能. 对于水分子的四聚体, 计算的公式是类似的.

表 11.2　　两个水分子在 NaCl(001) 面的吸附的能量和结构参数

位形	E_{ads}	E_{ww}	E_{sw}	O^D-Na	O^A-Na	O^D-O^A	H^D-O^A	H^A-Cl
(a)	0.41	0.10	0.31	2.430	2.917	2.873	1.973	2.218
(b)	0.20	0.09	0.11	3.056	—	2.758	1.774	2.201
(c)	0.29	0.11	0.18	2.545		2.838	1.848	2.241
(d)	0.35	0.03	0.32	2.440	2.361	3.666	2.962	—

吸附能 E_{ads}(eV/H$_2$O), 水分子之间的相互作用能 E_{ww}(eV/H$_2$O), 水分子和衬底之间的相互作用 E_{sw} (eV/H$_2$O) 分别给出. O^D 表示质子施主中的氧原子, H^D 表示和另外的水分子成氢键的氢原子; O^A 表示质子受主中的氧原子, H^A 则表示质子受主中和 Cl$^-$ 形成氢键的氢原子. 距离的单位是 Å.

能量上最稳定的水分子二聚体见图 11.7(a), (a′). 两个水分子的氧原子都靠近 Na$^+$, 而同时水分子之间的存在强的氢键($E_{H\text{-}bond}\approx 0.20$ eV). 如果没有氢键的约束, 让两个水分子自由弛豫到它们各自的基态, 则相应的水和衬底的相互作用能为 0.40 eV/H$_2$O, 比现在的要高约 0.09 eV/H$_2$O. 这表明, 氢键影响着水分子的吸附.

反过来, 水分子的吸附位形会影响氢键的强度. 图 11.7(b) 和 (c) 所示的两个水分子二聚体的质子受主的位形几乎是一样的, 主要的差别是质子施主的位置. 图 11.7(b) 所示的水分子质子施主几乎平行于 NaCl(001) 面, 它在 NaCl(001) 面上的投影处于空位. 而图 11.7(c) 所示的水分子质子施主则倾斜的(角度约 45°)吸附在离它最近的一个 Na$^+$ 附近. 从表 11.2 中给出的 O-Na$^+$ 距离和水-衬底作用能 E_{sw} 可以看出, 图 11.7(c) 中的 O-Na$^+$ 相互作用比图 11.7(b) 中的要强. 这种更强和衬底的相互作用意味着, 二聚体中的质子施主有电子从氧原子转移到 NaCl(001) 衬底上. 这从图 11.8 的电子密度差值图得到了直接证实. 质子施主的孤对电子向衬底转移导致了它对形成氢键的氢原子的束缚能力减弱. 因此, 质子施主向衬底的电子转移量越大, 它对成氢键的氢原子的束缚越弱, 反过来氢键就越强. 这一点对比图 11.8(a) 和 (b) 就很清楚了.

衬底也会影响水分子二聚体的形成. 图 11.7(d) 所示的是弛豫后的两个水分子的吸附位形. 它们的初始的 OO 距离为 3 Å, 放到 NaCl(001) 面上做弛豫后变为 3.7 Å. 这时候氢键的能量大约只有 0.06 eV. 如果没有衬底的限制, 让这两个水分子自由地做弛豫, 那么它们之间将会形成一个强氢键: $E_{H\text{-}bond} = 0.20$ eV. 计算表明,

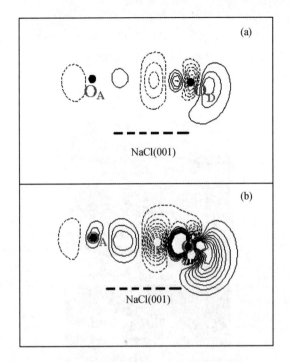

图 11.8　电荷密度差($\Delta\rho$)的等值线示意图

这里,$\Delta\rho$ 的定义为 $\Delta\rho = \rho[(H_2O)_2/NaCl(001)] - \rho[(H_2O)_A/NaCl(001)] - \rho[(H_2O)_D]$. $\rho[(H_2O)_2/NaCl(001)]$, $\rho[(H_2O)_A/NaCl(001)]$ 和 $\rho[(H_2O)_D]$ 分别指体系的总电荷密度、质子受主在 NaCl(001)面吸附的电荷密度和作为质子施主的水分子在气态的电荷密度. 切入的平面沿着[010]方向,穿过质子施主的氧,垂直于 NaCl(001)面. (a)对应图 11.7(b)的二聚体结构; (b)对应图 11.7(c)的二聚体. O_D、O_A 分别表示质子施主和质子受主的氧原子. 等值线取值 $\Delta\rho = \pm 0.005 \times ne/\text{Å}^3$, $n = 1, 2, \cdots, 10$. 实线代表 $\Delta\rho > 0$,虚线代表 $\Delta\rho < 0$

当 OO 的初始距离大于 4 Å 以后,不管这两个吸附的水分子的相对取向如何,它们之间只会形成很弱的氢键(能量大约为几十个 meV),这时候水分子的行为和单体吸附时差不多.

　　另外一个典型的吸附情形是水分子四聚体吸附. 这时候,四个水分子交互吸附在最近邻的 Na$^+$,Cl$^-$ 的顶位附近,彼此之间由氢键连接,形成一个四元环结构,如图 11.9 所示. 每一个水分子都被两个氢键连接着,同时作为质子施主和质子受主. 而且,每一个水分子都和衬底形成 O-Na$^+$ 或者 H-Cl$^-$ 键. 由于这种结构和衬底的晶格相匹配,而且水分子之间的氢键是接近饱和的,所以这种结构在是一种在 NaCl(001)面上很稳定的吸附结构. 计算得到的吸附能是 $0.47 \text{ eV}/H_2O$,比水分子的单体或者二聚体要大得多. 水分子-水分子之间的相互作用能 E_{ww} 和水分子-衬底相互作用能 E_{sw} 分别为 $0.25 \text{ eV}/H_2O$ 和 $0.22 \text{ eV}/H_2O$. 和水分子的二聚体的最稳定的位形相比,E_{ww} 要大得多,而 E_{sw} 则相对要小一些. 这是吸附体系氢键结构的加强的结果. 值得一提的是,这个结构和早先的 DFT-GGA 给出的水分子三聚体的结构[15]有相同之处,他们的结构相当于把这里的水分子四聚体的一个角上(Cl⁻ 的顶位)的水分子拿掉以后剩下的结构. 水分子四聚体的这种稳定的几何结构使得它成为 NaCl(001)面上最稳定的吸附团簇. 下面将看到,这种结构(对不同的覆盖度可能有些变形)是水分子多层吸附结构的基本组成单元.

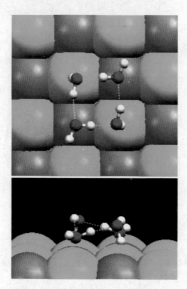

图 11.9 水分子的四聚体在 NaCl (001)面吸附位形的示意图
上半面为顶视图,下半面为侧视图. 氢键用点线连接来表示

11.1.3 水单层和多层的吸附

接下来将讨论单层和多层水分子吸附在 NaCl(001) 的情况. 讨论集中在吸附过程中水分子与水分子之间的相互作用与水分子与衬底之间的相互作用的竞争上,目的是为了进一步了解氢键在吸附过程中所扮演的角色. 吸附能 E_{ads}、水分子与水分子之间的相互作用能 E_{ww}、水分子与衬底之间的相互作用能 E_{sw} 如下计算:

$$E_{ads} = \frac{1}{n} \{ E[(NaCl(001))_{relaxed}] + n \times E[(H_2O)_{gas}]$$
$$- E[(NaCl(001) + H_2O)_{relaxed}] \}, \tag{11.5}$$

$$E_{ww} = \frac{1}{n} \{ n \times E[(H_2O)_{gas}] - E[(H_2O)_{network}] \}, \tag{11.6}$$

$$E_{sw} = E_{ads} - E_{ww}, \tag{11.7}$$

其中 n 表示计算采用的"超原胞"中包含的水分子的数目.

对于一个单层的吸附,首先计算三个典型的位形,包括两个 HOH 平面平躺着的(图 11.10(a),(b)),和一个 HOH 平面站立着的(图 11.10(c))位形. 在这三个图中,所有的水分子都吸附在 Na$^+$ 顶位附近. 这三种位形也是前面的计算中最常用到的,用来研究 1 ML 水分子吸附的位形. 它们的吸附能分别为 0.39 eV/H$_2$O,0.39 eV/H$_2$O 和 0.35 eV/H$_2$O. 这类似于单个水分子吸附的情形,水分子平面平躺着的位形比站立的要稳定. 这个结果和文献[14]中给出的相反,在那里给出的吸附能的次序为(a)>(c)>(b). 表 11.3 中给出了 DFT-LDA[14] 和 DFT-GGA 结果的详细对比. 图 11.10(b)中的水分子-水分子相互作用能比图 11.10 (a),(c)的都要强,这是因为图 11.10 (b)中的水分子的取向和最近邻的水分子相对容易形成氢键. 平均来说,这三个位形的水分子-水分子相互作用能大约是 0.07 eV/H$_2$O. 这比水分子-衬底相互作用(约 0.34 eV/H$_2$O)要弱得多.

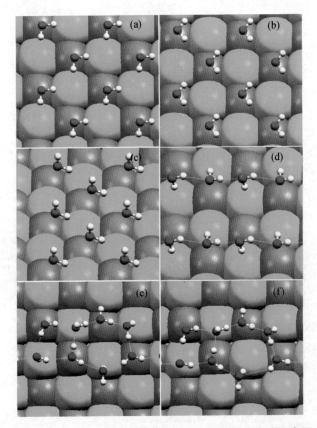

图 11.10　1 ML 的水分子在 NaCl(001)面的吸附位形示意图

位形(e)和(f)是位形(d)分别经过在 80 K 作 2 ps 的平衡,和平衡后做 2 ps 的分子动力学模拟(MD)得到的. 对位形(a)和(b)做 MD 得到类似的结果. 氢键用点连线表示

表 11.3 **DFT-LDA[14]和 DFT-GGA(杨勇等的计算结果)对 1 ML 的水分子的吸附结果的比较**

位形	E_{ads}	E_{ww}	E_{sw}	O-Na	ΔOxy	α	Φ	θ
(a) GGA	0.39	0.05	0.34	2.434	0.713	-10	45	103.2
(b) GGA	0.39	0.14	0.25	2.433	0.142	7	0	105.1
(c) GGA	0.35	0.06	0.29	2.360	0.793	90	0	106.6
(b)ª LDA	0.63	0.06	0.57	2.404	0.7	-10	45	105
(a′)ª LDA	0.56	0.18	0.38	2.300	0	0	0	105
(c)ª LDA	0.58	0.07	0.51	2.280	0.6	90	0	105

上面三行是 GGA 的结果,底下三行是 LDA 的结果[14].吸附能(E_{ads}),水分子-水分子相互作用能(E_{ww}),水分子-衬底相互作用能(E_{sw}),相应的结构参数表中列出.作结构弛豫计算的初始位形和文献[14]中的一样,(a)对应(b)ª,(b)对应(a′)ª,(c)对应(c)ª.ΔOxy 是氧原子偏离 Na$^+$ 的正顶位的距离.α 是 H$_2$O-NaCl (001)倾斜角,Φ 是偶极矩连线在(001)面上的投影和[001](Na-Cl 连线)方向的夹角,θ 是 HOH 夹角,参见图 3.3.能量值为正代表吸引.能量,长度,角度的单位分别为 eV,Å,度(°).

ª参见文献[14]中的图 4 和表 2.

为了进一步理解氢键的作用,杨勇等构造了一个覆盖度为 1 ML 的水分子的链状结构(图 11.10(d)).近邻水分子被氢键首尾相连.令人惊奇的是,这样一个结构的吸附能(0.48 eV/H$_2$O)比先前三个 1 ML 位形(图 11.10(a)~(c))大得多.这表明,在 1 ML 覆盖度情况的下,能量上更稳定的结构是存在的,只不过在结构上和文献中常用的典型位形(图 3.9(a)~(c))会有明显的不同.

为了证实这一点,他们在 80 K(正则系综)用第一性原理的分子动力学研究了这些位形的热稳定性.有趣的是,图 11.10(d)所示的链状结构在 2 ps 的热平衡过程中自发地转变为图 11.10(e)所示的,由氢键连接而成的四边形-六边形水分子.在此基础之上,该研究在 80 K 做了 2 ps 的 MD 模拟,最后得到的结构如图 11.10(f)所示,基本上保持了水分子四和六元环的结构.这些位形的结构和能量参数列于表 11.4 中.图 11.10(e)所示的环状结构的吸附能(0.52 eV/H$_2$O)比图 11.10(a)~(c)所示的(1×1)结构的 1 ML 位形(最大为 0.39 eV/H$_2$O)要大得多.这种能量降低来自于水分子之间的氢键相互作用,是与水分子-衬底相互作用优化互补得到的.这种结构比先前文献报道的任何一种 1 ML 的 H$_2$O/NaCl(001)的吸附结构都要稳定.同样,对图 11.10(a),(b)所示的结构在 80 K 的温度下做第一性原理分子动力学模拟,也看到这两种结构会慢慢的演化成类似于图 11.10(e)的,由氢键连接的网络结构.

对图 11.10(e)所示的结构做更长时间的分子动力学模拟还看到了水分子的四和五元环结构.这表明氢键还没有饱和,所以这种结构具有一定的弹性.这种结构的表面原胞为 $p(2\sqrt{2}×2\sqrt{2})$,在大的尺度上是 $c(4×4)$.希望这种新的结构将来能被实验观测到.

该工作还研究了更高覆盖度下水在 NaCl(001)面的吸附,例如 1.5 ML, 1.75 ML, 2 ML 等.计算的结构和能量参数见表 11.4.

表 11.4　0.5 ML, 1 ML, 1.5 ML, 1.75 ML, 2 ML 的水分子
在 NaCl (001)面吸附时计算采用的参数

覆盖度	原胞	N_{H_2O}	E_{ads}	E_{ww}	E_{sw}
0.5 ML(四聚体)	$p(2\sqrt{2}\times2\sqrt{2})$	4	0.47	0.25	0.22
1 ML　(a)	$p(2\sqrt{2}\times2\sqrt{2})$	8	0.39	0.05	0.34
1 ML　(b)	$p(2\sqrt{2}\times2\sqrt{2})$	8	0.39	0.14	0.25
1 ML　(c)	$p(2\sqrt{2}\times2\sqrt{2})$	8	0.35	0.06	0.29
1 ML　(d)	$p(2\sqrt{2}\times2\sqrt{2})$	8	0.48	0.24	0.24
1 ML　(e)	$p(2\sqrt{2}\times2\sqrt{2})$	8	0.52	0.32	0.20
1 ML　(f)	$p(2\sqrt{2}\times2\sqrt{2})$	8	0.50	0.33	0.17
1.5 ML (a)	$p(2\times4)$	12	0.54	0.37	0.17
1.5 ML (b)	$p(2\times4)$	12	0.57	0.42	0.15
1.75 ML	$p(2\times4)$	14	0.56	0.39	0.17
2 ML	$p(2\sqrt{2}\times2\sqrt{2})$	16	0.56	0.40	0.16

能量单位为 eV/H_2O.

考虑到 Fölsch 等人的实验结果[5],杨勇等在 $p(2\times4)$ 的平面晶胞里计算了两种 1.5 ML 水分子的吸附结构,它们的平面原胞分别为 $p(2\times4)$ 和 $c(2\times4)$,如图 11.11 所示.在结构优化(做弛豫)以后,图 11.11(a)实际上包含了 6 个氢键连接的水分子六元环,而图 11.11(b)则包含了 3 个不同的水分子六元环. $p(2\times4)$ 原胞的水分子在表面法线方向形成了一个三层结构,氧原子到 NaCl(001)面的距离分别为 $z_{\text{O-NaCl(001)}}\approx2.5\,\text{Å}$, $2.9\,\text{Å}$, $3.8\,\text{Å}$.而 $c(2\times4)$ 原胞的水分子则在表面法线方向形成了一个双层结构,氧原子到 NaCl(001)面的距离分别为 $z_{\text{O-NaCl(001)}}\approx2.6\,\text{Å}$, $2.9\,\text{Å}$.在能量上, $c(2\times4)$ 吸附结构的水分子更稳定一些,吸附能的差别为约 $0.03\,eV/H_2O$.

1.75 ML 水分子的吸附结构是在 1.5 ML 吸附位形的基础上构建的,在原先的 $c(2\times4)$ 晶胞中加入两个水分子,如图 11.12 所示.做结构优化以后,图 11.11(b)中的一些原有的氢键断开了,而一些新的氢键则在新加入的水分子和它的近邻水分子之间形成.这个结构的吸附能是 $0.56\,eV/H_2O$,和图 11.11(b)所示的结构的吸附能非常接近.

对于 2 ML 水分子的吸附,所有的水分子占据了 Na^+ 或者 Cl^- 的顶位,在平面的法线方向形成了一个双层结构,如图 11.13 所示.这个双层结构的高度为 $z_{\text{O-NaCl(001)}}\approx2.5\,\text{Å}$, $3.1\,\text{Å}$,这分别对应于在 Na^+ 和 Cl^- 的顶位吸附的水分子.这种吸

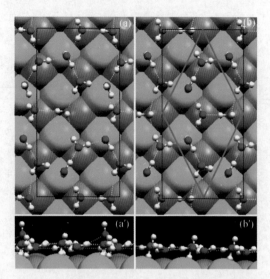

图 11.11　1.5 ML 的水分子在 NaCl(001)面上吸附的顶视图和侧视图

(a)和(a′)为平面原胞为 $p(2\times4)$ 的水结构；(b)和(b′)为平面原胞为 $c(2\times4)$ 的吸附结构

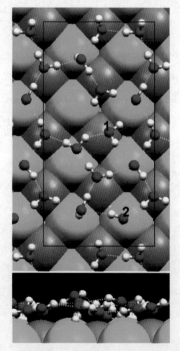

图 11.12　1.75 ML 的水分子在 NaCl(001)面的吸附

相比于图 11.11(b)新增加了两个水分子，用标号 1 和 2 表示

附位形的局域结构和前面研究的水分子四聚体非常类似:每一个水分子和其近邻的水分子形成三个氢键,第四个键和衬底形成,当吸附在 Na$^+$ 顶位时,为 O-Na$^+$ 键,当吸附在 Cl$^-$ 顶位时,为 H-Cl$^-$ 键.因此,每个水分子的孤对电子都被氢键或者 O-Na$^+$ 键所饱和,这是一种类似于二维冰的结构.这个位形的吸附能 $E_{ads} =$ 0.56 eV/H$_2$O,水分子-水分子相互作用能 $E_{ww} =$ 0.40 eV/H$_2$O,水分子-衬底相互作用能 $E_{sw} =$ 0.16 eV/H$_2$O.

对比 2 ML 的位形和 Bruch 等人在实验上观察到的(1×1) HAS 图案[4]可以看到,这两个位形的吸附能几乎是相同的(0.56 eV/H$_2$O 对 0.6 eV/H$_2$O).由于 Na$^+$ 和 Cl$^-$ 的位置在 NaCl(001)面上是等价的,所以当用 HAS 实验来观测 2 ML 水分子在 NaCl(001)的吸附时,得到的衍射图案应该也是(1×1)结构的.这说明,同样的衍射图案有可能对应不同的吸附结构.Bruch 等人在解释实验结果的时候,提出了图 11.10(a)所示的吸附模型.但是,这个模型给出的吸附能比实验值小太多,而 2 ML 的吸附结构则给出和实验值很接近的吸附能.因此,有可能图 11.13 所示的 2 ML 位形对于解释实验的观察来说是一个更合理的模型.此外,可以预计,当水分子的覆盖度大于 2 ML 以后,吸附能将会下降,因为在 2 ML 的时候,所有水分子的孤对电子都已经饱和,不会再形成更多的氢键.有趣的是,这种氢原子(在 Cl$^-$ 顶位)和氧原子(在 Na$^+$ 顶位)交叉朝下的吸附位形和先前实验上在 Pt(111)面上

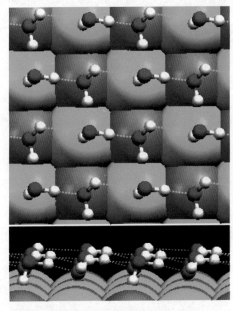

图 11.13　2 ML 的水分子在 NaCl(001)面吸附的顶视图(上图)和侧视图(下图)
氢键用点线连接表示

观测到的类似:水分子的吸附图案是接近平行于衬底的,氢原子都朝下指,只是基本的构成的单元不一样,是四边形,而 Pt(111) 面上是六角形.

为了得到水在 NaCl(001) 面吸附的覆盖度和能量的一般图像,水分子-衬底相互作用能 E_{sw}、水分子-水分子相互作用能 E_{ww} 对覆盖度的关系如图 11.14 所示.对于 1 ML 和 1.5 ML 的情形,取最稳定的位形的能量参数.在覆盖度低于 1.5 ML 的时候,随着覆盖度的增加,E_{sw} 下降而 E_{ww} 上升.通过和其近邻形成氢键,水分子之间的相互作用大大增强了,而水分子与衬底的相互作用则逐渐降低.覆盖度从 1.5 ML 到 2 ML,吸附能几乎保持不变,仅有小幅度的涨落,见表 11.4.水分子覆盖度的增加,氢键的数目会增加,但与此同时,不成氢键的水分子之间的排斥也会增加.这意味着覆盖度从 1.5 ML 到 2 ML,这些吸附位形的稳定性几乎是相同的.这可能是实验上有些看到 $c(4\times2)$ 的位形 (1.5 ML)[5],而有的却看到 (1×1) 的衍射图案[4](在这里对应 2 ML)的原因.这两个不同的实验观察可能来自于水分子的在 NaCl(001) 面上吸附的不同的覆盖度.这两种在能量上几乎简并,但是都是稳定的结构,在某些实验条件下可能会互相转化,例如覆盖度和温度的变化.但是这种转

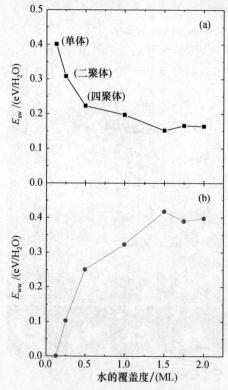

图 11.14　水分子-衬底(a),水分子-水分子(b)之间的相互作用能随水分子覆盖度的变化关系

变对应的势垒并不清楚,有待进一步的研究.尽管如此,新提出的模型为实验上观察到的电子辐照导致的吸附图案转变[6]提供了一种可能的原子机制:入射电子(约 90 eV)导致(1×1)HAS 图案的一部分水分子的脱附,覆盖度降低,这使得剩余的吸附的水分子发生结构重组,从(1×1)(2 ML)变为 c(4×2)的位形(1.5 ML).

从表 11.4 和图 11.14(b)可以发现,吸附能 E_{ads} 和水分子-水分子相互作用能 E_{ww} 呈现出相同的涨落趋势,这再次显示出水分子相互作用的重要性.当覆盖度大于 0.5 ML 以后,E_{ww} 总是比 E_{sw} 大,这表明 NaCl(001)面类似于一个疏水的平面.这个结果从分子的尺度上帮助我们理解为什么纯净的 NaCl 晶体在室温和相对湿度(relative humidity)低于 75% 的时候不易吸水并发生潮解[7].

§11.2　食盐溶解的微观图像

水在盐类表面的吸附、盐类在水中的溶解及水合过程对于表面科学、电化学、生物物理以及环境科学来说都是具有重要意义的.日常生活的经验告诉我们,食盐 NaCl 很容易在水中发生溶解,而如果用加热的办法,则要到 1074 K 的高温才能把 Na^+-Cl^- 离子键打断[21].从热力学的观点来看,这个过程在标准状况下(1 atm, 298 K)是自发进行的:

$$\Delta G_{NaCl(cryst.) \longrightarrow NaCl(aq.)} = -1.76\ kcal/mol < 0.$$

但是这里面的微观原子过程却是不清楚的,特别是离子如何在水分子的帮助下挣脱晶体的束缚溶入水中的微观机制.事实上,和盐-水相互作用相关的课题在过去的几年里引起了人们的很多关注[22−30].在计算机模拟的帮助下,人们研究了单个 NaCl 分子在水中的离解过程[22,23,24],并且看到了 Cl^- 离子从 NaCl 纳米晶粒溶入水中的过程[25,26].然而,关于早期溶解过程的简洁明了的微观图像并没有建立起来.

在另一方面,根据 Arrhenius 的电解质理论,强电解质在水中是完全离解的,例如食盐 NaCl,当放入水中时,应该完全分解为水合 Na^+ 和 Cl^-.然而,这个观点和后来实验上对盐类水溶液的观察是不一致的.拉曼光谱实验表明,水溶液中存在 $NaNO_3$[31],KH_2PO_4 和 $(NH_4)H_2PO_4$[32]等盐类的团簇.在光散射试验中,Georgalis 等人直接证实了 NaCl,$(NH_4)_2SO_4$ 和 Na 柠檬酸盐的亚微米尺寸团簇在室温下存在于过饱和与欠饱和的水溶液中[33].这些实验表明,在水溶液中的简单电解质,例如 NaCl,在中等浓度下就可以聚集成团簇.这也使得研究盐类纳米团簇在水中的动态水合过程变得很必要了.这对于理解盐类溶解的过程也是很重要的.同时,在溶液中合成纳米晶粒,也需要从原子分子的水平上来理解固液界面处的动态过程.NaCl 纳米晶粒在液态水中的水合过程就可以作为一个合适的研究模型.

由于溶解过程中涉及化学键的断裂,对于模拟的微观时间尺度来说,这是一个小概率事件.要正确描写液态水的结构,又要保证在宏观尺度下两者的比例(饱和的 NaCl 溶液中 $N(H_2O):N(NaCl)\approx 9:1$)能使 NaCl 晶粒(100 面在外的最小的晶体结构包含 32 个 NaCl 单元)发生溶解,模拟的体系中至少要包含 $32\times 2+32\times 9\times 3=928$ 个原子,模拟的时间尺度一般在 10^2 ps 以上.因此杨勇等采用经典的分子动力学模拟来研究这个问题[34,35],采用的程序包是 AMBER 6[36].计算采用的超原胞如图 11.15(a)所示.原胞中的立方纳米晶粒包含 32 个 Na$^+$ 和 32 个 Cl$^-$,在 x,y,z 每个方向的边长约为 11.3 Å,周围被 625 个液态结构的水分子包围着,水分子的宏观密度约为 1 g/cm^3.因此纳米晶粒的 6 个(100)面和水直接接触.水分子和 NaCl 单元之间的比例对应于 NaCl 的欠饱和溶液.

水分子与水分子之间的相互作用由 TIP3P 模型描写,离子-离子、离子-水之间的相互作用由 AMBER 6 中的 PARM94 力场来描写.用来研究纳米晶粒水合壳层的体系在开始做数据统计之前先经过了这样一个平衡过程:在 300 K 先平衡 150 ps,然后再经过 150 ps 的模拟时间缓慢加热到 350 K.这里选择 350 K 的温度是为了加快溶解过程的进行速度.在做平衡的过程中,纳米晶粒的原子被加上了简谐束缚以防止在这个过程中发生溶解.初始模拟的原胞的尺寸为 27.86 Å×27.88 Å×27.50 Å,在等温等压的正则系综里,它的边长尺寸变化的幅度不超过 0.5 Å.其他的用做溶解事件统计的初始位形不同的系统,在做数据收集的分子动力学(MD)模拟开始之前,都经过至少 250 ps 的平衡过程.原胞采用周期边界条件.原子间各种相互作用势的求和采用 Ewald 方法,求和的截断距离为 10 Å.模拟的时间步长为 0.5 fs.水分子的内部 OH 振动用 SHAKE 法则约束住.系综的温度和压力分别用 Berendsen 恒温源和恒压源来调控,以达到目标温度(350 K)和压力值(1 bar).当模拟时间超过 1.8 ns 以后,体系中所有原子的速度用麦克斯韦分布重新赋值,而离子的位形保持不变,用作继续运算.

为了验证 AMBER 6 中的模型势的合理性.该研究首先对 Na$^+$,Cl$^-$ 离子和水分子团簇 $Na^+(H_2O)_n$ 和 $Cl^-(H_2O)_n$($n=1,2,3$)的相互作用能作了计算,和先前第一性原理计算的结果做了比较,两者符合的很好.该研究还对水分子在 NaCl(001)面的吸附做了计算,并和 VASP 计算的结果做了比较,见表 11.5.可以看出,两种方法给出的吸附位形和吸附能都符合得很不错.而且,用 AMBER 计算得到得到 NaCl 的晶体结合能为 -188.7 kcal/mol(约 8.2 eV/离子对),和实验值(-185.5 kcal/mol)非常接近[37].这说明计算中所采用的模型势是可靠的.

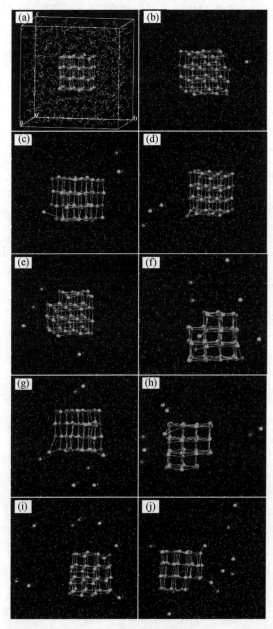

图 11.15 食盐溶解的微观过程

(a) 模拟中使用的原胞示意图. Na^+ 和 Cl^- 分别用紫色(稍小)和绿色(稍大)的小球表示,水分子由弯曲的小棍表示. (b)~(j) MD 模拟过程中的瞬时位形图,各时刻分别为 $t = 241.635\,ps$ (b), $369.9\,ps$ (c), $2013\,ps$ (d), $2088\,ps$ (e), $2108\,ps$ (f), $2450\,ps$ (g), $2475\,ps$ (h), $3297.5\,ps$ (i), $3625\,ps$ (j), 呈现出这样的离子序列 Cl^-, Na^+, Cl^-, Na^+, ······为简洁起见,瞬时位形图中没有绘出氢原子

表 11.5　用 VASP 和 AMBER 计算得到的单个水分子和 1 ML 的水分子
在 NaCl (001) 面上吸附结果的比较

位形	VASP			AMBER		
	O-Na/Å	H-Cl/Å	$E_{ads}/(eV/H_2O)$	O-Na/Å	H-Cl/Å	$E_{ads}/(eV/H_2O)$
平躺	2.385	—	−0.401	2.408	—	−0.391
竖立	—	2.232	−0.174	—	2.250	−0.173
1 ML	2.434	—	−0.391	2.426	—	−0.406

　　单个水分子的 HOH 平面用"平躺"和"竖立"来标识,分别代表吸附主要通过 O-Na$^+$ 吸引和 H-Cl$^-$ 吸引
这两种典型的位形. 对于 1 ML 吸附的情形,水分子的 HOH 平面接近平行于 NaCl (100) 面.

11.2.1　水在纳米晶粒周围的分布

　　水分子在 $H_2O/NaCl$ 界面处的分布对于溶解和结晶过程来说都扮演着重要的
角色. 图 11.16 画出了溶解前 232 ps 中的水分子在纳米晶粒的周围的密度分布. 用
水分子到 NaCl(001) 面的距离作为变化参量,画出水分子的平均径向密度(定义为
包围晶体的水薄层内的水分子数目 N 和薄层体积 δV 的商)的变化. 水分子的密度
采用相对于体态水密度的值. 图中出现了三个明显的峰位,标号为 A,B,C. 它们
和 $H_2O/NaCl$(001) 界面处水分子的局域结构相关联的. 第一个峰,距离 NaCl
(001) 面约 2.4 Å 左右,对应于覆盖纳米晶粒表面的第一层水,这意味着,水分子和
NaCl(001) 面的平均距离大约是 2.4 Å. 纳米晶粒的表面离子的平均水分子配位数
约为 2.3 $H_2O/NaCl$ 单元,这就是纳米晶粒的第一水合圈. 类似地,第二和第三个
峰位分别对应于纳米晶粒的第二和第三水合壳层. 第三个峰的低谷位于距离 NaCl
(001) 面约 5.5 Å 处. 这意味着距离 NaCl(001) 面 5.5 Å 以下的区域内存在着一个

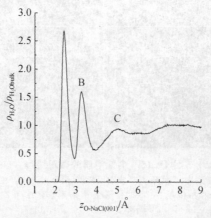

图 11.16　水分子的径向分布密度随水分子到 NaCl(001) 面的距离的变化关系

有序的水分子网络. 这个结果得到了在 H_2O-NaCl(001) 界面处的一个实验的支持[38]. 先前的一个在 H_2O-NaCl(001) 界面处作的 MD 模拟也给出了类似的结果[39], 只是峰位的高度有些差别, 第三个峰位的位置差了将近 1 Å, 这些差别可能来自这里计算采用的晶体是有限尺寸的, 而前面的 MD 模拟中 NaCl(001) 晶板的 X 和 Y 方向是用周期边界无限扩展的[39]. 在图 11.16 中, 在距离 $z_{\text{O-NaCl(100)}} = 5.5$ Å 到 6.5 Å 的范围内水分子的密度几乎保持在约 0.87 g/cm^3, 然后在 $z_{\text{O-NaCl(100)}} = 7.5$ Å 左右达到体态水的密度. 当距离大于这个值以后, 就是体相液态水的区域了, 没有再出现新的峰位.

11.2.2　溶解离子的序列

接下来杨勇等研究了 NaCl 纳米晶粒的微观溶解过程. 为了加快溶解进程, 所有的 MD 模拟都是在 350 K 的温度下进行. 首先应该关注的是发生溶解的离子次序. 图 11.15 中给出了一个典型的溶解轨迹, 第一个溶解事件发生的时刻 $t \approx$ 232 ps. 为了方便起见, 把 Na^+ 和 Cl^- 离子用 1~64 的整数依次标号, 1~32 的数字依次标记所有 Na^+, 33~64 的数字依次标记所有 Cl^-. 第一个溶入水中的离子是处于角位的一个 Cl^-, 标号为 Cl^{64} (图 11.15(b)). 第二个溶入水中的是 Cl^{64} 的一个最近邻的 Na^+, 标号为 Na^{29} (图 11.15 (c)). 第三个发生溶解的是 Cl^{52} (图 11.15 (d)), 第四个溶解的是 Na^{28} ($t = 2088$ ps) (图 11.15 (e)). 这时候, 纳米晶粒的一条棱已经被溶解掉了. 然后, 溶解过程继续进行, 第五个离子, 在 $t \approx 2108$ ps 时刻标号为 Cl^{57} 离子溶入水中的 (图 11.15 (f)). 在时刻 t 约 2430 ps, Na^{25} 和 Cl^{60} 这两个原先键联在棱位的离子, 以 Na^+-Cl^- 离子对的形式几乎同时溶入水中 (图 11.15 (g, h)). 于是, 在前面 2.5 ns 模拟的过程中, 七个发生溶解的离子的次序可以表示为 Cl^-, Na^+, Cl^-, Na^+, Cl^-, …… 这表明, 纳米晶粒可以以带电离子和中性的离子对这两种形式溶入水中, 尽管后者在模拟的过程中发生的几率小.

随着溶解过程的继续进行, 首先发生溶解的离子 Cl^{64}, 吸附到了晶体残余部分的另外一个位置. 另外一个离子 Cl^{36} 在时刻 $t \approx 3297.5$ ps 开始溶入水里 (图 11.15 (i)), 大约 327.5 ps 以后, Cl^{36} 的一个近邻离子 Na^{12} 断开了两个 Na-Cl 键, 显示出溶入水中的趋势 (图 11.15 (j)), 它的近邻 Cl^{63} 也被一个 Na-Cl 键牵着伸入水中. 事实上, 这两个离子在后续的更长时间的模拟中都溶入了水里.

上面讨论的溶解过程显示出了维持纳米晶粒的整体带电量最小的趋势: 一个负离子的溶解总是伴随着一个正离子, 或者紧跟着一个正离子溶入水中. 这同时也解释了为什么发生溶解的可以是单个离子或者中性的离子对. 在模拟中还看到, 当某一条棱上的处于角位的离子都发生溶解以后, 余下的离子很有可能以 Na^+-Cl^- 离子对的形式溶入水中, 在接下去溶解的是其他角位的离子和它们的近邻离子. 因此,这种微观的平衡可以一直持续下去,直到晶体残余部分对离子的吸引力相对于水分子的吸引可以忽略不计.

为了更深入地了解溶解过程,研究其统计性质是很必要的.基于此目的,对九个不同初始位形的 MD 模拟得到的轨迹做了统计研究.统计显示,有六个溶解事件是从 Cl^- 开始的,三个溶解事件是从 Na^+ 开始的.至于溶解的起始位置,有八个溶解事件是从角位开始的,有一个是从棱位开始的.这表明,在纳米晶粒溶解的过程中,溶解一般从晶体的角位开始,而 Cl^- 倾向于比 Na^+ 更先溶入水中.

溶解从角位开始溶解是很好理解的,因为这里的离子键数目最少.那么,为什么 Cl^- 比 Na^+ 有更好的机会先溶入水里呢? Na^+ 的水合热在不论是在小团簇(表 11.5)还是在体相的水里都比 Cl^- 的要大.在体相的水里,Na^+ 的水合热是 -94.81 kcal/mol(平均水分子配位数是 5.9),而 Cl^- 的水合热是 -93.85 kcal/mol(平均水分子配位数是 7.1).因此,似乎 Na^+ 的溶解比 Cl^- 要容易一些.事实并非如此.问题的关键在于这两种离子发生溶解所要克服的势垒以及初始的水合过程.为此杨勇等计算了在真空中,从两个不同的方向——$[111]$ 和 $[11\bar{1}]$ 分别把 Na^+ 和 Cl^- 分离到远处的势垒(图 11.17).从图上可以看到,不论从哪个方向,移出的 Na^+ 势垒总比 Cl^- 的要高出大约 1 kcal/mol.但是,1 kcal/mol 的差别是很小的.用 VASP 做的第一性原理计算也给出类似的结果.因此,决定溶解先后次序的应该是离子的水合圈层.在下面将看到,尚未发生溶解之时,Cl^- 的第一水合圈包含的水分子数目比 Na^+ 的要多得多.这使得刚发生溶解的时候,Cl^- 比 Na^+ 更易于溶入水里.

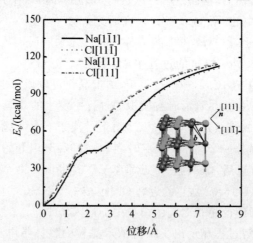

图 11.17　把一个角位的 $Na^+(Cl^-)$ 分别沿着 $[11\bar{1}]$ 和 $[111]$ 移入真空中的势垒
在计算中采用的局域坐标系由 a, b, n 这三个矢量构成

11.2.3　溶解的轨迹取向及离子的受力分析

对大部分溶解的轨迹来说,发生溶解的角位的 Na^+ 或者 Cl^- 都是先几乎同时的断开两个离子键,经过几个 ps 以后再打开第三个离子键,然后溶入水里,例如图 11.18(a),(c)所示的 Cl^{64} 和 Na^{29} 的溶解. 这就使得初始的溶解轨迹呈现出方向选择性,即离子选择从 $[11\bar{1}]$ 方向而不是 $[111]$ 方向滑离晶体进入水中. 事实上,这可以从图 11.17 中计算的势垒看出来:当滑移距离为 $2\sim3$ Å 左右,这时离子键已经拉长到约 5 Å,不论是 Na^+ 或者 Cl^-,从 $[11\bar{1}]$ 方向离开晶体要克服的势垒比从 $[111]$ 方向要低约 20 kcal/mol. 这就是产生方向选择的主要原因.

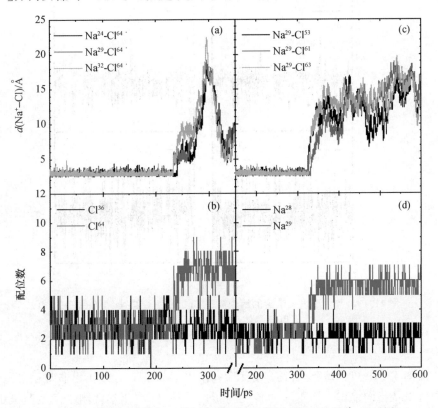

图 11.18　在溶解过程中,Cl^{64}(左版面)和 Na^{29}(右版面)的 Na^+-Cl^- 键长及水分子配位数随时间的演化关系

这段时间内未溶解的 Cl^{36} 和 Na^{28} 的水分子配位数也绘出以做比较

为了进一步搞清楚这里面的动力学过程,下面来进一步讨论图 11.15 中的两个溶解事件:开始于约 232 ps 的 Cl^{64} 和开始于约 324 ps 的 Na^{29}.

图 11.19 给出了溶解过程中作用于这两个离子上的瞬时力的时间演化关

系.力的大小的由牛顿第二定律确定,速度的变化率可以由前后两步的速度差求得.作用力的符号是这样规定的:力的方向指向晶体内为负号,力的方向指向晶体外为正号.由于纳米晶粒在水中持续做平移和转动,所以采用捆绑在晶体上的局域坐标系描写角位离子的运动用来计算力的方向.局域坐标系由晶体小面及其法线确定,见图 11.17.作用于发生溶解的两个离子的力的大小见图 11.19(a)和(c),力的方向由力与表面法线所成的角度来描写,见图 11.19(b)和(d).在这段时间里未发生溶解的另外两个角位离子 Cl^{36} 和 Na^{28},作用于它们之上的力亦绘出以做对比.

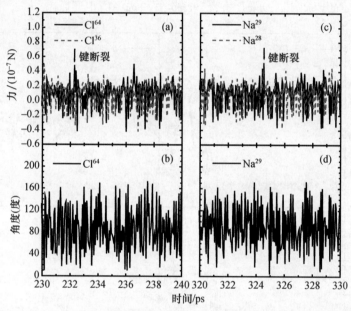

图 11.19　作用于发生溶解的两个离子 Cl^{64}(左图)和 Na^{29}(右图)上的力及其与晶体小面法向所成的角度

作为比较,作用于这段时间里尚未溶解的两个角位离子 Cl^{36} 和 Na^{28} 的力的大小也在图中绘出.箭头示意两个离子键开始断裂的时刻

从图 11.19 可以看到,在溶解过程中,作用于离子上的力变化非常剧烈.力的方向可以从指向晶体内而迅速的转变为指向晶体外.在化学键刚刚发生断裂的时刻(图中用箭头标出),作用力迅速增加,指向晶体外,和[111]方向成约 90°角.这对应于两个离子键被同时打开,角位离子的受力沿着[11$\bar{1}$]方向的情形.

杨勇等还进一步计算了发生溶解的离子的速度的方向[34].类似地,离子速度的方向可以用与局域坐标系晶体小面法线的方向 n(图 11.17)所成的角来定义:

$$\cos\varphi = \frac{v \cdot n}{|v| \cdot |n|}. \tag{11.8}$$

在它们发生溶解的那段时间里,Cl⁶⁴ 的速度角度 φ 的平均值(230～240 ps)为 91.5°,Na²⁹ 的速度角度 φ 的平均值为(320～330 ps)为 85.4°,和 90°都非常接近.统计显示,发生溶解的离子的速度角度 φ 出现次数最多的地方是在 90°附近.这表明在纳米晶粒溶解的初始阶段,发生溶解的离子是沿着[11$\bar{1}$]或者其他等价的方向滑移离开晶体进入水中的.这是一条平均效果的,出现几率最大的路径.

11.2.4 溶解离子的水合圈及动态性质

从图 11.18(b)和(d)可以看出,当离子发生溶解的时候,总是伴随着其水分子配位数的迅速增加,而其他等价位置的离子的水分子配位数却保持原有的振荡不变.这意味着,在溶解离子的周围的水分子密度发生了大幅度的涨落.例如,角位的 Cl⁻ 的水分子配位数可以从 0 变化到 7 不等.水分子密度的这种涨落正是促使离子发生溶解的微观原因.在 350 K 对纯液态水的研究表明,水分子的局域密度离散性很大,以平均值为中心呈现出高斯分布.

图 11.20 给出了在发生溶解前后 Cl⁶⁴ 和 Na²⁹ 这两个离子周围的水分子的径向分布函数(RDF).总体上看,所有的径向分布函数在溶解前后变化非常明显. $g_{Cl\text{-}O}$ 的第一个最小点决定了 Cl⁻ 的第一水合圈的半径,这个值从尚未溶解时的约 4.50 Å 缩小到溶解以后的约 3.90 Å,这表明溶解以后的 Cl⁻ 离子水合圈发生了收缩,离子-水之间的作用加强了.从 $g_{Cl\text{-}O}$ 和 $g_{Cl\text{-}H}$ 可以看出,溶解之后 Cl⁻ 周围 O 原子的分布半径发生了改变,而 H 的分布半径几乎是不变的. $g_{Cl\text{-}O}$ 做积分给出溶解前 Cl⁻ 的第一水合圈内的平均水分子数约为 8.3(溶解后为 7.4).注意,这个数值是按照水分子的几何分布来定义的,和水分子的配位数定义不太一样,后者还考虑了物理上的 H-Cl⁻ 作用距离的限制.这两个定义给出的数值在离子溶入水溶液以后是相同的.这样一个水分子分布,使得壳层内原先 H-Cl⁻ 较远的水分子很容易通过转动来满足 H-Cl⁻ 强作用距离而导致角位 Cl⁻ 的水分子配位数迅速增加.

与此相反,Na⁺ 的第一水合圈的半径在溶解前后几乎不变,保持在约 3.25 Å. 积分给出 Na⁺ 第一水合圈的平均水分子数从溶解前的约 2.6(这和图 11.18 中水分子的平均配位数一样)增加到溶解后的约 5.7,水合圈的水分子排列更加紧密,作用加强了.而且,溶解前 Cl⁻ 第一水合圈的水分子数目是 Na⁺ 的三倍多,这可以帮助我们理解为什么角位 Cl⁻ 比角位 Na⁺ 更易于先溶于水.此外,计算得到的溶解后的离子的径向分布函数和现有的实验数据相吻合[40],见图 11.20.所有的径向分布函数的峰位和实验都非常吻合,只是实验上测量到的峰更宽更矮一些,这可以归结为动力学展宽和水分子中 H 原子的量子运动.

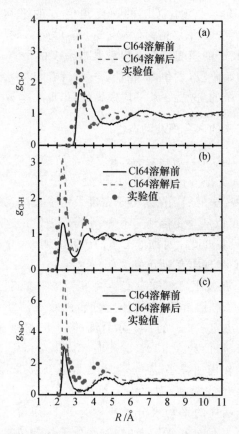

图 11. 20　纳米晶粒上的两个离子(Cl⁶⁴和 Na²⁹)在溶解前后的水分子径向分布函数

Cl⁶⁴的统计时间段分别为 $0\sim232.05$ ps 和 $232.065\sim300$ ps;Na²⁹的统计时间段分别为 $300\sim324$ ps 和 $324.015\sim600$ ps. 先前的实验结果[40]用离散的数据点表示

§11.3　固液界面处的食盐结晶过程

　　晶体的形核长大现象无论是对科学还是技术来说都具有无可置疑的重要意义. 在过去的 20 多年里,人们对和形核相关的动力学过程做了大量的理论和实验上的研究[41—50]. 尽管人们基于热力学和速率方程[51]提出了很多理论模型,在原子、分子水平上对这些过程却依然是知之甚少[52]. 在实验上,现在原则上已经可以用 STM 或者 AFM 这样的扫描探针来实时追踪表面上的原子形核过程,但在溶液存在的体系里,例如气液界面、溶液内部、固液界面处,直接用实验手段追踪观测这里面的原子过程依然是很具有挑战的课题. 在这方面,基于各种原子模型的计算机模拟可以成为一个有力的研究工具. 例如,Ohtaki 和 Fukushima[49],以及之后的

Zahn[50]等人,用经典分子动力学方法研究了 NaCl 的过饱和溶液中的自发形核过程.在早期的形核过程中,他们在溶液中都看到了形状不规则的小团簇[49].Zahn还发现,绝大多数稳定的团簇的中心是一个不直接和水分子接触的,和六个 Cl⁻ 直接成键的 Na^+,这形成一个八面体位形[50].　在实际的晶体生长过程中,通常要在过饱和溶液中放入一粒籽晶,溶质自发地沉积到籽晶上面逐渐生长起来.和前面的均相形核不同,这种异相形核要克服的势垒低得多,临界晶核尺寸也小得多[48].因此,用这种方法长出的晶体比过饱和溶液中均相自发形核长出的晶体质量要好得多.然而,这种在实践中更重要的、固液界面处的形核现象的微观机制在原子水平上尚未清楚.Oyen 和 Hentschke 曾经研究了 NaCl (001)面和各种不同浓度的NaCl 溶液的界面处的动力学过程,但是没有看到任何结晶过程[28,43].因此,当前工作的目的之一就是研究 NaCl 在水-NaCl(001)界面处的早期形核过程.

杨勇等研究了一个较复杂的情形[53]:在 H_2O-NaCl(001)固液界面处 NaCl 的早期结晶过程.和研究溶解过程类似,这一工作采用 AMBER 6 程序包[36]做经典的分子动力学模拟.模拟中采用的籽晶由一个包含 160 个原子的 5 层的 NaCl(001)晶板构成,晶板的两面都和 NaCl 水溶液接触,如图 11.21 所示.

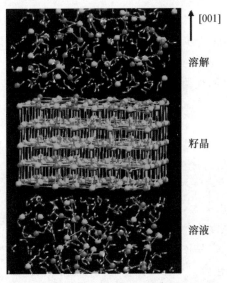

图 11.21　在 MD 模拟过程中采用的模型体系示意图

Na^+ 和 Cl⁻ 离子分别由稍小的紫色球和稍大的绿色球表示,水分子则由弯曲的小棍子表示

在室温(约 298 K,1 bar)下,饱和 NaCl 溶液的浓度为 35.96 g/(100 ml H_2O),NaCl 单元和水分子的比例约为 1/9.杨勇等采用的模型体系[53]中包含 100 个NaCl 单元和 600 个水分子.采用摩尔分数的定义,溶液的过饱和度为

$$\sigma = \frac{c - c_0}{c_0} = \frac{100/(100 + 600) - 1/(1 + 9)}{1/(1 + 9)} \approx 0.43 = 43\%, \quad (11.9)$$

其中 c 是过饱和溶液的浓度, c_0 是饱和溶液的浓度.

水分子与水分子之间的相互作用由 TIP3P 模型来描写, 离子与离子, 离子与水分子之间的相互作用由 AMBER 6 中的 PARM94 力场描写 (具体的能量和尺寸参数见文献[54]). 该工作一共研究了 8 个不同的轨迹, 它们具有相同的水分子数目和 NaCl 离子对数目, 但是初始的速度和位形是不一样的. 在开始做正式的数据收集之前, 所有这些轨迹都在约 300 K 的温度下做了至少 300 ps 的热平衡. 在平衡过程中, 溶液中的 Na^+ 和 Cl^- 被简谐势束缚住, 以避免它们在热平衡过程中直接沉积到作为衬底的 NaCl(001) 面上. 采用等温等压的正则系综, 原胞的尺寸在模拟过程中在 $22.83\,\text{Å} \times 22.83\,\text{Å} \times 62.76\,\text{Å}$ 附近做小幅度的变化, 各边长的变化幅度不超过 $0.5\,\text{Å}$. 在周期边界条件下, 能量和力的求和采用 Ewald 求和, 实空间的截断距离为 $9\,\text{Å}$. 模拟的时间步长为 $0.5\,\text{fs}$, 水分子的 OH 振动用 SHAKE 法则约束住. 温度和压强由 Berendsen 的恒温恒压器控制, 保证在 300 K 和 1 bar 附近.

11.3.1　临界晶核尺寸

在经典成核理论中[55], 溶液中一个晶核的形成主要由两个互相竞争的因素决定: 粒子从液相 (溶液相) 转变为固相时获得的自由能增加, 和在这个转变过程中由于产生新的固液界面而造成的自由能减少. 第一项可以写为 $n\Delta\mu$, 这里 n 是晶核的粒子数, $\Delta\mu = \mu_s - \mu_l$ 是固液两相的化学势之差. 第二项可以写成 γA, γ 是固液界面处的自由能密度, A 是新界面的面积. 那么, Gibbs 自由能的变化量为

$$\Delta G(n) = n\Delta\mu + \gamma A.$$

随着晶核尺寸的增加, 会出现一个临界晶核尺寸 n_c 使得 $\Delta G(n)$ 取极大值. 小于这个尺寸的晶核随着粒子数的增加 $\Delta G(n)$ 不断增加, 晶核长大的几率比退化的几率小, 是不稳定晶核. 相反, 大于这个尺寸的晶核, 随着粒子数的增加 $\Delta G(n)$ 不断下降, 晶核长大的几率比退化的几率大, 是稳定晶核.

可以利用统计的方法确定临界晶核的尺寸. 如果一个确定尺寸的晶核发生退化的几率大于 0.5 则为不稳定晶核, 反之则为稳定晶核. 所有的八个轨迹都进行了 1.2 ns 的 MD 模拟. 该研究对包含一至三个原子的晶核做了统计. 图 11.22 给出了在模拟过程中产生的和退化的晶核总和随时间的变化关系. 在做统计的时候, 一个 Na^+ (Cl^-) 离子被认为吸附在 NaCl (001) 上是当它和晶面的距离小于 $3.25\,\text{Å}$ 时 (这是 $g_{\text{Na-Cl}}$ 径向关联函数的第一个最小点), 而当它们到晶面的距离大于 $5.5\,\text{Å}$ 时, 可以认为它从晶面上脱附掉, 因为在这样的距离下, Na^+-Cl^- 离子键可以认为是断开了. 当为了确定晶核尺寸而统计吸附在衬底上的各离子的成键数目时采用同样的判据. 当一个或者多个原子从晶核上脱附掉时, 就认为改晶核发生了退化. 在图 11.22

中,每个数据点代表从模拟开始到该时刻的所产生或者退化的该类晶核的总数目.

对一个 Na^+ 的晶核和一个 Cl^- 的晶核(图 11.22(a)),在 1.2 ps 的模拟过程中产生的总的晶核数分别是 138 和 110,而退化的单原子 Na^+ 和 Cl^- 晶核分别为 74 和 77.所以,这两类单原子晶核发生退化的几率分别为 $P_{decayNa1}=74/138=0.54>$ 0.5, $P_{decayCl1}=77/110=0.7>0.5$.

对双原子晶核(Na^+-Cl^- 离子对,图 11.22 (b)),这段时间内产生的总的晶核数目为 90,而退化掉的晶核数目为 40,退化的几率 $P_{decay2}=40/90=0.44<0.5$.这就是临界晶核的尺寸.

对三原子晶核(两个 Na^+ 和一个 Cl^-,或者两个 Cl^- 和一个 Na^+,图 11.22 (c)),产生的总的晶核数目为 69,退化掉的晶核数目为 23,退化的几率为 $P_{decay3}=$ $23/69=0.33<P_{decay2}<0.5$.这个趋势和经典形核理论相一致 [55]:当一个晶核的尺寸超过临界尺寸以后,晶核越大越稳定,退化的几率就越小.

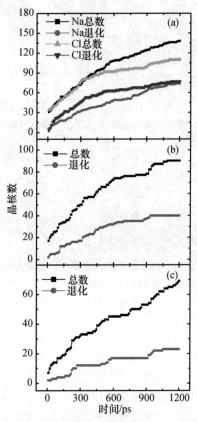

图 11.22　MD 模拟的过程中产生的和退化的总晶核数的时间演化

(a) 单原子晶核;(b) 双原子晶核;(c) 三原子晶核

应当指出,这里得到的临界晶核的尺寸和模拟体系的状态密切相关,例如温度和过饱和度. 在中等的过饱和度下($85\,NaCl$, $600\,H_2O$, 24%过饱和度)做的模拟表明,$300\,K$ 温度下的临界晶核尺寸为三个原子的晶核(两个 Na^+ 和一个 Cl^-,或者两个 Cl^- 和一个 Na^+).

11.3.2 溶质离子的沉积特性

图 11.23 给出了一个在 H_2O-$NaCl$ (001)界面处形成的典型的双原子晶核的长大过程瞬时图. 它从一个双原子晶核(图 11.23 (a))逐渐长大到一个 zigzag 链(图 11.23 (b))再到一个三维的逐渐变大的岛(图 11.23 (c),(d)),图中的两个原子分别用数字"1" (Na^+)和"2" (Cl^-)表示.

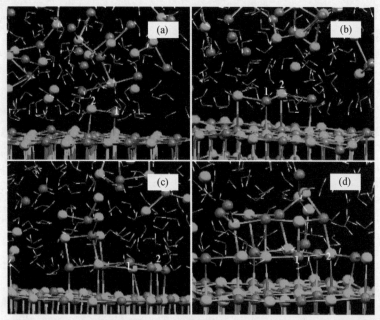

图 11.23 一个双原子晶核随时间的演化过程(Na^+ 用"1"标号,Cl^- 用"2"标号)
和前面相同,Na^+ 和 Cl^- 分别用较小的紫色球和较大的绿色球表示,水分子用弯曲的小棍表示. 各瞬时图片分别对应于时刻(a) $t=0.3\,ps$ ($300\,K$),(b) $19.59\,ps$ ($300\,K$),(c) $1200\,ps$ ($300\,K$)和(d) $2550\,ps$ ($320\,K$)

对临界晶核以上的稳定晶核做的统计表明,以 Cl^- 为中心的晶核数目比以 Na^+ 为核心的要多. 在更长时间的模拟过程中能看到比图 11.23(d)中的更大的岛,这时候 Na^+ 和 Cl^- 在岛中的配数均为 6,和体相一样.

图 11.24(a)给出了在固液界面处沉积的 Na^+ 和 Cl^- 离子的平均数量随时间的演化关系. 很明显,Na^+ 的沉积率比 Cl^- 要高得多. 在时刻 $t\approx925\,ps$ 处,Na^+ 的沉积率有一个小的回落,而 Cl^- 的沉积率则增加较快,紧接着沉积的 Na^+ 的数量也重新

上涨.这中交互涨落预示着新一轮的 Na$^+$-Cl$^-$ 沉积.在 1.2 ns 的模拟过程中,沉积的 Na$^+$ 的数量总是比 Cl$^-$ 的要多.而且,这种趋势和平衡过程中可能吸附在衬底上的极少量的 Na$^+$ 和 Cl$^-$ 的比例无关.这意味着,在早期形核的过程中,H$_2$O-NaCl(001)界面是带正电荷的.这种在固液界面处的正电荷积累将会吸引溶液中的带负电的 Cl$^-$ 沉积到衬底上.因此,杨勇等提出除了经典形核理论中固液两相的化学势差之外 [55],在于固液界面处还有一种新的,因库仑作用不平衡而导致的形核驱动力.

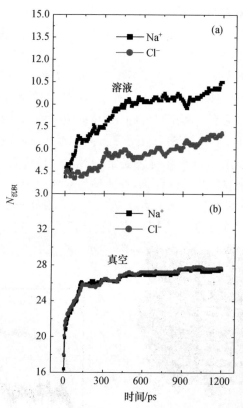

图 11.24 MD 模拟过程中 Na$^+$ 和 Cl$^-$ 在水溶液(a)和真空中(b)在 NaCl (001)面上的沉积量随时间的演化关系
每一个数据点都代表 8 个不同轨迹的平均值

为了更好地看出这种差别,杨勇等在真空条件下还做了 300 K 温度下同样体系的 NaCl 外延生长的 MD 模拟,见图 11.24(b).从图中可以看出,Na$^+$ 和 Cl$^-$ 的沉积量几乎是相同的,因此衬底在外延生长过程中是电中性的.这清楚地表明了水分子对固液界面处的早期形核的过程中的重要影响.

从图 11.22 和图 11.24 可以看出,在前 300 ps 的形核以及沉积率都比往后任何时间段要大. 这是由于过饱和度降低的缘故. 在过饱和溶液中, 形核率以及沉积率是正比于过饱和度的[56]. 在时刻 $t \approx 300$ ps, Na^+ 的平均沉积量约为 7.5, Cl^- 的平均沉积量约为 6, 这时候溶液的过饱和度相应的从 43% 降到了约 30%.

11.3.3 界面处的稳定水网

水-NaCl(001)界面处 Na^+ 和 Cl^- 的不同的沉积特性来自于固液界面处的一个相对稳定的水分子网络的存在, 见图 11.25. 当溶液里的 Na^+ 到达 NaCl (001) 面时, 他们中的绝大多数将取代吸附在 Cl^- 顶位的水分子, 这是由于 Na^+ 和 Cl^- 之间的互相吸引的库仑相互作用的缘故. 由于同样的原因, 当溶液的 Cl^- 吸附到 NaCl (001) 面时, 它们将取代吸附在 Na^+ 顶位的水分子的位置. 但是, 在 Cl^- 顶位的水分子的吸附主要通过 H-Cl^- 氢键实现, 而在 Na^+ 顶位的水分子的吸附则主要通过 O-Na^+ 吸引实现, 这比 H-Cl^- 氢键要强得多. 用第一性原理计算水分子在 NaCl (001) 面的吸附时, 发现单个水分子在 Cl^- 顶位的吸附能(0.174 eV)与 Na^+ 顶位的吸附能(0.401 eV)相差了 2.3 倍. 从图 11.25 可以看出, 停留在 Na^+ 顶位的水分子比 Cl^- 顶位的要多得多. 水分子在衬底表面的 Na^+ 的顶位附近的平均驻留时间为 8.95 ps, 而在衬底表面的 Cl^- 的顶位附近的平均驻留时间为 4.12 ps. 这些结果表明, 吸附在 Na^+ 顶位的水分子比吸附在 Cl^- 顶位的水分子要更稳定. 由于这个原因, 过饱和溶液中的 Na^+ 比 Cl^- 有更好的机会接近并且停留在 NaCl (001) 面上, 显

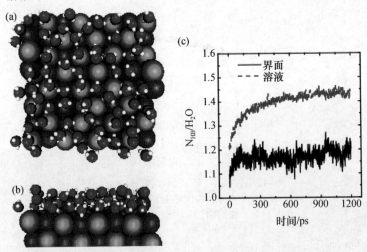

图 11.25 固液界面处的水分子网络的顶视图(a)和侧视图(b)

水分子之间的氢键用点线表示. 这个瞬时图对应 $t = 577.5$ ps 时 NaCl(001)的一面. (c)界面处和溶液内部的水分子平均氢键数目随时间的演化关系. 溶液中的氢键数目持续增加是由于持续的形核过程所致; 而界面处的氢键的增加/减少则对应于离子在 NaCl (001) 面上的脱附/沉积过程

示出更大的沉积率(图 11.24(a)).更进一步的分析显示,固液界面处的稳定水分子网络存在于距离 NaCl (001)面 5.5 Å 以下的区域里,是一个在 NaCl (001)面的法线方向的准双层结构(图 11.25(a),(b)).在过饱和溶液中,单个水分子的扩散系数为 4.77×10^{-9} m^{2}s^{-1}(TIP3P 模型的水分子在纯水中扩散系数约为 5.5×10^{-9} m^2·s$^{-1[57]}$),而在固液界面处的水分子网络里,这个数值约为 3.02×10^{-9} m^2·s^{-1}.图 11.25 (c)中给出了溶液中水分子周围的平均氢键(HB)数目约为 1.4 HB/H$_2$O,而在界面水网处约为 1.2 HB/H$_2$O,这是由于界面处的水分子和衬底成键较多的缘故.

作为比较,在理想的冰的结构中,体相和界面相的每个水分子的平均氢键数目分别为 2 和 1.75.而且,表面 X 射线衍射实验在水-NaCl (001)界面处证实了一个稳定有序的水分子网络的存在[58].

11.3.4　温度依赖

由于 NaCl 在水中的溶解度对温度的依赖性不明显,因此,当溶液的温度适当升高时,溶液的过饱和度将变化很小.例如,在 273 K 左右,NaCl 的溶解度是 35.65 g/100ml H$_2$O,而在 373 K 左右,其溶解度变为 38.99 g/100ml H$_2$O[21],这分别对应于盐和水摩尔比例为 N(NaCl):N(H$_2$O) = 1:9.1 和 1:8.3 的情况.然而,当温度升高的时候,溶质离子和水分子都显示出了更高的扩散能力,界面处水分子的影响将因此而减小,与此同时溶质的沉积率将会增大.为了证实这一点,在 1.2 ns 的模拟以后,他们把溶液温度从 300 K 逐渐升高到 320 K,Na$^+$ 和 Cl$^-$ 的沉积率都比 300 K 时的要大.逐渐的,在固液界面处,NaCl 晶核呈现出了三维岛状的生长模式.

为了研究水的影响,杨勇等还用分子动力学研究了同样的温度(300 K)和溶质、衬底的情况下,真空中 NaCl 外延生长的情形.结果同样看到了三维岛状生长.按照热力学的观点,同质外延应该是二维生长最稳定,可见动力学因素在这里起着主要的作用.在室温下,离子在衬底上的扩散能力很有限,高的过饱和度使得原子的沉积率很大,导致离子越过 ES 势垒而找到在能量上最稳定的位置的几率很小,相反,沉积离子倾向于在首先接触到的能量的局域最小点停留下来,这就导致了三维生长.对中等过饱和度($\sigma=24\%$)的溶液的 MD 模拟发现,虽然还可以看到三维岛状生长,但是岛的尺寸已经变小,而且不是那么明显了.因此可以预计,在更高的溶液温度和更低的过饱和度下,将可以看到二维岛状生长模式.

总之,经典分子动力学方法模拟 300 K 时 43% 过饱和度下水溶液-NaCl(001)固液界面处 NaCl 的早期形核生长过程表明,该条件下的临界晶核尺寸为一个 Na$^+$-Cl$^-$ 离子对.由于固液界面处的一个相对稳定的水分子网络的存在,溶液里的 Na$^+$ 和 Cl$^-$ 在 NaCl(001)衬底上表现出不同的沉积率.正负离子的这种不同的沉积特性会致使衬底带上正电荷,因此在固液界面处存在一种区别于溶液过饱和度的形核机制——溶液和衬底之间的库仑作用的不平衡作为另外一种驱动力吸引更多的溶质 Cl⁻ 离子沉积到衬底上. 在室温和高的过饱和度下,晶核的长大采取三维生长模式,这是动力学因素主导的结果. 这些结果对于理解固液界面处的结晶过程还是提供了有价值的信息,这对于如何提高溶液中晶体生长的质量是有指导意义的.

参 考 文 献

[1] W. Shockley. *Electronic energy bands in sodium chloride*. Phys. Rev. **50**, 754 (1936).

[2] M. Y. Kiriukhin and K. D. Collins. *Dynamic hydration numbers for biologically important ions*. Biophys. Chem. **99**, 155 (2002).

[3] P. Jungwirth and D. J. Tobias. *Specific ion effects at the air/water interface*. Chem. Rev. **106**, 1259 (2006)

[4] L. W. Bruch, A. Glebov, J. P. Toennies, and H. Weiss. *A helium atom scattering study of water adsorption on the NaCl(100) single crystal surface*. J. Chem. Phys. **103**, 5109 (1995).

[5] S. Fölsch, A. Stock, and M. Henzler. *Two-dimensional water condensation on the NaCl (001) surface*. Surf. Sci. **264**, 65 (1992).

[6] J. P. Toennies, F. Traeger, J. Vogt, and H. Weiss. *Low-energy electron induced restructuring of water monolayers on NaCl(100)*. J. Chem. Phys. **120**, 11347 (2004).

[7] S. J. Peters and G. E. Ewing. *Water on salt: An infrared study of adsorbed H₂O on NaCl(100) under ambient conditions*. J. Phys. Chem. B **101**, 10880 (1997).

[8] M. Foster and G. E. Ewing. *An infrared spectroscopic study of water thin films on NaCl (100)*. Surf. Sci. **427**, 102 (1999).

[9] A. Verdaguer, G. M. Sacha, M. Luna, D. F. Ogletree, and M. Salmeron. *Initial stages of water adsorption on NaCl (100) studied by scanning polarization force microscopy*. J. Chem. Phys. **123**, 124703 (2005).

[10] J. Guo, X. Z. Meng, J. Chen, J. B. Peng, J. M. Sheng, X. Z. Li,, L. M. Xu, J. R. Shi, E. G. Wang, and Y. Jiang. *Real-space imaging of interfacial water with submolecular resolution*. Nature Materials **13**, 184 (2014).

[11] B. Wassermann, S. Mirbt, J. Reif, J. C. Zink, and E. Matthias. *Clustered water adsorption on the NaCl(100) surface*. J. Chem. Phys. **98**, 10049 (1993).

[12] K. Jug and G. Geudtner. *Quantum chemical study of water adsorption at the NaCl(100) surface*. Surf. Sci. **371**, 95 (1997).

[13] A. Allouche. *Water adsorption on NaCl(100): A quantum ab-initio cluster calculation*. Surf. Sci. **406**, 279 (1998).

[14] H. Meyer, P. Entel, and J. Hafner. *Physisorption of water on salt surfaces*. Surf. Sci.

488, 177 (2001).

[15] J. M. Park, J-H. Cho, and K. S. Kim. *Atomic structure and energetics of adsorbed water on the NaCl(001) surface*. Phys. Rev. B **69**, 233403 (2004).

[16] D. P. Taylor, W. P. Hess, and M. I. McCarthy. *Structure and energetics of the water/NaCl(100) interface*. J. Phys. Chem. B, **101**, 7455 (1997).

[17] O. Engkvist and A. J. Stone. *Adsorption of water on NaCl(001). I. Intermolecular potentials and low temperature structures*. J. Chem. Phys. **110**, 12089 (1999).

[18] E. Stöckelmann and R. Hentschke. *A molecular-dynamics simulation study of water on NaCl(100) using a polarizable water model*. J. Chem. Phys. **110**, 12097 (1999).

[19] Y. Yang, S. Meng, and E. G. Wang. *Water adsorption on NaCl (001) surface: A density functional theory study*. Phys. Rev. B **74**, 245409 (2006).

[20] J. E. Nickels, M. A. Fineman, and W. E. Wallace. *X-ray diffraction studies of sodium chloride-sodium bromide solid solutions*. J. Phys. Chem. **53**, 625 (1949).

[21] D. R. Lide. *CRC handbook of chemistry and physics*. CRC Press, Boca Raton, 1996.

[22] P. L. Geissler, C. Dellago, and D. Chandler. *Kinetic pathways of ion pair dissociation in water*. J. Phys. Chem. B **103**, 3706 (1999).

[23] J. Martí and F. S. Csajka. *The aqueous solvation of sodium chloride: A Monte Carlo transition path sampling study*. J. Chem. Phys. **113**, 1154 (2000);

[24] J. Martí, F. S. Csajka, and D. Chandler. *Stochastic transition pathways in the aqueous sodium chloride dissociation process*. Chem. Phys. Lett. **328**, 169 (2000).

[25] H. Ohtaki, N. Fukushima, E. Hayakawa, and I. Okada. *Dissolution process of sodium chloride crystal in water*. Pure & Appl. Chem. **60**, 1321 (1988).

[26] H. Ohtaki and N. Fukushima. *Dissolution of an NaCl crystal with the (111) and (-1-1-1) faces*. Pure & Appl. Chem. **61**, 179 (1989).

[27] D. Zahn. *Atomistic mechanism of NaCl nucleation from an aqueous solution*. Phys. Rev. Lett. **92**, 040801 (2004).

[28] E. Oyen and R. Hentschke. *Molecular dynamics simulation of aqueous sodium chloride solution at the NaCl(001) interface with a polarizable water model*. Langmuir **18**, 547 (2002).

[29] P. Jungwirth. *How many waters are necessary to dissolve a rock salt molecule?* J. Phys. Chem. A **104**, 145 (2000).

[30] E. M. Knipping, M. J. Lakin, K. L. Foster, P. Jungwirth, D. J. Tobias, R. B. Gerber, D. Dabdub, and B. J. Finlayson-Pitts. *Experiments and simulations of ion-enhanced interfacial chemistry on aqueous NaCl aerosols*. Science **288**, 301 (2000).

[31] I. T. Rusli, G. L. Schrader, and M. A. Larson. *Raman spectroscopic study of $NaNO_3$ solution system—solute clustering in supersaturated solutions*. J. Cryst. Growth, **97**, 345 (1989).

[32] M. K. Cerreta and K. A. Berglund. *The structure of aqueous solutions of some dihydro-*

gen orthophosphates by laser Raman spectroscopy. J. Cryst. Growth **84**, 577 (1987).

[33] Y. Georgalis, A. M. Kierzek, and W. *Saenger. Cluster formation in aqueous electrolyte solutions observed by dynamic light scattering.* J. Phys. Chem. B **104**, 3405 (2000).

[34] Y. Yang, S. Meng, L. F. Xu, E. G. Wang, and S. W. Gao. *Dissolution dynamics of NaCl nanocrystal in liquid water.* Phys. Rev. E. **72**, 012602 (2005).

[35] Y. Yang, S. Meng, and E. G. Wang. *A molecular dynamics study of hydration and dissolution of NaCl nanocrystal in liquid water.* J. Phys. : Cond. Matter **18**, 10165 (2006).

[36] D. A. Case, D. A. Pearlman, J. W. Caldwell, T. E. Cheatham III, W. S. Ross, *et al. AMBER 6.* University of California, San Francisco, 1999.

[37] B. E. Conway. *Ionic hydration in chemistry and biophysic.* Elsevier, Amsterdam, 1981.

[38] J. Arsic, D. M. Kaminski, N. Radenovic, P. Poodt, W. S. Graswinckel, H. M. Cuppen, and E. Vlieg. *Thickness-dependent ordering of water layers at the NaCl(100) surface.* J. Chem. Phys. **120**, 9720 (2004).

[39] E. Stöckelmann and R. Hentschke. *A molecular-dynamics simulation study of water on NaCl(100) using a polarizable water model.* J. Chem. Phys. **110**, 12097 (1999).

[40] D. H. Powell, G. W. Neilson, and J. E. Enderby. *The structure of Cl^- in aqueous solution: An experimental determination of $g_{ClH}(r)$ and $g_{ClO}(r)$.* J. Phys. : Condens. Matter **5**, 5723 (1993).

[41] J. Anwar and P. K. Boateng. *Computer simulation of crystallization from solution.* J. Am. Chem. Soc. **120**, 9600 (1998).

[42] Y. Georgalis, A. M. Kierzek, and W. Saenger. *Cluster formation in aqueous electrolyte solutions observed by dynamic light scattering.* J. Phys. Chem. B **104**, 3405 (2000).

[43] M. Asta, F. Spaepen, and J. F. van der Veen. *Solid-liquid interfaces: Molecular structure, thermodynamics, and crystallization.* MRS Bulletin **29**, 920 (2004).

[44] T. Koishi, K. Yasuoka, and T. Ebisuzaki. *Large scale molecular dynamics simulation of nucleation in supercooled NaCl.* J. Chem. Phys. **119**, 11298 (2003).

[45] S. Auer and D. Frenkel. *Line tension controls wall-induced crystal nucleation in hard-sphere colloids.* Phys. Rev. Lett. **91**, 015703 (2003).

[46] S. Auer and D. Frenkel. *Prediction of absolute crystal-nucleation rate in hard-sphere colloids.* Nature **409**, 1020 (2001).

[47] S. Auer and D. Frenkel. *Suppression of crystal nucleation in polydisperse colloids due to increase of the surface free energy.* Nature **413**, 711 (2001).

[48] A. Cacciuto, S. Auer, and D. Frenkel. *Onset of heterogeneous crystal nucleation in colloidal suspensions.* Nature **428**, 404 (2004).

[49] H. Ohtaki and N. Fukushima. *Nucleation processes of NaCl and CsF crystals from aqueous solutions studied by molecular dynamics simulations.* Pure. Appl. Chem. **63**, 1743 (1991).

[50] D. Zahn. *Atomistic mechanism of NaCl nucleation from an aqueous solution.* Phys. Rev.

Lett. **92**，040801（2004）。

[51] J. A. Venables. *Rate equation approaches to thin film nucleation kinetics*. Philos. Mag. **27**，697（1973）.

[52] J. Maddox. *Colloidal crystals model real world*. Nature **378**，231（1995）.

[53] Y. Yang and S. Meng. *Atomistic nature of NaCl nucleation at the solid-liquid interface*. J. Chem. Phys. **126**，044708（2007）.

[54] M. Patra and M. Karttunen. *Systematic comparison of force fields for microscopic simulations of NaCl in aqueous solutions：Diffusion，free energy of hydration，and structural properties*. J. Comput. Chem. **25**，678（2004）.（The size and energy parameters of Na^+ and Cl^- are the same in PARM94 and PARM99 force field）

[55] K. F. Kelton. *Crystal nucleation in liquids and glasses*. Solid State Physics：Advances in Research and Applications **45**，75（1991）.

[56] J. Garside，A. Mersmann，and J. Nyvlt. *Measurement of crystal growth and nucleation rates，2nd edition*. IChemE，UK，2002.

[57] P. Mark and L. Nilsson. *Structure and dynamics of the TIP3P，SPC，and SPC/E water models at 298 K*. J. Phys. Chem. A **105**，9954（2001）.

[58] J. Arsic，D. M. Kaminski，N. Radenovic，P. Poodt，W. S. Graswinckel，H. M. Cuppen，and E. Vlieg. *Thickness-dependent ordering of water layers at the NaCl(100) surface*. J. Chem. Phys. **120**，9720（2004）.

第 12 章　冰的表面及表面序

自然界中,水除了液态,也大量地以固体冰的形式存在.例如,地球上 70％ 的淡水资源以冰川的形式存在.结冰、成霜乃至下雪是重要的自然现象.它们一方面调节着我们赖以生存的气候,带给人们以诗意和想象,另一方面也给人们的生产、生活带来种种不便和困扰.冬天的公路需撒盐防冰,在冰箱中若能有效地防冰可节约 40％ 的能源消耗.这些都要求我们了解冰的结构,特别是冰的表面结构,后者对于云层形成、大气化学、除冰防冻等十分关键.

§12.1　冰　的　结　构

自然界最常见的体相冰是六角冰相 Ih,这种冰在自然界中普遍存在,在云层形成、臭氧催化、岩石风化等大气和地质研究中极其重要.冰 Ih 中的氧原子规则地排列在六角形晶格上,即每个氧原子周围存在 4 个最近邻氧原子,这 4 个最近邻氧原子形成一个沿[0001]方向压缩了的准正四面体的排布.相对于完美正四面的张角 $109.47°$,冰 Ih 内组成四面体的氧原子之间的张角在沿着[0001]方向上减小为 $109.33°$,垂直于[0001]方向增大为 $109.61°$(图 12.1(a)).与氧原子的规则排布不

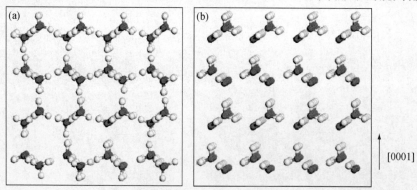

[0001]

图 12.1　体冰 Ih 和 XI 的结构
(a) 冰 Ih,内部氢原子排列无序；(b) 冰 XI,氢原子在[0001]方向上有序排布

同,冰 Ih 中的氢原子是在一定程度上的无序排布,需要满足 Bernal-Fowler-Pauling 冰规则[1−2]的约束:(1) 每个氧原子有两个氢原子成共价键;(2) 在两个氧原子之间有且仅有一个氢原子.冰规则表明冰 Ih 体内的氢原子没有规则的指向.人们发现,降温到 72 K 时冰 Ih 中无序排布的氢原子会发生从无序到有序的相变,变成冰 XI [3].如图 12.1(b)所示,冰 XI 中的氢原子是有序的排布,使得冰 XI 在沿[0001]方向上具有很大的极性.

§12.2　冰的表面序

在冰 Ih 参与的各种物理化学反应中,冰的表面在其中起到了重要的催化作用.相对于人们对冰 Ih 体相结构的认识,冰表面的研究却还很不完善.冰表面性质的一个重要的方面就是冰表面上的悬挂 OH 键指向是否有序,或者说表面氢原子分布是否有序.最近的中子散射实验中有些小衍射峰被认为与冰表面悬挂 OH 键的排布有关[4].由于实验上冰表面悬挂 OH 键的信号很微弱,无法给出更多的结构信息,更无法对冰表面的氢原子是否有序、是否存在像体内氢原子那样的有序-无序相变等问题做出回答.潘鼎等定义了一个新的序参量来描述冰表面悬挂 OH 键的有序状态[5−6]:

$$C_{\text{OH}} = \frac{1}{N_{\text{OH}}} \sum_{i=1}^{N_{\text{OH}}} c_i, \tag{12.1}$$

其中 N_{OH} 是表面体系中总的悬挂(即未成氢键)的 OH 数目,c_i 是第 i 个悬挂 OH 周围的最近邻悬挂 OH 键的数目.这样冰表面氢原子的有序态可以得到完全的定量描述:$C_{\text{OH}} = 2$ 对应于类似反铁电排列的情况;$C_{\text{OH}} = 3$ 对应于最无序的表面;$C_{\text{OH}} = 6$ 对应于类似铁电(冰 XI)、全部朝上的 OH 排列.几种典型的冰表面悬挂 OH 的分布排列情况如图 12.2 所示.这是人们第一次给出了描述冰表面有序态的定量方法.这种方法非常有效.比如,人们发现冰表面的表面能和 C_{OH} 成简单的线性关系(图 12.2 和图 12.3),可用来方便地推测形成的冰表面的稳定性情况.他们对这种有效性进行了分析.结果表明,冰的表面能是由悬挂 OH 之间的静电排斥力决定的,即

$$\gamma_{\text{Ih}} \approx \gamma C_{\text{OH}=2} + \frac{q^2}{4d_{\text{HH}}\sigma}(C_{\text{OH}} - 2). \tag{12.2}$$

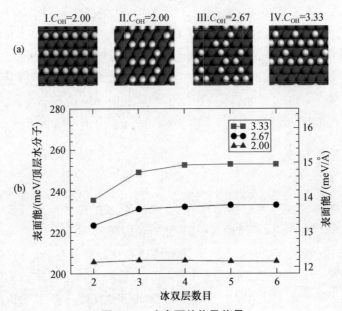

图 12.2 冰表面结构及能量

（a）几种典型的冰表面悬挂 OH 分布；（b）不同表面序的冰层的表面能与冰层厚度的演化关系

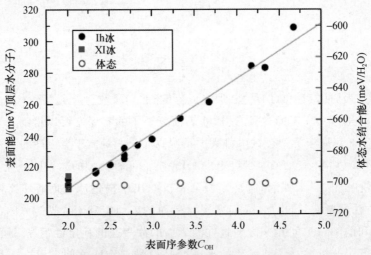

图 12.3 冰表面能与表面序参数 C_{OH} 的关系

§12.3 冰表面氢指向的结构相变

与体相冰的氢原子在 72 K 时发生从无序到有序的相变不同,冰表面的氢原子排布随热力学的涨落呈现不同的性质. 潘鼎等人采用蒙特卡罗方法研究了不同温度下冰表面氢原子排布的有序度[5]（表 12.1）. 他们模拟了包括 6 层的冰结构, 其中第一层为最外层, 第三层为内层. 为了避免冰表面熔化的影响, 他们将氧原子的位置固定, 只考虑氢原子也就是悬挂 OH 键指向不同造成的能量变化. 他们发现在冰表面熔点以下, 冰 Ih 表面第一层的序参量一直接近 0, 也就是说 OH 键排布非常稳定, 在冰 Ih 表面熔化之前没有发生悬挂 OH 键排布从有序到无序的相变. 表 12.1 中第二层和第三层的序参量都比较大, 反映了冰 Ih 内部氢原子排布的无序情况.

表 12.1　蒙特卡罗模拟序参量随温度的变化关系

T/K	第一层	第二层	第三层
40	2.00 (0.000)	2.42 (0.041)	2.44 (0.007)
100	2.00 (0.000)	2.48 (0.020)	2.58 (0.026)
200	2.13 (0.003)	2.70 (0.022)	2.75 (0.028)
500	2.33 (0.011)	2.71 (0.020)	2.74 (0.023)

§12.4　冰表面的空位

基于对冰表面有序性的研究, 王恩哥小组和英国合作者们又进一步研究了冰表面的空位结构和其化学活性[7]. 基于第一性原理计算, 他们有了出乎意料的发现: 冰表面形成一个水分子的空位所需要的能量（空位形成能）最小可以达到 0.1~0.2 eV（图 12.4）. 这大大小于在体相冰中形成一个水分子空位所需的能量, 为

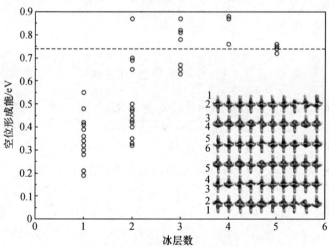

图 12.4　不同冰层深度上水分子的空位形成能分布
插图表示的是冰层的结构及每个层的标号

0.74 eV. 这说明冰表面可能存在有大量的空位, 而大量空位的存在必然影响了表面冰的化学活性. 这改变了人们之前普遍认为冰活性与表面空位关系不大的认识, 也解释了为什么冰表面在大气化学反应中这么活跃. 他们的计算进一步揭示表面上冰空位的形成能变化范围很大, 可在 0.2~0.9 eV 范围内改变. 这主要取决于表面的有序性和表面分子构型弛豫所造成的影响. 比如相比于体态冰中的水分子所有的固定大小的偶极矩而言, 冰表面水分子的偶极矩的分布也有巨大变化, 与空位能量变化的趋势一致 (图 12.5).

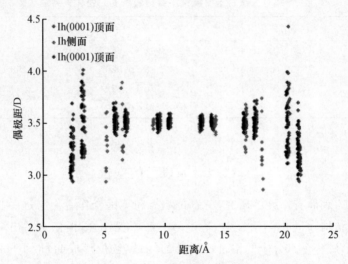

图 12.5 不同深度的冰层中水空位引起的偶极矩的分布
考虑了 Ih(0001) 顶面 (使用两种不同的 OH 分布) 和侧面的情况

§12.5   冰表面的吸附

最近孙兆茹等进一步直接研究了冰表面的化学性质. 他们以极性小分子 (如 H_2O、H_2S 等) 在冰表面上的吸附为例, 研究冰表面不同结构对其反应性能和吸附特性的影响[8]. 他们发现, 水分子在冰表面有两种吸附位置, 一个是水分子通过两到三个氢键吸附在空位上 (A1 类型), 另一种是吸附在顶位上, 与冰表面中的一个水分子形成一个氢键 (A2 类型), 见图 12.6. 这两种类型的吸附能量有所不同, A1 类型吸附略高于 A2 类型的吸附. 但是, 不管哪种吸附位形, 水极性分子在冰表面的吸附能变化都比较大, 且与冰表面的质子序参量直接相关: 最有序的冰表面吸附分子能力最强, 序参数最小的表面的吸附能力基本上最弱, 如图 12.7 所示. 最终, 他们把这种效应归结于表面 OH 有序分布所产生的电场分布的变化 (见图 12.8): 有序表面产生极大的表面电场, 对极性分子吸附自然最强.

这对于 H_2O, H_2S 等极性分子均成立, 虽然 H_2S 分子在冰表面的吸附能要比 H_2O 要小 $0.2 \sim 0.4 \, \text{eV}$. 这个发现对于冰的生长动力学、云层化学反应都有着极为重要的意义.

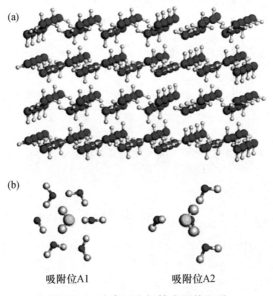

图 12.6　冰表面上极性分子的吸附

（a）冰层结构；（b）两种典型的吸附位 A1 和 A2

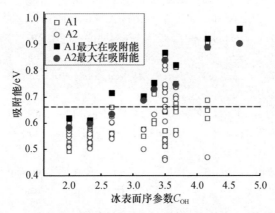

图 12.7　水分子在冰表面的吸附能与冰表面序参数 C_{OH} 的依赖关系

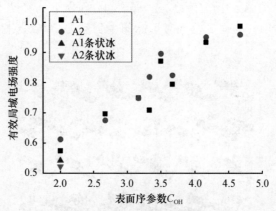

图 12.8 冰表面有效的局域电场强度与表面序参数 C_{OH} 的关系

参 考 文 献

[1] L. Pauling. *The structure and entropy of ice and of other crystals with some randomness of atomic arrangement*. J. Am. Chem. Soc. **57**, 2680 (1935).

[2] J. D. Bernal and R. H. Fowler. *A theory of water and ionic solution, with particular reference to hydrogen and hydroxyl ions*. J. Chem. Phys. **1**, 515 (1933).

[3] S. Kawada. *Dielectric dispersion and phase transition of KOH doped ice*. J. Phys. Soc. Jap. **32**, 1442 (1972).

[4] V. Buch, H. Groenzin, I. Li, M. J. Shultz, and E. Tosatti. *Proton order in the ice crystal surface*. Proc. Nat. Acad. Sci. USA **105**, 5969 (2008).

[5] D. Pan, L. M. Liu, G. A. Tribello, B. Slater, A. Michaelides, and E. G. Wang. *Surface energy and surface proton order of ice Ih*. Phys. Rev. Lett. **101**, 155703 (2008).

[6] D. Pan, L. M. Liu, G. A. Tribello, B. Slater, A. Michaelides, and E. G. Wang. *Surface energy and surface proton order of the ice Ih basal and prism surfaces*. J. Phys. Condens. Matter. **22**, 074209 (2010).

[7] M. Watkins, D. Pan, E. G. Wang, A. Michaelides, J. Vande Vondele, and B. Slater. *Large variation of vacancy formation energies in the surface of crystalline ice*. Nature Materials **10**, 794 (2011).

[8] Z. R. Sun, D. Pan, L. M. Xu, and E. G. Wang. *Role of proton ordering in adsorption preference of polar molecule on ice surface*. Proc. National Acad. Sci. USA **109**, 13177 (2012).

第 13 章　水中 H 的量子化行为

氢是自然界质量最小的化学元素,其质量仅约为电子 1836 倍,因而在凝聚态体系中,氢常常表现出其量子行为.这些情况下把氢作为质点的经典模型已不够准确,需要考虑氢的量子性.氢是水的主要组成元素,因而氢的量子性在处理水相互作用时也常常能表现出来.

§13.1　体态水中的量子行为

一个最显而易见的例子就是水中 H 的传输.根据化学平衡理论,纯水的 pH 为 7,即水中 H^+ 的浓度为 10^{-7} mol/L(OH$^-$ 离子浓度与之相同),也即约每 5 亿个水分子中有 1 个 H^+.在水中 H^+ 以水合物 H_3O^+ 的形式存在.这个 H^+ 并不固定在某一个水分子上,而是沿着氢键方向以一定速率在水中传输,表面上看起来似乎是 H_3O^+ 在传输.这就是 H^+ 离子输运的 Grotthuss 机制,对于水溶液化学和生物过程至关重要.由于 H^+ 的质量很小,在不同的水分子间转移时会表现出强烈的量子效应.

图 13.1 中展示的是用路径积分分子动力学模拟的水中 H_3O^+ 的成键和运动

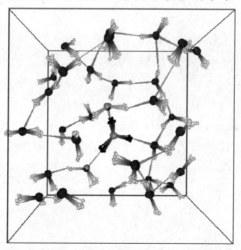

图 13.1　路径积分分子动力学模拟中的一个体态水位形[1]
方框表示模拟原胞的大小

情形. 每个原子, 特别是 H 原子, 都用多个小球的密度分布表示. 每个小球对应于路径积分中的一个路径. 从图中看出, 多出的 H^+ 已基本被周围两个 O 所共用, 在随后的过程中可能发生转移. 该过程虽然基本上是热力学过程, 但氢的量子化效应发挥了重要影响 (图 13.2). 比如在经典图像中 H 在发生转移时在该位形的水簇中的转移势垒是 24 meV, 远小于 H 的零点振动能[1]. 如果考虑 H 的量子效应则没有势垒. 另一方面, 量子效应使得 H^+ 的回转半径 (即 H^+ 被共享的范围) 从经典图像中的 0.9 Å 增加到 1.3 Å, 使得 H^+ 更加非局域化.

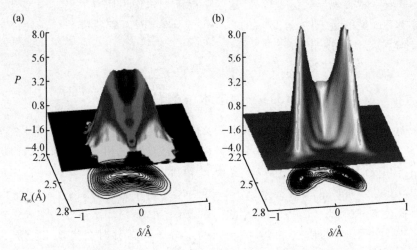

图 13.2　300 K 下水中 H 传输时的分布情况[1]

R_{OO} 是该 H 原子连接的两个氧原子间距; δ 表示该 H 原子与这两个 O 原子的距离差. (a) 量子图像; (b) 经典图像

水中 OH 的传输十分类似, 但也有不同[2]. 路径积分分子动力学模拟显示, OH 周围有 4 个最近邻水分子. 与 H 传输形成 $H_5O_2^+$ 过渡结构不同, OH 传输时形成 $H_3O_2^-$ 结构 (图 13.3). 考虑到 H 的量子效应, OH 转移势垒从经典图像中的 55 meV 降低到了 15 meV (图 13.4). 同时, 由于 $H_3O_2^-$ 结构中即使考虑到了量子效应也存在着双势阱, 表明 $H_3O_2^-$ 中 H 只是短暂被共用, 是一个不稳定的过渡态. 这与 $H_5O_2^+$ 形成较稳定 H 被共用的量子状态不同, 说明不能简单地把 OH 传输过程当作 "H 的空位" 的传输.

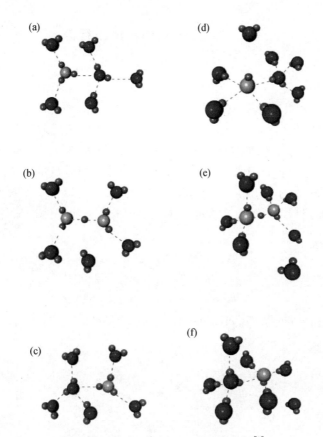

图 13.3　水中 H$^+$ 和 OH$^-$ 的传输路径[2]

（a）～（c）水中 H$^+$ 传输的常见路径；（d）～（f）OH$^-$ 传输的常见路径

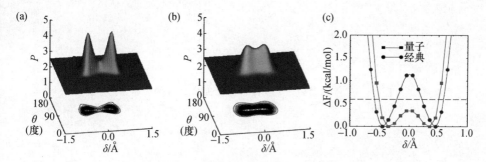

图 13.4　OH$^-$ 传输时 H 的分布情形[2]

角度 θ 是 OH$^-$ 和转移的 H 所连接的两个 O 之间的夹角；δ 表示该 H 原子与这两个 O 原子的距离差.

（a）经典图像；（b）量子图像；（c）经典和量子的反应势垒

§13.2 受限水中的量子行为

水在受限条件下会展现出与体态不同的物理化学性质. 人们发现利用碳纳米管可以形成受限水链, 并且质子可以通过这样的受限水链通道实现快速传输[3]. 陈基等人详细比较了体态水和碳纳米管中受限水链上质子传输的过程[4], 发现质子在受限水链上的量子行为比体态中更明显. 在体态水中量子效应使得传输过程中的质子被两个氧所共用形成 Zundel $H_5O_2^+$ 结构, 这种结构被认为是体态水中质子的稳定存在状态. 而在受限水链上, $H_5O_2^+$ 甚至 $H_7O_3^+$ 都只是量子化的质子的稳定状态中的瞬时态. 质子表现出很强的非局域性, 其分布可以一直覆盖水链上的 5 个水分子. 这种非局域的质子分布在受限水中表现的十分明显(图 13.5).

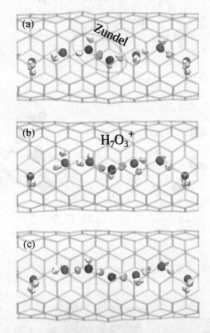

图 13.5 H 在碳纳米管受限水链上传输时 H 的分布情形[4]

(a) Zundel($H_5O_2^+$)的位形; (b) $H_7O_3^+$; (c) 质子非局域地分布在多个氢键上

§13.3 表面水二聚体的量子扩散

从一个到数个水分子形成的小团簇在金属表面上的吸附也引起了人们的广泛关注. 通常认为单个水分子在金属表面上只在极低的温度下(<20 K)才稳定存在,

它们很容易扩散(势垒为 0.1~0.3 eV)而形成团簇.这个快速扩散的过程被 Mitsui 等人用 STM 在 Pd(111)上直接观察到了[5].在 40 K 时,单个水分子迅速扩散,碰撞形成水分子二聚体、三聚体等.令人吃惊的是,形成的水的二聚体会以比单分子快 4 个量级的速率在 Pd(111)扩散[5].2002 年,孟胜等就计算了水分子二聚体的在金属表面的吸附结构[6,7]:水分子都在顶位;二聚体中一个分子位置较低,位形接近于吸附的单分子,另一个较高,接受一氢键和前者相连.势垒计算表明,如果采用简单的水分子从原子顶位跳跃到下一顶位的扩散模型,水的二聚体和单体具有相近的势垒,约 150 meV,不足以解释观察到的现象[7].为了解释这一现象,Ranea 等人提出 H 的量子行为有关键的影响[8]:二聚体扩散通过上分子旋转、上下分子交换、新的上分子旋转三个步骤来实现,旋转过程的势垒很小,约为 5 meV.上下分子交换过程主要牵扯 H 的位置变化,如考虑到 H 的量子效应,隧穿通过该交换势垒(220 meV),则二聚体扩散可以很快进行,在低温下比热扩散快若干量级.这是一个解释表面水吸附动态不得不考虑 H 的量子效应的极好的例子,见图 13.6.

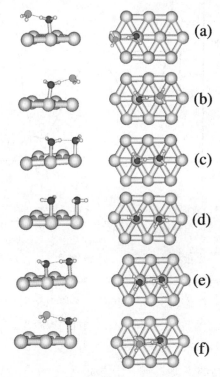

图 13.6　Pd(111)表面上水扩散的量子行为[8]

§13.4　表面氢键的量子性

对于表面水层,氢的量子效应在其结构转换和分解中也起着关键作用.

前所叙及,在 Pt(111) 表面上存在着 H-up 的双层结构和 H-down 的双层结构.他们之间可以通过上半层的水分子旋转来实现他们之间的转变.通过第一性原理计算中的 NEB 方法,我们计算了转变势垒,并用一个四次函数拟合得到了势能曲线,如图 13.7 所示.势阱 A 和 B 分别表示 H-up 和 H-down 的双层结构,其能量差约为 24 meV.从势阱 A 转变到势阱 B 需要克服一个约为 $E_c = 76$ meV 的经典迁移势垒.

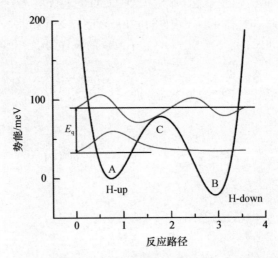

图 13.7　Pt(111) 表面上 H-up 的双层结构向 H-down 的双层结构转变的拟合势能曲线以及对应的两个本征值和本征波函数

我们考虑氢运动的零点能对这个转变势垒的修正.假设在水分子进行量子转动时,质量重的 O 原子是静止的,那么在这个势中水转动所对应的薛定谔方程的解就确定了一些低能的束缚态.图 13.7 也展示了该双势阱中水分子旋转所对应的本征能量与对应的本征波函数.我们发现能量最低的束缚态主要分布在势阱 B 中,为基态(未显示).而能量次低的束缚态本征能为 $E_{A0} = 33$ meV.这个态主要分布在势阱 A 中.其他能量稍高的束缚态则位于不低于 $E_{A1} = 90$ meV 的位置,该能量已经高于经典迁移势垒 E_c,其波函数扩展到整个双势阱里.这样,考虑在水中的量子转动,H-up 向 H-down 结构的转变所对应的量子势垒为 $E_q = E_{A1} - E_{A0} = 90 - 33 = 57$ meV,比经典的迁移势垒低 19 meV[9].将水分子换成 D_2O 分子,其量子势垒将增加 4 meV.

在低温的情况下,质子隧穿通过势垒的过程非常重要,甚至是起主导作用的. 用 WKB 近似得到的隧穿概率为

$$\Gamma = e^{\frac{-2}{\hbar} \int \sqrt{2m[V(x)-E]}dx} \sim e^{-\alpha \sqrt{E_q}} \tag{13.1}$$

其中, α 的数值取为 $24\, eV^{-1/2}$,对应于 2 个 H 的质量和两个分隔 1.4 Å 的势阱的情形. 量子隧穿几率和热运动越过势垒的几率分别为

$$D_q = W e^{-\alpha \sqrt{E_q}}, \quad \text{对应于量子隧穿过程}, \tag{13.2}$$

$$D_c = W e^{-E_q/k_B T}, \quad \text{对应于热运动过程}, \tag{13.3}$$

其中 W 为 H 运动的尝试频率, $W = \dfrac{k_B T}{h}(e^{\hbar \omega/k_B T} - 1)$. 在低于 115 K 的温度下,选择合理的参数得到的结论是:量子隧穿率主导了 H-up 与 H-down 结构间的转变,即此时 $D_q > D_c$. 在此温度下,隧穿率为 $2 \times 10^{11}\, s^{-1}$.

利用相同的方法,并考虑氢原子的量子运动,我们还可以得到如下结论:量子效应使双层 D_2O 和 H_2O 的结构在 Ru(0001) 衬底上的分解势垒分别低了 30 meV 和 100 meV. 此前利用 NEB 方法得到的经典的分解势垒为 0.62 eV. 与 0.53 eV 的脱附势垒相比,考虑到量子效应后 H_2O 层的分解势垒低于水脱附的势垒,而 D_2O 层的分解势垒则仍然高于水脱附势垒. 这表明在升温时 H_2O 会先于脱附首先分解,而 D_2O 则会先脱附,不能分解. 不同的 H_2O 和 D_2O 层的分解势垒也正好解释了在低温实验中一部分的 H_2O 会发生分解,而没有 D_2O 会分解的原因,表明表面水层中量子效应的重要性.

另外,通过系统的路径积分分子动力学模拟,李新征等详细总结了金属表面水层中氢的量子特性的影响[10]. 他们发现,在 OH 根和水的混合体系,考虑到 H 量子效应之后,H 转移的势垒被大大消减. 而且,在不同的金属表面上,体系中部分 OH 化学键和氢键之间的差别变得要么很小(Pt(111)、Ru(0001)),要么甚至消失(Ni(111)). 这导致 H 被最近的两个 O 原子完全共享,已经不能分辨哪个是 OH 键,哪个是 H 键. 经典和考虑 H 量子效应后的 O-H 分布、O-O 分布的对比见图 13.8 所示.

基于以上结果,他们提出了量子效应对氢键作用修正的规律[11]:对于强的氢键,H 的量子效应倾向于把重原子(比如 OO)间距拉的更短;对于较弱的氢键,量子力学效应的修正则会把重原子间距拉的更长. 这是由于量子化使得 H 的分布更加非局域化造成的. 若把形成氢键的 OH 振动频率和自由的未形成氢

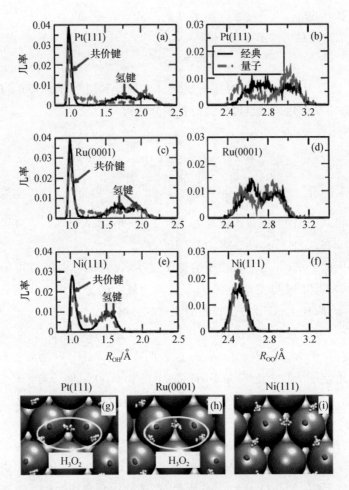

图 13.8   不同金属表面上 OH 间距和 OO 间距的分布几率[10]
经典和量子图像得到的结果都展示于图中.下图是路径积分分子动力学模拟得到的水结构

键的 OH 振动频率比值作为氢键强度的标度(0.5 对应极强,1 对应极弱),那么这种强弱氢键的分界点在 0.7 左右(图 13.9).这种氢键强度标度与氢键的能量有一一对应关系:氢键越弱,其标度越接近于 1,反之,氢键越强,其标度值越小.以上规律对于水、HF、有机分子中的氢键普遍成立,对气、液、固体中的氢键也成立,所以是一个普适规律.由于 D 的质量较大,其量子效应较弱,处于 H 量子行为和经典行为之间,这对于理解同位素标定实验结构和同位素效应也非常重要.

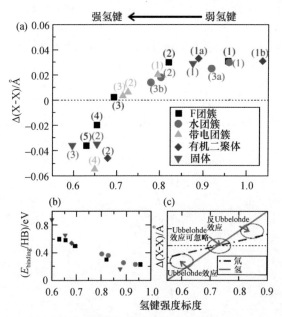

图 13.9　氢核的量子效应对氢键的影响

（a）量子效应对形成氢键的重元素之间距离(X-X)的修正[11]：Δ(X-X)＞0，即 H 量子化后 X-X 距离比经典值要大，Δ(X-X)＞0，即考虑 H 量子效应后 X-X 距离比经典值要小.（b）氢键的能量与氢键强度标度的对应关系.（c）H 和 D 的量子效应比较

参 考 文 献

［1］D. Marx，M. E. Tuckerman，J. Hutter，and M. Parrinello. *The nature of the hydrated excess proton in water*. Nature **397**，601 (1999).

［2］M. E. Tuckerman，D. Marx，and M. Parrinello. *The nature and transport mechanism of hydrated hydroxide ions in aqueous solution*. Nature **417**，925 (2002).

［3］C. Dellago，M. M. Naor，and G. Hummer. *Proton transport through water-filled carbon nanotubes*. Phys. Rev. Lett. **90**，105902 (2003).

［4］J. Chen，X. Z. Li，Q. Zhang，A. Michaelides，and E. G. Wang. *Nature of proton transport in a water-filled carbon nanotube and in liquid water*. Phys. Chem. Chem. Phys. **15**，6344 (2013).

［5］T. Mitsui，M. K. Rose，E. Fomin，D. F. Ogletree，and M. Salmeron. *Water diffusion and clustering on Pd(111)*. Science **297**，1850 (2002).

［6］S. Meng，L. F. Xu，E. G. Wang，and S. W. Gao. *Vibrational recognition of hydrogen-bonded water networks on a metal surface*. Phys. Rev. Lett. **89**，176104 (2002).

［7］S. Meng，E. G. Wang，and S. W. Gao. *Water adsorption on metal surfaces：A general picture from density functional theory studies*. Phys. Rev. B **69**, 195404 (2004).

[8] V. A. Ranea1, A. Michaelides, R. Ramírez, P. L. de Andres, J. A. Vergés, and D. A. King. *Water dimer diffusion on Pd{111} assisted by an H-bond donor-acceptor tunneling exchange*. Phys. Rev. Lett. **92**, 136104 (2004).

[9] Z. J. Ding, Y. Jiao, and S. Meng. *Quantum simulation of molecular interaction and dynamics at surfaces*. Front. Physics **6**, 294 (2011).

[10] X. Z. Li, M. I. J. Probert, A. Alavi, and A. Michaelides. *Quantum nature of the proton in water-hydroxyl overlayers on metal surfaces*. Phys. Rev. Lett. **104**, 066102 (2010).

[11] X. Z. Li, B. Walker, and A. Michaelides. *Quantum nature of the hydrogen bond*. Proc. National Acad. Sci. USA **108**, 6369 (2011).

第 14 章　表面限制下的水相变

在水的种种奇特性质之中,相变是最引人关注和最复杂的一个.一个标准大气压下液态水到冰的相变温度被定义为摄氏零度.该温度比同等质量的分子的固液相变温度高 100 多度! 水的三相点和临界点都是当前研究热点.低温下是否存在水的液液相变仍有极大争议,是最活跃的研究领域之一.水的玻璃态转变和几种无定形冰之间的相变除了是前沿探索的基础课题外,对于生物学和食品科学也至关重要.此类研究篇幅浩大,著述甚多,本章仅提及与表面限制有关的一些水的相变研究,以窥豹一斑.

§14.1　纳米管中的水相变

在表面势场的限制下,水发生相变的规律和条件都发生改变.一维碳纳米管中的水相变就是一个有趣的例子.美国内布拉斯加大学林肯分校曾晓成等通过经典分子动力学模拟发现,在碳纳米管内部随着直径的不同水分子连接形成奇特的四角、五角、六角、七角的管状冰(见图 14.1).显而易见,这些冰结构与自然界具有六角对称的体相冰 Ih 及雪花等非常不同.这些纳米冰管在温度升高或轴向压力的诱导下能够发生固态到液态的相变,其表现之一就是水分子的密度分布从管状变化为从碳管中心到管壁比较连续的分布(图 14.2).更令人吃惊的是,在较细的管内存在有一个相变临界点,在该点之上,冰与液态水没有差别,它们之间的相变为连续相变.这从温度升高到 330~360 K 时,压力诱导的固液相变点处势能和体积的阶梯式突变都逐渐消失可以看出(见图 14.3).这表明受限条件下的水有着完全不同于体态水的性质[1].

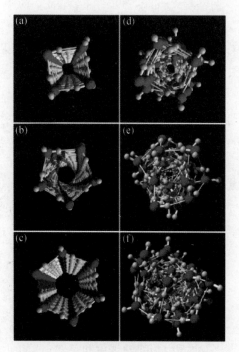

图 14.1　水在不同管径的碳纳米管的限制下呈现不同的结构[1]

　(a),(b),(c)分别是(14,14),(15,15),(16,16)碳纳米管(未显示)中的冰结构;(d),(e),(f)是对应的冰熔化后的无序结构

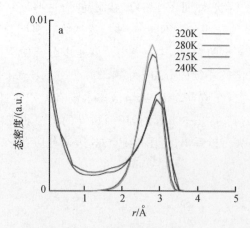

图 14.2　水在(16,16)碳纳米管中不同温度下的密度分布

固定轴向压强为 50 MPa.密度分布的变化表明在 275 K 和 280 K 之间发生了冰水相变

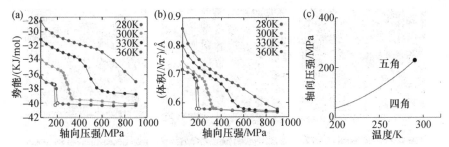

图 14.3 纳米管中水在不同温度下的势能(a)和体积(b)随着轴向压强的变化及(c)该相变所对应的相图

较高温度下相变中势能和体积突变消失,表明相变从一级相变转变为连续相变.在较高温度和压力下出现相变临界点

§14.2 单层水的相变

水在两个平行平板的限制下也表现出不同寻常的相变特征.采用表面疏水的平板,即保证表面和水仅有微弱的范德瓦尔斯力.逐渐减少两层板之间的距离.通过分子动力学模拟,Zangi 等人[2]发现在板间距处于 $0.51 \sim 0.55$ nm 时,液态的水会突然凝聚起来.这表现在水平方向的扩散系数,下降了约三个数量级,从 10^{-5} cm^2/s 变为 10^{-8} cm^2/s(图 14.4).这表明水发生了液态到固态的变化.这时两层板之间形成的单层冰的结构呈菱形,如图 14.5 所示.这是一个不同于普通六角 Ih 的特殊的水相.

进一步压缩层间距,水分子扩散系数急剧增加,恢复到 5×10^{-5} cm^2/s,表明受限水层又从菱形冰相变为液态水相.结构分析表明,水的菱形结构变成单层无规排列的液态水层.

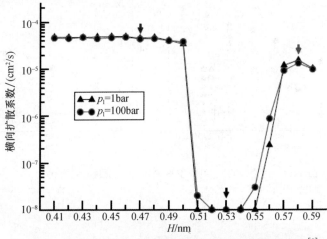

图 14.4 疏水平板间的水层横向扩散系数随层间距的变化[2]

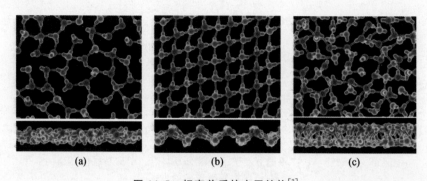

图 14.5　相变前后的水层结构[2]

(a),(b),(c)分别对应于上图中平板间距 H 为 0.47,0.53,0.58 nm 的情形

　　进一步研究平板限制下的水相变. 采用分子动力学模拟研究,Stanley 等人[3]发现在低的密度下($p < p_c = 1.33\ g/cm^3$)冰呈六角结构,对冰层升温,发生从冰到水的相变,该过程伴随着体系势能的突变,约为 $3 \sim 6\ kJ/mol$. 这说明冰层发生一级相变. 然而在较高的水密度下($p > p_c = 1.33\ g/cm^3$)冰呈四角菱形结构,冰到水的相变过程中体系势能逐渐增加,并没有发生突变(图 14.6). 这表明在高密度的受限水层中,冰到液态水的相变是连续相变,相变前后两种相的结构并没有明显突变. 也就是说,同纳米管中的一维受限体系一样,在二维受限的体系中也存在着相变的临界点,超越该临界点,固体冰和液态水的结构区别消失. 在体态水中,只有液态到气态的相变存在临界点,在固态液态之间的相变不存在临界现象. 然而这种固液相变中的临界现象在受限的体系中也存在,是十分有趣的现象. 根据模拟结构总结的二维受限水的相图见图 14.7.

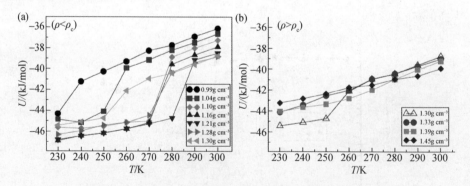

图 14.6　平板限制下不同密度的水势能随温度的变化关系[3]

(a) 密度小于临界密度的情形(即一级相变体系);(b) 水密度大于临界密度的情形(连续相变体系)

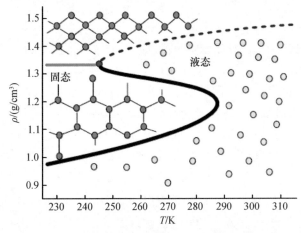

图 14.7 两层平板限制下的水的相图[3]

可以预料,即使只有一层表面的限制,或表面上存在着纳米级粗糙结构,只要受限效应比较显著,这种受限水体系中的奇怪相变临界现象在表面上也可以发生. 除了固液相变,可能对于其他形式的相变,比如超冷水的液液相变,也可能存在有不同于体相的相变规律.这等待着人们进一步的实验验证和持续的探索.

§14.3 压力诱导的水相变

作为一个例子,下面我们详细讨论两个金属平板中在压力作用下发生的冰水相变过程.特别地,我们试图从电子作用的角度,从第一性原理出发来理解受限条件下相变发生的过程.

水受限制和压缩会导致两种不同的影响:(1)几何空间的缩减导致水分子之间氢键变短;(2)导致水分子之间氢键的断裂和重新合成.这两种影响取决于受限水的原子结构,最终取决于这些原子之间的电子的相互作用.后者与引入了限制和压力后产生的宏观边界条件有关.因此,原子间相互作用和几何限制的自洽描述,对于理解受限水和它对压力的响应是很重要的.以前的计算都是基于经典的分子动力学模拟,其中使用水与水之间,水与表面之间相互作用的模型势.水与表面之间的相互作用通常由一些人工确定的近似模型势来描述,比如硬壁(hard wall)模型,或包含了镜像力的有效势.这些模型势方法能够大略给出受限水的特征,但是不能细致地解释在动力学的限制和压力下界面上的电子相互作用,不能对对电子分布和电荷转移过程提出深入的见解.迄今为止,用从头计算法来描述限制和压力是计算机模拟的一个巨大挑战,这主要是由于受限界面上的原子结构和化学结构比较复杂,以及从头计算法计算消耗过高的缘故.

基于密度泛函理论对原子作用的描述,我们用从头计算分子动力学方法对由压力所导致的受限水的熔化过程进行了研究[4].该研究在金属板面(Pt(111))间放一个很薄的冰层(Ice Ih),并逐渐减少薄膜的厚度来模拟由压力造成的冰的熔化过程.我们发现,大约在 0.5 GPa 的压强下冰就开始熔化,相应地,体积也缩减了 6.6%,与体态冰相变时的体积变化相一致.压力继续增加导致液态水的温度线性地升高.液相表现出水分子的扩散及频繁氢键断裂和再结合的特征.限制和压力导致的冰和液态水中非平衡的动能分布,经过皮秒量级的弛豫时间重新达到平衡态.我们观察到了界面上由于限制和压力引起的电子重新分布.我们的结果表明了第一性原理计算描述受限水及其相关的现象的可行性和必要性.

取 4 层的 Pt(111)面,中间放 4 个双层的 $2\sqrt{3}\times2\sqrt{3}R\,30°$ 的薄层冰薄膜,其中包含有 32 个 H_2O 分子.一个 Pt-H_2O 接触界面(底层)和双层冰的最佳吸附位形相吻合,而另一个界面(顶层)和冰结构不相匹配.这使得我们可以同时研究界面处的水和受限域的水.我们通过改变原胞在 z 方向的长度来模拟对冰膜施加压力的过程,从平衡的距离 $z=23.41$ Å$(\Delta z=0)$ 一直压缩到 $z=21.91$ Å$(\Delta z=-1.5$ Å$)$,薄冰上下方的距离等同地减少.压缩过程中 Pt 原子维持在体材中的固定位置上(晶格常数为 3.99 Å),这是因为自由的 Pt(111)表面或者在几个 GPa 的压强下的表面上,Pt 原子的位置弛豫很小(2%).计算中使用了超软赝势和 PW91 的交换关联能,能量截断取 300 eV,取单个 k 点$(1/2,1/2,0)$,模拟时,时间步长为 0.5 fs.

图 14.8 表明了水膜中原子平均动能(即温度)随着其厚度的变化(Δz)的关系.在 MD 模拟中,这些动能是对 0.5~1 ps 的通道中所有位形求平均的结果.很显然,这条曲线被分成了两个区域:(1) 从 $\Delta z=0$ 到 $\Delta z=-0.875$ Å,是一个平滑的区域.(2) 从 $\Delta z=-0.875$ Å 到 $\Delta z=-1.5$ Å,是一个近乎线性的区域.这个平滑的区域表明:在冰膜受压缩的最初的阶段,冰的内部势能不发生很大变化,这是因为块体的冰在平衡体积附近势能很平缓的缘故[5].这也是冰-水或其他固液相变中潜热的由来.所以这个平滑的区域对应于固态的冰.不断地增加压力,当$-\Delta z>0.875$ Å 时,水膜动能很快地增加,同时势能也快速地增加,显示了外界做功转化为水膜的内能的过程.因此,动能快速地增加标志着液态水的形成.在 $\Delta z=-0.875$ Å 时,动能的突然增加显示这是固态-液态的一级相变.临界点处水膜厚度的变化,对应于 6.6% 的体积变化,并与块体的冰相变时体积改变了 6.4% 的实验结果[6]吻合得很好.压缩导致氢键的缩短和能量的转移,就是图 14.8 中冰熔化的原因.在 MD 模拟中,通过对表面 Pt 原子的受力求平均,我们就能求得加在 Pt 表面上的压强,它也就是加在水膜上的压强值.通过估计,$\Delta z=-1$ Å 的压缩大约对应于 0.5 GPa 的压强.

利用得到的压强 p,温度 T 和体积 V,我们在图 14.9 中画出了作为膜厚的函数 pV/nRT 的图示曲线(实线).从图中可以看出,这个量的增加几乎与膜厚成线

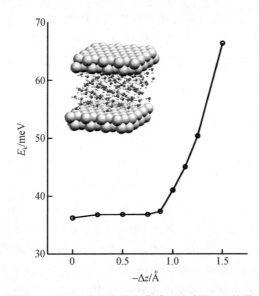

图 14.8　原子平均动能随水薄膜厚度变化 Δz 的关系

动能对应的温度分别是 $280, 284, 285, 285, 289, 317, 348, 375, 513$ K. 插图显示模拟所用的模型

性关系. 较大的振荡, 是因为所求得的压强有些振荡, 来源于有限的 MD 模拟时间和有限的系统大小. 虚线是根据解析的状态方程得到的, 即文献[7]中液态水的状态方程(19). 尽管有些振荡, 在整个相变区域模拟得到的状态方程与解析方程仍然吻合得很好. 特别要指出的是: 对于没被压缩的冰膜($\Delta z = 0$ Å), 这两个结果都一致, 即 $pV/nRT \approx 0$. 很有趣的是这条解析曲线在相变点 $\Delta z = -0.875$ Å 附近出现了一个微弱的拐点. 两条曲线的一致性证明了我们的压强估计方法的正确性, 也证

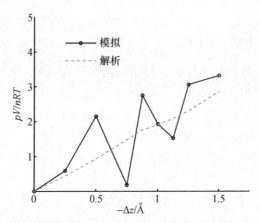

图 14.9　模拟得到的物理量 pV/nRT 随水膜厚度变化 Δz 的关系

虚线是从解析的状态方程得到的结果

明了体态的状态方程基本正确地描述了这里的受限水系统.

在分子动力学模拟中,原子的轨迹能够显示薄膜的相变过程.图 14.10 展示了水分子中的 O(左图)和 H(右图)在相变前(黑线)和相变后(灰线)典型的轨迹.它们分别对应于 $\Delta z = -0.75$ Å 和 $\Delta z = -1$ Å 的体系,是原子在 1.8 ps 内的三维空间轨迹在 x-y 平面上投影.相变发生后,水分子中的轨迹在很大程度上偏离了原位,变得离域化.液态水冰的相空间单个维度的尺寸大约大出了 2~3 倍.H_2O 的扩散系数 D 可由氧原子均方偏差随时间变化的斜率得到.在冰熔化前($\Delta z = -0.5$ Å),$D < 0.008$ Å^2/ps,当冰熔化时($\Delta z = -1$ Å)D 达到 0.5 Å^2/ps.后者与 300 K 下液态水的扩散系数(0.24 Å^2/ps)[8]基本一致.此外,通过图 14.10 中 H 和 O 原子轨迹的相互关联,可以看出液态水中水分子在做频繁的旋转和振动.MD 轨迹表明底层的水分子的运动比中间层更加离域化,也表明界面处受限水有分层现象(layering effects).同样的现象在近来用从头计算 MD 模拟 Ag-水界面时[9]也观察到了.液态水的其他性质,例如氢键的频繁断裂和新氢键的形成过程也被观察到了.图 14.11 中描述了一个氢键暂时地被打断又迅速地重新生成的过程(黑线),以及另一个氢键完全地被打断的过程(灰线).原子轨迹和分子扩散再一次证明了冰薄膜发生了相变.

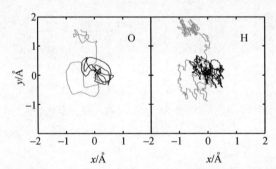

图 14.10   相变前(黑线)、后(灰线)O 和 H 原子在 1.8 ps 内的轨迹在 x-y 平面上的投影

为了量化显示水膜结构在压力诱导下发生的变化,我们通过对 MD 通道求平均得到了原子的对关联函数(pair correlation function, PCF)分布,并在图 14.12 中画了出来.三幅图各自反映了当 $\Delta z = 0, -1$ 和 -1.5 Å 时 OO(上图),OH(中图)和 HH(下图)对关联分布函数.对于体态的水,PCF 是已知的,但受限的水薄膜的 PCF 仍然不清楚.为了和体态水的数据相比较,我们选择了中间两层的水双层来进行分析.图 14.12 中黑色的实线($\Delta z = 0$)非常接近于块体冰的 PCF 分布,对应于 Ice Ih 结构的平均键长处都有一个尖锐的峰.从 $\Delta z = 0$ 到 -1.5 Å,PCF 所有的峰都逐渐地变宽并发生了移位,这也表明了氢键的变化以及图 14.10 中的原子运动轨道的离域化.PCF 的明显变化表现在 $g_{OO}(r)$ 的第二个峰上($r = 4.8$ Å),它对应于水结构具有的固态冰(Ice Ih)四面体配位的特征.这个峰在相变时逐渐下移,最

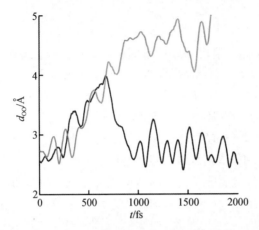

图 14.11　Δz＝－1 Å 时氢键打断和重新生成的动态

终当 Δz＝－1.5 Å 时,也就是变成液态水时,这个峰就几乎完全地消失了.此时 $g_{OO}(r)$ 在第一个峰值后的分布相当平缓.长距离上如此统一的分布体现了液态水中氢键动力学的特有性质,即方向性的氢键结合和配位被打破.除了一些很小的峰位偏移外,图 14.12 中 PCF 曲线全部的特征,也就是峰的位置和宽度,与实验上用中子散射[10,11] 和 X 射线衍射[12] 所得到的曲线吻合得很好.最上面的图中最近的

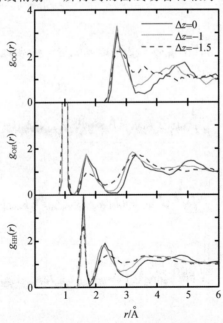

图 14.12　OO,OH 和 HH 的对关联函数(PCF)分布
黑线、灰线和虚线分别对应于 Δz＝0,－1,－1.5 Å 时的情形

OO 距离是 $2.7\,\text{Å}$,比实验值 $2.87\,\text{Å}$ 小了 6%. 这个小的差异来源于限制的影响以及我们采用的 USPP-PW91 法得到的氢键键长较短的缘故.

接下来讨论非绝热压缩对于各层水的影响和相变过程中电子态的改变. 它们是相互联系的,因为突然地压缩冰层,会在垂直于界面的方向上对水薄膜的最外层产生一个很大的力. 这样一来就使得膜的最内的几层和最外的几层产生了非平衡的动能分布,并且需要一定的弛豫时间才能重新达到平衡. 我们关心受限和受压缩的水膜是怎么恢复平衡分布的. 这部分地是个技术的问题,因为它能告诉我们在经过一段给定的 MD 模拟时间后,体系到底是处于非平衡态还是处于平衡态. 同时这也是个物理问题,因为它能帮我们判断压缩过程中的非绝热性. 原则上,当压缩时间小于膜的弛豫时间时,我们就应采用非绝热和非平衡动力学系统来处理压缩相变的问题.

图 14.13 描述了把冰薄膜从原来的平衡态压缩 $1\,\text{Å}$ 所产生的分层动能分布. 图中画出了 $3\,\text{ps}$ 的时间段里,与 x-y 平面平行的动能部分 (E_{kxy}) 和沿 z 轴的垂直部分 (E_{kz}) 的分布随时间变化的曲线. 初始时,底层(第一层)的动能在垂直方向上有剧烈的增加,这是由于压缩在垂直方向上产生了一个巨大的初动力的缘故(对于其他的一些情况,在底层和顶层都会看到这种增加). 其他层的动能受的影响相对

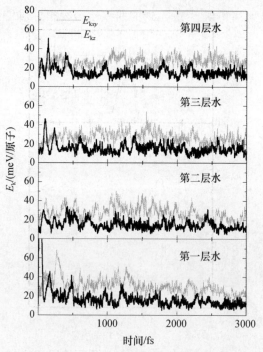

图 14.13　压缩冰膜 1 Å 所导致的非平衡动能分布随时间的关系

很小. 之后,这种 z 方向的动能增加转移到平行方向上. $2 \sim 3\,\mathrm{ps}$ 后,每层的动能又恢复平衡分布,$E_{k,xy}$ 和 E_{kz} 分别达到了 $24\,\mathrm{meV}$ 和 $12\,\mathrm{meV}$. 我们对于相变过程中的其他状态也做了相似的研究. 虽然细节略有差别,但本质是一样的:非绝热压缩导致了动能的非平衡分布要经过 $3 \sim 5\,\mathrm{ps}$ 的时间才能回到平衡态. 非常有趣的是,同样的现象也出现在以前对压力导致的冰的小团簇熔化过程的经典 MD 模拟[13]中,那里观察到冰从外层到内层逐渐熔化成水. $3\,\mathrm{ps}$ 的弛豫时间比任何压缩的机械响应的时间范围都短得多,因此我们得出结论:导致冰膜发生相变的压缩基本上是一个平衡过程.

　　最后,我们讨论限制和压缩对受限水的电子结构的影响. 这只能从从头计算中获得. 图 14.14 描述了一维(1D)电荷密度沿 z 轴的重新分布. 它是由整个系统(Pt 和水膜)的电荷密度以及相同几何结构中单独的 Pt 和水膜的电荷密度的差在平行方向上取平均得到的. 三条曲线分别描述了受限时($\Delta z = 0\,\text{Å}$)处于平衡态的冰膜的电子密度的变化,受压后($\Delta z = -1.0\,\text{Å}$)电子密度的变化,以及发生相变后 MD 模拟得到的液态水的电子密度的变化. 描述受限冰的曲线表明了冰与 Pt 界面处(左边区域)的成键特征和不相称接触的界面处(右边区域)产生的电子极化效应. 在 Pt-O 界面的区域里,电子从 O 转移到 Pt 上,反映了 d_{z^2}-p_z 的成键特征. 右边界面上没有任何成键的特征,但显示出电子极化的特点. 压缩冰膜 $1\,\text{Å}$ 导致峰位移动,并且导致成键界面处差电荷密度很大的增加. 而中间水层几乎没有变化. 界面上电荷的重新分布是导致冰水相变的驱动力. 当生成液态水的时候,电荷分布变得比较平缓,特别是在中间水层. 这种电荷分布的平滑化不是液态水中原子位置的离域化造成的. 它主要反映液态水中纯粹的电子态的变化. 有趣的是,当水从受限的冰,到压缩后的冰,最后变成液态水层时,界面处电子结构的特征没有变化. 这反映了相变

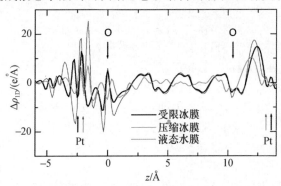

图 14.14　受限冰膜($\Delta z = 0$,粗黑线)、压缩冰膜($\Delta z = -1\,\text{Å}$,细黑线)和熔化后得到的液态水膜(灰线)中的一维差电荷密度分布

箭头表示 Pt, O 原子位置

过程中界面处几何结构没有显著改变. 换言之, 受限的水的行为像"过冷水", 和以前的理论[9]及实验研究[14]中的结构分析结果一致. 图 14.14 中电子的重新分布显示了水膜在受限、压缩、相变过程中电子结构和电荷转移的作用. 这些有关电子分布的信息不可能由经典的分子动力学模拟得到, 说明了第一性原理计算方法在处理受限水层的动态过程时的重要性.

参 考 文 献

[1] K. Koga, G. T. Gao, H. Tanaka, and X. C. Zeng. *Formation of ordered ice nanotubes inside carbin nanotubes*. Nature **412**, 802 (2001).

[2] R. Zangi and A. E. Mark. *Monolayer ice*. Phys. Rev. Lett. **91**, 025502 (2003).

[3] S. H. Han, M. Y. Choi, P. Kumar, and H. E. Stanley. *Phase transitions in confined water nanofilms*. Nature Physics **6**, 685 (2010).

[4] S. Meng, E. G. Wang, and S. W. Gao. *Pressure-induced phase transition of confined water from ab initio molecular dynamics simulation*. J. Phys. : Cond. Matt. **16**, 8851 (2004).

[5] D. R. Hamann. *H_2O hydrogen bonding in density-functional theory*. Phys. Rev. B **55**, R10157 (1997).

[6] V. R. Brill and A. Tippe. *Gitterparameter von eis i bei tiefen temperature*. Acta Crystallogr. **23**, 343 (1967).

[7] C. A. Jeffery and P. H. Austin. *A new analytic equation of state for liquid water*. J. Chem. Phys. **110**, 484 (1999).

[8] K. Laasonen, M. Sprik, M. Parrinello, and R. Car. *Ab-initio liquid water*. J. Chem. Phys. **99**, 9080 (1993).

[9] S. Izvekov and G. A. Voth. *Ab initio molecular dynamics simulation of the Ag(111)-water interface*. J. Chem. Phys. **115**, 7196 (2001).

[10] A. K. Soper. *Orientational correlation-function for molecular liquids—the case of liquid water*. J. Chem. Phys. **101**, 6888 (1994).

[11] A. K. Soper. *The radial distribution functions of water and ice from 220 to 673 K and at pressures up to 400 MPa*. Chem. Phys. **258**, 121 (2000).

[12] A. H. Narten and H. A. Levy. *Liquid water: Molecular correlation functions from X-ray diffraction*. J. Chem. Phys. **55**, 2263 (1971).

[13] T. A. Weber and F. H. Stillinger. *Pressure melting of ice*. J. Chem. Phys. **80**, 438 (1984).

[14] M. F. Reedijk, J. Arsic, F. F. A. Hollander, S. A. de Vries, and E. Vlieg. *Liquid order at the interface of KDP crystals with water: Evidence for icelike layers*. Phys. Rev. Lett. **90**, 066103 (2003).

第 15 章 总结和展望

在这个世界上,水富足、重要而且奇妙,也是目前物理、化学、生物及生态、地理等多门学科的交叉研究热点.本书试图向读者强调准确描述分子之间相互作用是理解和揭开水的奇特性质的关键.这一方面显然是由于水的宏观现象取决于其微观机制,另一方面是由于分子尺度上受限制的水有许多不同于体态的行为,只有通过研究分子之间的相互作用才能对这些行为给出合理解释.另外,水和外界的作用往往是通过表面发生的.因此本书的重点是从基础科学的角度介绍水分子之间、水和表面之间相互作用研究的理论和实验进展,特别着重于使用第一性原理计算从原子甚至是电子层次上理解水和不同表面的相互作用规律.

本书首先简单介绍了水的一些奇特性质以及从分子尺度进行基础研究的必要性,指出准确理解并精确描述水分子之间的氢键相互作用是揭示水的一系列反常性质(十多种相、热缩冷胀、热水变冷快、极大热容、临界点等等)和水与外界各种表面相互作用机理的关键.

水的分子结构是由两个 H 原子和一个 O 原子以 V 字形组成的,键长和键角分别是 $0.9572\,\text{Å}$ 和 $104.52°$;水的电子结构是 sp^3 杂化组成的四面体位形,有两个未成键的孤对电子,它们易与外界作用形成氢键或其他化学键.水分子的这些性质决定了它与外界的作用形式和规律.总结成一句话:O 决定了水的结构,H 决定了水的动态规律.

两个水分子结合形成稳定的二聚体结构.两水分子通过氢键连接,OO 间距为 $2.98\,\text{Å}$,形成氢键的 OH 键被拉长 $0.01\,\text{Å}$,作用能量约为 $250\,\text{meV}$.水二聚体结构是研究氢键作用的代表性模型,对大气中微波辐射的吸收也有不可忽略的贡献.基于量子力学的密度泛函理论能够基本正确地预言水分子和二聚体的结构和能量;新发展的电荷转移模型也能提高传统经典模型描述水二聚体的精确性.水分子进一步凝聚,可形成环状的三聚体、四聚体、五聚体和六聚体,及多种亚稳结构,它们的原子结构已经通过振动转动隧穿谱的方法被精确测定出来.更大的水团簇则采取三维立体结构,并逐渐过渡到体相——Ih 六角冰结构,形成自然界常见的冰、霜及雪花.

目前对水进行理论描述和计算分为三个层次:连续介质模型(忽略分子作用细节,在传统流体力学和部分热动力学研究中使用)、经典模型、第一性原理精确计算.后二者是进行水基础科学理论研究的基石.在实践中,经典模型可对数千至百万个水分子的体系进行长达微秒级的分子动力学模拟,从而用来理解液态本质、受限相变、临界现象、表面浸润等基本问题,但是数值结果依赖于模型的选取,每个模型有数个至数十个经验参数.没有一个经典模型能够给出全面的符合实验结果的水性质描述.第一性原理计算能够从量子力学的角度理解水及其作用,但是体系大小、模拟时间和精确度均受当前计算资源和计算方法的限制.密度泛函理论中各种常用的交换关联泛函能够基本描述氢键作用,但精确度不一、需要进一步发展,并与量子化学、量子蒙特卡罗方法相比较.目前范德瓦尔斯力计算有较大进展,水中氢元素的核量子效应、激发态动力学性质等方面也发展很快.大规模精确计算是下一步理论方法发展的重点.

由于水作用体系比较"脆弱",传统实验方法常常不能方便地研究水.水和表面作用的精密实验研究需要高真空、低温实验环境,可以使用表面能谱分析方法包括光电子谱、电子能量损失谱、低能电子衍射等手段测量表面水的结构及电子结构.近来扫描探针技术特别是扫描隧道显微镜和原子力显微镜有了很大的发展,被成功地用来研究分子尺度上水和金属、半导体和薄层绝缘体等表面的作用细节.利用扫描探针的埃尺度空间分辨能力和超快激光的飞秒尺度时间分辨能力,两者结合可能可以在表面水研究中同时实现超高的空间和时间分辨,揭示水光催化分解、氢键重组、质子转移等机制.水表面科学的进一步发展方向是与较高气压和温度下的实际体系相比较.对于常温常压下的体相水和表面水研究,非线性光学技术(比如和频振动光谱)、同步辐射谱学和成像,以及对氢元素特别敏感的中子散射方法有着独特优势,是少数几种能够给出水结构和电子性质、振动性质的实验方法之一.使用这些方法,人们发现了云母表面上的"室温冰"及表面处水分子取向的有序性.由于水研究的极度重要性和敏感性,有效的实验方法还很缺乏,需要大力发展新的基础研究实验技术.

近十年来表面水实验研究领域有着重大进展,取得一系列重要的结果.使用扫描隧道显微镜,人们不但能够观察到表面上的单个水分子,还能直接观察到单个水分子的扩散、凝聚成团簇直至冰的结构.并且最近的研究还实现了单个水分子的轨道成像,即观察到水分子的内部自由度——分子轨道.由此,水团簇和二维冰层中的氢键方向也能够用该方法分辨出来.水分子在表面上快速扩散,形成了以六元环为基本结构的多聚体小团簇,而且可以进一步形成处于零维团簇和二维冰层之间的花瓣状和带状结构及各种一维链状结构.对二维冰层进行高分辨成像发现,表面浸润水层中不仅存在大量的六元环,还存在五元环-七元环氢键结构,在水和 OH 根混合层中甚至还存在着数目众多的 Bjerrum 氢键缺陷,完全打破了人们 20 世纪 80 年代设想的表面冰构造规则.

为了获得水与表面相互作用分子尺度图像的基本理论理解,作为一个典型系统,本书以水和 Pt(111) 表面的相互作用为例展开了讨论. 密度泛函计算表明, 水分子吸附在顶位, 基本平躺着, 分子平面与表面的夹角 θ 为 $13°$; H_2O 分子翻转的势垒为 $140\sim190$ meV, 而绕着垂直于表面的轴方位角 φ 几乎可以无阻碍的转动. 水分子经桥位置扩散, 对应的势垒约为 0.17 eV. 水中 O 的孤对电子, 特别是 $3a_1$, $1b_1$ 轨道与 Pt(111) 表面的 d 电子带(主要是 d_{zz} 和 d_z^2) 相互耦合, 并造成从水分子到表面大约 0.02 个电子的转移. 由于电荷转移, 水分子 OH 键长拉长 0.006 Å, HOH 键角扩大 $0.8°$.

若有更多的水分子吸附在 Pt(111) 表面上, 水形成与自由情形相类似的小团簇结构. 每个水分子都吸附在顶位上, 并尽可能平躺着以使金属和水的作用最强. 褶皱的六角环排列的 $(H_2O)_6$ 最为稳定, 与实验观测一致. 双分子 $(H_2O)_2$ 中的氢键最强, 能量约为 450 meV, 表明氢键由于吸附大大加强. 在用 Pt(322) 表面来代表的 $\langle110\rangle/\{100\}$ 台阶上, 只有锯齿形的一维(1D) H_2O 链是稳定的, 其中的氢键很弱, 但是单分子在台阶上的吸附很强.

在更高的覆盖度下, 水形成双层和多层的结构. 已发现 Pt(111) 上有三种水层结构: 非常类似于体态冰(Ice Ih) $\sqrt{3}\times\sqrt{3}R\ 30°(\sqrt{3})$ 的双层冰和更为复杂的周期结构 $\sqrt{39}\times\sqrt{39}R\ 16.1°(\sqrt{39})$ 及 $\sqrt{37}\times\sqrt{37}R\ 25.3°(\sqrt{37})$. 第一性原理总能计算和分子动力学模拟揭示 H-up 和 H-down 的两种 $\sqrt{3}$ 双层结构相似, 能量几乎简并, 它们之间有一个高为 76 meV 的势垒, 所以在实际中两种状态都有可能存在. Feibelman 提出的半分解结构在 Pt(111) 表面上是不占优势的. 随着覆盖度的增加, 最下面的双层的底层 H_2O 分子与表面的距离逐渐减少. 在 1 到 6 个双层的结构里, 距离分别是 2.69 Å, 2.63 Å, 2.56 Å, 2.49 Å, 2.52 Å, 2.47 Å. 随着覆盖度的增加, 在 3 个双层时, $\sqrt{3}$ 相变的比另两种相更加稳定. 这个趋势与实验结果一致.

推广开来, 本书还讨论了水在 Rh, Pd, Au 等过渡金属、贵金属的密排面或者 Cu(110) 等开放金属表面的吸附以及水和表面之间的相互作用. 单分子吸附位形和双层冰的结构基本与 Pt(111) 上的情形类似. 我们发现了水在这类材料表面吸附的一般规律. 从 Ru、Rh、Pd、Pt 到 Au, 随着金属 d 电子态的占据和原子半径的增大, 或者说金属元素化学反应性的降低, 水分子的吸附距离越来越高(从 2.28 Å 到 2.67 Å), 键长和键角的增加越来越小, 吸附能越来越小(从 409 meV 到 105 meV), 冰双层的厚度越来越小, 但上层分子的高度基本不变(在 H-up 结构中保持在 3.40 Å, 在 H-down 结构中保持 3.20 Å). 这些现象起源于水和这些表面的 d 带电子的相互作用. 开放 Cu(110) 表面上水层分解吸附和分子吸附能量非常接近, 是两种水吸附状态的分解线. 总结起来, 我们可以得出以下结论: 在金属表面上, 水结构通过 O 的孤对电子和衬底电子(特别是表面态 d 电子)形成化学键, 这种水和表面的作用是相当局域的, 主要集中于与表面直接成键的底层水分子.

　　更进一步地,本书讨论了水和一些代表性绝缘体的相互作用.在简单金属氧化物比如 MgO,TiO_2,ZnO 表面上,水容易随着覆盖度增加或温度升高而分解,或处在分解、不分解的转换动态中.光照能促进水分解过程,但微观机理研究刚刚起步,这对于能源转化、污染去除等实际应用非常重要.二氧化硅是常见的玻璃、砂石等表面的模型.二氧化硅通过表面 OH 基团与水发生较强的相互作用,单分子吸附能在 700 meV 左右,与表面形成若干氢键,但并不分解.二氧化硅水分子有强的取向效应,最终形成了四方形-八角形特殊氢键网络的"镶嵌冰"结构.关于水和模型碳表面——石墨烯作用的争论很大,测量的浸润角在 $30°\sim90°$ 之间变化.关于这一体系的精确计算不仅揭示水与碳体系基本作用的原理,而且还能精确标定各种第一原理理论计算方法.最终量子蒙特卡罗方法给出水与石墨烯作用强度在 80 ± 15 meV 左右.

　　由于水和表面之间的电荷转移,以及表面处小团簇与水层在吸附环境中对其结构的自动调节,水在表面上的吸附通常造成分子间氢键增强.吸附状态的双分子中的氢键要比自由的双分子中强得多.特别地,分子状态的双层结构中存在着强弱不同的两种氢键:顶层的水分子贡献了一个氢原子,它和邻近的水分子形成了一个强氢键;底层的水分子贡献了两个氢原子,它们和邻近的水分子形成了两个较弱的氢键.这些氢键对应的 OH 振动能量相差近 40 meV,分别在 424 和 384 meV 左右.这个发现已被相关实验所证实.另外,表面处 H 指向的无序对氢键强度影响不大.

　　从分子尺度上看,宏观的表面亲疏水现象决定于表面和水的相互作用,以及水与水之间的氢键作用的竞争.更进一步地从电子作用的角度来研究,它们最终决定于局域的电荷转移和较长程的电荷极化作用.通过分析吸附水结构的吸附能量和氢键能量,我们给出了一个微观量来描述表面的亲疏水能力:$\omega=E_{HB}/E_{ads}$,它是氢键能量与(单个水分子)吸附能的比值.ω 越小,表面的亲水性越强.$\omega=1$ 是亲水区域与疏水区域的粗略分界线.使用这个办法,我们得到的表面亲水性次序是 Ru＞Rh＞Pd＞Pt＞Au,这和它们 d 带电子填充的次序是一样的.特别值得指出的是,我们得到了 Pt(111) 是亲水表面,Au(111) 是疏水表面的结论,这与实验结果一致.

　　为了弥补实验上对分子结构和作用细节缺乏了解的不足,本书提出了振动识别的办法.通过把实验(HREELS,IRAS,和 SFG 等)中测得的振动谱和理论上各已知分子结构的计算得到的振动谱相比较,人们就可以鉴别实际存在的结构的分子位形和作用动态.这为实验和理论工作之间架起一座桥梁.特别地,表面上水等氢键结构中,OH 伸缩振动对氢键信息非常敏感,对 OH 振动进行识别的办法,可以成为识别氢键网络结构的一种简单而且普适的方法.

　　应用这种方法,我们发现了 Pt(111) 表面上水双层中的两种氢键模式,而且通过与实验数据比较,得到了 D_2O 水层在 Ru(0001) 上不会有一半分子分解的结论.

实验中的振动谱和分子状态的双层结构吻合最好. 原因在于虽然半分解结构的吸附能要低得多, 但是在水分子还未达到分解的状态时它们已经从表面上脱附掉了. 只有在探测光子束或电子束强度较大的时候, Ru(0001) 上水层结构才可能会分解. 实验中观察到了不分解和一半分解两种水层结构.

应用已经得到的关于表面处水和固体表面、水和水相互作用的知识, 本书还进一步给出了表面处水的一些动态过程. 比如 K, Na 离子在石墨表面形成二维的水合圈结构的过程. 不同于自由团簇和体态溶液中的三维结构, 该结构源于表面的 2D 限制和离子与表面间的电荷转移. 对于 K 和 Na, 第一水合圈层分别有 3 个和 4 个水分子. 水分子增多时, 水从 2D 结构逐渐转化为 3D 的水合圈. K 离子仍保持在表面上, 周围形成半球形的 3D 水合圈, 而 Na 离子则逐渐远离表面, 直到完全溶解于水中. 它们的差别决定于水合作用和离子-表面作用的相互竞争. K 和表面的作用较强, 而 Na 和水分子的作用较强, 造成了不同的溶解动态.

再如食盐溶解和成核的微观分子过程. 从微观上看, 食盐表面与水层的作用相当惰性, 溶解只在表面台阶和拐角处发生, 且从 Cl^- 离子开始以 $Cl^- \to Na^+ \to Cl^- \to Na^+ \to \cdots$ 的次序进行. 成核的过程与此相反, Na^+ 更易沉积在表面上 (数目更多), 但 Cl^- 为中心的晶核更多 (Cl^- 先沉积). 在室温和中等过饱和度下, 临界形核尺寸为 3 个原子. 在成核初期, Na^+ 离子的数目远较 Cl^- 为多 (比例约为 9:5), 这表明除了化学势差别外, 带电晶核的非平衡库仑吸引作用也可能是一个重要的形核驱动力.

冰的表面对于云层形成、臭氧催化等环境问题至关重要. 出乎意料的是, 不同于体相中 OH 指向的随机分布, 冰表面处的 OH 指向非常有序, 且在冰熔化温度下不会发生有序到无序的转化. 冰表面的有序性极大地影响了冰表层水分子空位的形成, 使得表面空位形成能分布范围较大且总体很小, 也极大地催进了 H_2O, H_2S 等极性分子的吸附, 对环境化学研究有重要意义.

最后, 本书讨论了水研究领域富有挑战性的两个问题: 核量子效应和相变. 由于 H 原子质量很小, 仅约为电子的 1836 倍, 在水分子形成结构和进行动态变化时能够较容易地表现出核量子效应. 理论研究结果表明考虑了核量子效应的分子动力学模拟给出更为准确的液态水结构分布和 H_3O^+、OH^- 传输行为. 在受限条件下, 如水链在纳米管中, H 量子效应更为明显, 导致 H^+ 非局域地分布在 5 个水分子上. 在金属表面上, 实验和理论研究揭示 H 量子效应导致 H_2O 层比 D_2O 水层更易分解. 分子转动的量子效应导致 H-up 和 H-down 两种冰双层结构更容易互相转换, 并且在低温下导致水二聚体在 Pd(111) 表面上的扩散比单分子快一万倍. 第一性原理分子动力学模拟揭示核量子效应使得强氢键更强、弱氢键更弱.

相变是水研究中的难题. 一方面由于在理论上相变模拟计算量巨大且需要准

确的相互作用模型,另一方面实验上某些极端条件极难达到(比如 $150\sim230$ K 温度下的液态水这一"无人区"). 在纳米管的空间限制条件下,人们不仅发现了四角形冰柱、五角形冰柱等新奇相结构,还发现这一体系可能存在固液相变的临界点——在该临界点上固体、液体没有差别. 两层平板的限制也导致了单层冰、双层冰等新结构和它们之间的转变. 我们也研究了在一定的压力(0.5 GPa)下,限制在两个金属板间的冰薄层熔化成液态水的相变过程和电子作用机制. 冰薄层相变时体积被压缩 6.6%,与体态冰发生相变时的体积变化一致. 研究得到了薄层水的状态方程,相变点附近水的结构、分子扩散、氢键打断和重新合成的动态,发现压缩效应首先造成界面处水层在垂直方向的动能增加,然后增加的动能转移到平行方向和内部水层,并在 $3\sim5$ ps 内重新达到平衡. 压缩造成表面和水的电子重新分布. 冰熔化成液态水的时候,界面处电子仍保持着类似于冰中的有序分布,而内部水层的电子则均匀地分布,失去了冰层中的极化分布特征.

综合以上结果,本书主要总结了水分子之间、水和表面之间的相互作用、动态的分子尺度上理论和实验研究进展,特别是从量子力学第一性原理的角度得到的图像. 这些研究主要涉及水分子、小团簇和体相水,及它们在过渡金属、氧化物、石墨和食盐等表面上的吸附、浸润、有序-无序的转变、共吸附等重要现象. 得到的一般性的结论是:从分子层次上看水,O 决定了其结构,H 决定了其动态规律. 因为对水分子来说,O 原子的质量是 H 的 16 倍(D 的 8 倍),O 原子的位置基本上就是水分子的重心位置. H 原子通过 OH 共价键被 O 紧紧地束缚着. 而且由于 H 原子较轻,自由的时候它常常绕着 O 转动而没有确定位置,比如在 Pt(111) 上的单个 H_2O 分子中的 H,而在形成氢键的时候,H 就在相邻的两个 O 原子之间. 更重要的是,体态冰中 O 的排列是周期有序的,而 H 的位置却常常是无序的. 知道了 O 原子的位置,就大概掌握了水分子的位置和整个水体系的结构.

由 H 原子形成的氢键几乎是水的全部奇特性质的来源. 水分子之间是通过氢键结合的. H 与哪个 O 原子形成氢键就决定了水分子的指向. 形成氢键的数目和强度决定了整个水结构的稳定性. 氢键作用和水与外界作用的竞争产生了表面亲水、疏水,冰的熔化,以及食盐溶解等种种有趣的现象. 而且 H 相对于 O 的振动,即 OH 振动,对水分子间的氢键十分敏感,使得我们对水结构进行分子尺度的识别变得有效、简便. 还有,体相水结构中 H 指向的无序,冰表面 H 指向有序,水分子通过打断 OH 键分解,表面上和纳米管中 H_3O^+ 和 OH^- 的传输都是通过 H 原子的运动实现的. 所以我们说 H 决定了水分子和水结构的动态规律.

展望今后水基础科学研究,我们认为关于水与表面相互作用的分子图像仍将是一个十分引人注目、丰富多彩的领域,其间仍有许多悬而未决的问题. 这需要更深入细致的理论和实验工作,同时也为基础研究和科技应用提供了很好的机会. 首先,当前许多有悬念的问题都是关于水中 H 的位置和动态的,比如 Pt(111),Rh(111)等表面上是 H-up 还是 H-down 的双层,两者的比例和转化如何,Ru(0001)上未分解水层的分子结构是什么,分解后 H 的位置在哪里,它怎么在脱附实验中重新合成水,Pd(111)上双水分子的快速扩散是由 H 的量子运动引起的吗,冰中 H 的无序分布和表面的有序取向对结构和相变有何影响,水受限表现出怎样的奇特性质,何种情况下 H 的量子性必须要考虑等等.我们需要进一步发展理论方法,比如关于 H 乃至整个水分子的量子动力学的简便计算方法,同时也要改进现有的实验方法(当前许多探测结构的实验手段,比如低能电子衍射和 X 射线衍射,对 H 都不敏感)用来直接研究水中 H 的位置和动态过程.第二,水在贵金属表面的吸附以及和碱金属原子、O 原子的共吸附已经有了比较清楚的了解,但是水在反应性更强或更弱的材料表面上的吸附比较复杂,目前的研究仍然很少.下一步的研究应包括复杂氧化物、半导体、盐等表面上水的吸附、共吸附和反应动态.第三,由于纳米科学的发展,水和纳米尺度材料(比如小的盐粒、表面上的自组装量子点、表面合金、二维原子晶体等)的相互作用的研究将十分重要和有趣.第四,水和生物体系的表面、界面作用研究将对于分子层次上理解生命过程十分重要,也将是未来表面科学研究的热点之一.第五,溶液环境中常温常压下水和表面的体系需要有效的方法进行更多的研究.它与高真空实验环境中体系的表现有何差别需要更多的关注.最后,处于非基态的水和表面的作用性质,比如电子激发态、带电的水团簇等体系,将是未来水-表面研究领域的一个新热点.所有这些工作,都有待于实验和理论的更进一步密切配合才有可能实现.

后　记

　　本书是基于作者研究组及合作者十几年间的部分研究工作，以及国内外同行最近的相关重要研究成果编写的. 作者谨向参与原始研究、辛勤付出的众多同事们表示衷心感谢，他们包括高世武、郭沁林、徐力方、刘双、Angelos Michaelides、徐莉梅、李新征、李晖、曾晓成、吴克辉、杨健君、于迎辉、杨勇、江颖、马杰、潘鼎、张千帆、陈基、孙兆茹、朱重钦等等，恕不一一列举. 本书写作过程中，沈元壤、杨国桢、杨学明、胡钧、方海平、江雷、赵进才、潘纲、吴自玉、俞汉青、曹则贤、陆兴华、匡廷云、温维佳等诸位先生与作者进行了有益讨论，在此一并表示感谢. 本书部分章节参阅了杨勇、马杰的博士学位论文. 作者还要感谢孙兆茹、陈基对个别章节提供的帮助. 最后，作者特别感谢任俊在图形编辑和文字校验上所做的大量细致工作.

孟胜　王恩哥

2014 年 10 月